2013 年度福建省社科规划项目
项目名称：中国自然遗产管理的制度伦理与管理创新研究
项目编号：2013B059

中国国家公园
设置标准研究

Research on Setting Standards of
Chinese National Park

罗金华◎著

中国社会科学出版社

图书在版编目(CIP)数据

中国国家公园设置标准研究 / 罗金华著 . —北京：中国社会科学
出版社，2015. 12
ISBN 978 – 7 – 5161 – 7458 – 6

Ⅰ. ①中…　Ⅱ. ①罗…　Ⅲ. ①国家公园 – 标准 – 研究 – 中国
Ⅳ. ①S759. 992 – 65

中国版本图书馆 CIP 数据核字(2015)第 311975 号

出 版 人	赵剑英	
责任编辑	任　明	
责任校对	石春梅	
责任印制	何　艳	

出　　版	中国社会科学出版社	
社　　址	北京鼓楼西大街甲 158 号	
邮　　编	100720	
网　　址	http://www.csspw.cn	
发 行 部	010 – 84083685	
门 市 部	010 – 84029450	
经　　销	新华书店及其他书店	

印刷装订	北京市兴怀印刷厂	
版　　次	2015 年 12 月第 1 版	
印　　次	2015 年 12 月第 1 次印刷	

开　　本	710 × 1000　1/16	
印　　张	16. 75	
插　　页	2	
字　　数	284 千字	
定　　价	58. 00 元	

凡购买中国社会科学出版社图书，如有质量问题请与本社营销中心联系调换
电话：010 – 84083683

序一　建立国家公园体制需要更多的基础性学术研究

张　晓

（中国社会科学院环境与发展研究中心）

　　党的十八届三中全会制定了《中共中央关于全面深化改革若干重大问题的决定》，其中明确提出"建立国家公园体制"。这充分表明党中央高度重视生态文明建设，不仅将生态文明建设提高到与经济建设、政治建设、社会建设和文化建设同等重要的地位，并且将生态文明建设融入其他四大建设各方面和全过程，从而形成建设中国特色社会主义"五位一体"的总布局的发展战略。更具体地，第一次将国家公园的概念写入党的重要文件，显示出在我国全面深化改革的重要历史时期，党中央谋划保护自然文化遗产资源的战略布局、顺应国际自然文化遗产保护潮流、勇于承担资源保护历史责任的担当精神。毫无疑问，"建立国家公园体制"对我国自然文化遗产资源保护事业提出了更高要求。

　　国家公园是一个好理念。现代工业文明派生的城市化、工业化以及人口数量的激增，使得在世界范围内进行着广泛的土地开发运动。在这一过程中，处于弱势且沉默无语的自然文化遗产，或沦为利益集团的囊中之物，或被无视，命运多舛。国家公园制度旨在制衡国土开发过程中因过度开发所产生的生态环境及文化遗迹的破坏，将全国土地区分为可开发与不可开发两类，在不可开发的土地范围内，规划出一些区域作为"国家公园"。

　　国家公园制度发端于美国。根据1872年美国国会的一项专门法案——《建立黄石国家公园法案》，美国建立了世界上第一座国家公园——黄石国家公园，其初衷是，这一公共公园应"让人民得益、供人民享受"。世界各国的自然文化遗产保护、管理的经验表明，国家公园是一种为了人民可以永久地享有、欣赏国家壮观、珍稀的自然文化遗产而建立的政府保护资源的制度。它的出发点是为了人民的利益、为了国家长久的生态文明和精神文明传承。目前世界上已经有 100 多个国家实行国家公园体制，建立了 1000 多个国家公园。

按照世界自然保护联盟（IUCN）给定的国家公园的标准为：第一，不小于 1000 公顷面积之范围内，具有优美景观的特殊生态或特殊地形，有国家代表性，且未经人类开采、聚居或开发建设之地区。第二，为长期保护自然、原野景观、原生动植物、特殊生态体系而设置保护之地区。第三，由国家最高权力机构采取步骤，限制开发工业区、商业区及聚居之地区，并禁止伐林、采矿、设电厂、农耕、放牧、狩猎等行为之地区，同时有效执行对于生态、自然景观之维护地区。第四，在一定范围内准许游客在特别情况下进入，维护目前自然状态作为现代及未来世代科学、教育、游憩、启智资产之地区。

世界各国设立自己的国家公园，并不只是抄袭美国的模式，也不一定完全遵从 IUCN 的面积标准，而是建立了各具特色的、适合各自国情的国家公园：大部分国家的国家公园面积小于美国黄石国家公园；而有些面积则远远超过了它，如南非的 Kruger 国家公园，面积比黄石大两倍以上；有些是经私人捐献而建立，如阿根廷的 Nahuel Huapi 国家公园，以及欧洲的一些国家公园等；有些国家公园不仅包括著名的自然景观，而且包含丰富的历史文化遗迹和宗教遗迹，等等。

全面深化改革提出了我国"建立国家公园体制"的重要任务，如何在 IUCN 定义的大框架下，参考世界其他国家的案例，定义符合我国国情的国家公园标准，是摆在我国有志于自然文化遗产资源保护、管理的研究者与管理者面前，最为紧迫和重要的研究课题之一。

由于国家公园制度是以保证"不损害下一代人欣赏"的方式对资源进行利用，在此目标下，首先面临的问题是，国家公园的设立可以由谁提出？提出设立后应由哪一个决策机构确定（核准）？我国现未颁布有关国家公园的法律法规，更未建立国家公园的全国性统一管理机构，如何整合或遵循现有的各部门的管理权限和职能？集中或分散，哪一种管理模式更有利于遗产资源的长远保护和为人们世代所用？这需要深厚的法理研究、体制机制研究和制度设计研究做决策支撑。

其次，依据何种标准（换言之，具备何种条件）方能具有列入国家公园设立名单的资格？进而，需要对提出设立国家公园范围内的自然文化遗产资源进行评价，从而确定其具有国家代表性。这也需要进行遗产资源评价的理论、方法研究。

总之，中国的国家公园标准，需要对国家公园的术语和定义、基本条件、资源调查与评价、总体规划和建设规范等内容作出科学界定和明确规定。与之相应地，需要系列的深入的理论和案例研究成果作为制定政策的参考依据。显然，关于国家公园标准的以上诸方面的基础性研究，不论数量还是质量，我国目前还很薄弱。

值得欣喜的是，福建三明学院的罗金华博士立志从事国家公园设置及其标准问题的研究，坚持从问题出发，紧紧把握建立我国国家公园体制的关键性问题设立标准，并围绕与之相关的多学科理论背景、实地调研等方面进行了独到的分析。他的《中国国家公园设置标准研究》的出版，恰逢其时，具有独特的学术价值。

国家公园制度作为"舶来品"，落地中国，一定要有中国特色、符合中国国情。希望我国学界在国家公园的遗产资源保护、管理和利用等领域，形成百舸争流的局面，涌现数量越来越多、质量更加上乘的学术研究成果，作为我国国家公园体制的建立和不断完善的思想库、智囊团和助推器。

2015 年 4 月 1 日于北京

序二　设置标准是国家公园制度建设的基石

袁书琪

（福建师范大学地理科学学院二级教授、博士生导师）

我国的国家公园建设，是在国家全面建设小康社会、进入经济增长新常态、实现转型升级发展的关键时期提到议事日程上来的，对于我国生态建设和生态文明建设、国土空间发展规划和主体功能区划有着重要的战略意义。

我国是世界上地理空间差异特别大、地理环境景观特别丰富多彩的大国，国家公园的类型也必然呈现多样。长期以来，我国已经建立了一大批堪称国家公园的自然遗产保护地，名目繁多，主要有国家级、世界级的自然保护区、国家风景名胜区、国家森林公园，国家、世界地质公园，国家矿山公园、国家湿地公园、国家水利风景区等，数量之多，在世界上名列前茅，为自然遗产的保护做出了巨大的贡献。然而，我国的这些国家级自然遗产保护地毕竟不是统一意义上的国家公园，管理层级偏低，管理权限分散，功能单一，与真正的国家公园尚有差距。各种类型的自然遗产地分别归属各部门、各行业管理，政出多门，互不相干，管理效率低下。更有甚者，同一保护地域拥有多项自然遗产地的牌子，设立多种管理机构，各行其是，互相掣肘，甚至相互冲突，事倍功半。条块分割，有直向行业领导，有横向地方领导，各自为政，不能形成管理上的合力。

当前，国家已经明确了建设国家公园的生态建设方向，并已开始了跨部门的磋商，但要突破长期以来的体制束缚，解决上述重重制约，必须坚持科学的发展观，从基础研究和基础工作做起。当务之急，是要制定适合我国国情的统一的国家公园标准，作为创建适合我国国情的统一的国家公园制度的基石，使得我国国家公园的建设从一开始就走在法治的、科学的、规范的路径上，有望后来居上，成为与我国国际地位相称的国家公园大国和强国。

本书以综合创新的胆略和科学严谨的态度，探索这一为人先的复杂而重大的课题。作者比较广泛地参考了国内外多学科的文献，并对国内外有关国家公园的研究作了初步的综合梳理，尝试综合应用可持续发展理论、系统论、重复博弈论、协同演化论、生态管理理论等理论的理念、思路和方法，并立足中国实际，尤其是利用作者对泰宁世界自然遗产地和世界地质公园创新路径的长期探索和体验，为国家公园建设的基础研究打下了比较有利的基础。

作者就我国国家公园设置的必要性和我国国家公园设置的标准，对专家和公众进行了问卷调查，并重视调查前的有效设计和调查后的信度效度分析，将以上问题的前人研究成果与第一手的新鲜的专业看法和受众意见相结合，论证了我国国家公园设置的可行性和我国国家公园标准制定的依据。

基于综合评价借鉴，本书尝试表述了我国国家公园的性质、宗旨与设置原则，特别强调了我国国家公园设置对于我国资源管理和生态管理的意义，强调了我国国家公园的代表性和多功能性，指出了我国国家公园的准入是要在现有国家级自然遗产地的基础上加以规范提升的。在此基础上，本书进一步提出了我国国家公园的设置原则，特别关注系统整合优化、资源价值凸显、世界规范与中国特色兼顾等方面。

同样基于综合评价借鉴，本书尝试构建我国国家公园标准的指标体系和评价体系，参考现有国内外高频次评价要素，对调查结果进行 KMO 和BARLETT 检验，应用最大方差法提取出富有代表性的因子，注意到资源区位与制度、公园意义与功能，进而通过判断矩阵构建起有一定科学性、系统性、规范性、创新性和可操作性的多层次综合评价指标体系和评价因子权重体系。作者对我国国家公园标准中的评价因子作了针对性解说，体现了作者对于我国国家公园深刻理解和殷切期待的创意，是本书参考价值重点之一。

本书以福建泰宁世界自然遗产地和世界地质公园作为我国国家公园设置标准创设成果的实证研究基地，具有较好的代表性和适宜性。有熟悉实证研究基地的专家进行标准试用和验证，取得了比较满意的实证研究结果，定量评价结果符合实证研究基地的优势和问题实况，显示出本书研究成果的重要实用价值。作者据此提出的我国国家公园管理体制和机制的构想也就具有推广应用价值。

中国国家公园建设是个非常复杂的系统工程，涉及众多责权利重大的利益相关者，是我国学界、业界必须动员跨学科、高素质研究团队共同研究的重大课题。本书的开创性研究证实了我国国家公园设置的必要性和可行性，指出了中国国家公园建设的利益博弈关系及其协调出路，尝试建立保护优先、效益协同的中国国家公园管理模型，尝试了运用跨学科理论和方法构建我国国家公园标准指标模型和评价体系，做了有益的探索。中国国家公园标准和规范建设的上位理论和制度研究、国家公园的分类细化管理规范、国家公园内部与外部相关利益协调，以及在此基础上中国国家公园标准制定的不断完善优化，尚路漫漫兮需上下求索。

本书可作为高等院校地理、环境、生态、旅游、农林、地矿、水利、规划等相关专业的参考教材，以及相关部门、行业的培训教材，这还是当前比较稀缺的用书。

2015 年 3 月 19 日

于长安山校园

福建师大

前　言

　　自然遗产资源是人类生存和社会发展的重要物质条件，也是生态文明建设的重要物质载体，因此，保护自然遗产资源就是保护人类自身的长远利益。随着社会经济的快速发展和人们物质文化生活水平的提高，自然旅游热激化了自然遗产资源保护与利用的矛盾。在中国，一方面遗产地面积不断扩大，建立了遗产地体系，另一方面遗产管理问题日益突出，诸如保护与利用的矛盾、管理力量薄弱、资源评价标准不一、保护经费短缺，等等，影响自然遗产地的可持续发展。改革和创新自然遗产资源管理成为我国社会深化改革的前沿课题之一。党的十八大报告将建立国土空间开发保护制度作为加强生态文明制度建设的内容之一提出，十八届三中全会通过的《中共中央关于全面深化改革若干重大问题的决定》中进一步明确提出"建立国家公园体制"，为自然遗产管理模式创新及其制度建设提供了契机。因此，研究中国国家公园设置标准具有重要的理论意义和现实意义。

　　20世纪以来，世界各国都把国家公园建设作为保护自然环境和自然遗产资源的一种途径，形成了比较完善的管理理念和运行模式，为中国自然遗产管理提供了可资借鉴的经验。本书以可持续发展、系统学、生态管理、重复博弈、协同演化等理论为指导，采用文献研究、社会调查、比较分析和实证研究等多种方法，在分析美国、加拿大、俄罗斯、挪威、日本等具有代表性的国外国家公园和对比国内自然保护区、风景名胜区、森林公园、水利风景区、地质公园、湿地公园等遗产地的管理规章、研究文献的基础上，采用社会调查和实证研究的方法，研究了中国自然遗产地管理现状及其存在问题，从理论的角度探讨了中国设置国家公园的必要性和可行性以及中国特色国家公园的内涵，从实际应用的角度探索了中国国家公园的设置标准，旨在为构建符合中国实际的自然遗产管理模式及其管理机制提供支持。

　　全书共分六章。

　　第一章为绪论，阐述研究的背景和意义，综述国内外相关研究进展情况和管理实践的经验与问题，明确本研究的主要思路、方法和技术路线。

　　第二章为研究的理论基础，概述了可持续发展理论、系统理论、生态管理理论、重复博弈理论、协同演化理论的内涵，分析了各种理论对国家公园建设与管理的指导意义。

　　第三章为中国设置国家公园的必要性与可行性研究，采取专家和公众问卷调查的形式，获取公众对我国自然遗产地管理中存在的问题以及关于设置国家公园必要性和可行性的态度的第一手信息，应用 SPSS17.0 软件进行信度和效度分析，为国家公园设置的必要性和可行性提供可靠而富有现实意义的数据支持。研究认为建立国家公园是国家遗产资源管理的战略选择，乃可持续发展之必要、规范自然管理之必要、消除制度弊端之必要、发展绿色旅游之必要、生态保护事业及国际交流合作之必要。

　　第四章为中国国家公园设置标准研究，基于社会生态经济协同发展的理论假说，提出保护优先的效益协同假设，选取国外代表性的国家公园以及中国现行各类国家级遗产地，从概念、设置宗旨和评价标准中提取主要评价因素进行对比分析，并吸纳研究过程中发现的新要素，设计了体现保护优先效益协同概念的国家公园理论模型、评价指标模型及其指标体系。

　　第五章为实证研究，选择福建省泰宁世界自然遗产地（世界地质公园），实证自然遗产地现行管理制度和管理方式的缺陷，验证了本研究所提出的设置标准的可行性和适用性，构想了体现自然遗产地管理目标和任务的中国国家公园管理体制和机制。

　　第六章为研究结论与建议，归纳本书的主要结论，就国家公园管理制度建设提出若干建议。

　　当前，中国自然遗产管理矛盾的根本原因在于缺乏正确的自然保护理念，缺乏一个统领自然遗产地管理的规范模式，缺少一套操作性强的准入标准和评价体系。本书借鉴国家公园管理模式就中国自然遗产管理创新进行了探索性研究，旨在规范我国自然遗产资源的经济利用行为，有效解决现行遗产地管理中存在的问题，特别是现行自然遗产管理中评价标准不一、"国家挂名、地方行权、无从治理"的体制机制矛盾，纠正错位开发、过度利用等不可持续利用方式。本研究所设计的国家公园设置标准综合生态、社会、经济效益三类指标，赋予国家公园管理模式新的理论和实践内涵，具有显著的实用价值和决策参考意义。

目　　录

图表目录

第一章 导论

第一节 研究背景与问题的提出

一 研究背景

(一) 世界遗产保护运动方兴未艾

回顾人类与自然的关系史,不难发现人与自然之间的关系总是在人类不断的认识中曲折地发展着,自然保护思想在经历敬畏自然和征服自然之后成为人们一种正确的认识。进入工业文明时代以后,面对社会与经济发展导致环境问题日益严重的形势,一些有识之士开始理智地思考自然保护问题。19 世纪后期,一场具有浪漫主义色彩、美学观念和提倡"科学的管理,聪明的利用"的资源保护运动,即设立国家公园、保护荒野在美国兴起。20 世纪,特别是第二次世界大战以后,伴随科学技术的快速发展,人类的开发生产和消费达到忘乎所以的程度,地表损毁、资源枯竭、生物多样性流失等环境问题达到了触目惊心的程度。人地矛盾激化再次促使人类以理性的态度,遵循环境伦理的角度去思考对待自然环境的行为,反思传统的生产方式和发展模式。20 世纪 60—70 年代末,现代环境保护运动再次在美国爆发,逐步发展成为一场全球性的群众运动,人们试图遏制人口增长、污染蔓延、土地荒漠化、破坏环境的生产和生活方式。享受工业文明的人们发现:山林公园与山林保护区不仅仅是木材与灌溉河流的源泉,还是生命的源泉。① 因而,走进大自然成为现代人的一种必需品,自然遗产保护成为全球性环境保护事业的一项重要任务。

---

① [美] 约翰·缪尔:《我们的国家公园》,郭名倞译,吉林人民出版社 1999 年版,第 1 页。

雷切尔·卡逊1962年出版的《寂静的春天》引发了美国社会关于人类应当如何看待地球上其他生命的辩论，人们开始思考应当将生活建立在自然和道德限制之中。1959年联合国教科文组织（UNESCO）在埃及和苏丹政府的推动下，发起了保护阿布·辛拜勒和菲莱神庙的国际行动，促进了《保护世界文化和自然遗产公约》于1972年出台，使各国在保护最有价值的人文景观和自然景观过程中，拥有了一个可共同遵守和执行的国际准则。截至2014年6月，第38届世界遗产大会，全球世界遗产达1007处，其中自然遗产197处、文化遗产（含文化景观）779处、自然与文化双遗产31处。中国列入《世界遗产名录》的世界遗产项目已达47项，其中文化遗产33项（其中文化景观4项）、自然遗产10项、自然和文化混合遗产4项，世界遗产总量位居世界第二，成为中国自然保护和遗产旅游的重要载体。

从1872年国家公园出现，到百年后1972年《保护世界文化和自然遗产公约》诞生，反映了世界自然保护由资源保护进入环境保护的过程。塞缪尔·海斯在其《美丽、健康与永恒：1955—1985年间的美国环境政策》一书中指出，从19世纪后期到二战结束，美国所经历的是一个生产社会为保存、利用生产资源而进行的自然资源保护运动，而二战结束之后，伴随消费时代的到来，这场运动转变为一场维护生活质量的环境保护运动。[①] 这一过程体现了人类渴望建立人与自然保持平等和谐关系的环境道德观，采取的是符合环境伦理的保护性行动。

20世纪80年代以后，环保运动呈全球化的趋势。保护生态环境和具有突出的普遍价值的自然遗产，让全世界人民能够世代享有和可持续利用的自然资源，成为国际社会的共同责任。随着人们对环境作为联系政治、经济、文化等诸多问题的重要介质认识的提高，环境保护运动由一种理念上升为人类的共同行动和事业，并继续保持着强势推进的态势。

（二）世界国家公园运动向纵深发展

1872年美国国会决定将位于怀俄明和蒙大拿的黄石地区特别保留为大众公园或人民娱乐休闲地[②]，一个由美国国家内政部监管的国家公园第

---

① ［美］塞缪尔·海斯：《美丽、健康与永恒：1955—1985年间的美国环境政策》，转引自侯深《寒云路几层——环保运动的根源与发展》，《中国社会科学报》2010年6月3日第7版。

② ［美］巴里·麦金托什：《美国国家公园的建立和发展》，刘述成译，《绵阳师范高等专科学校学报》2001年第6期，第90页。

一次在世界上正式出现,这也是世界上第一个自然保护区。自那以后,国家公园的概念被世人所接受,并逐渐发展成为一场全球性的自然文化保护运动,国家公园发展被各国政府视为一项具有全人类普遍意义的行动。国家公园所倡导的尊重"大自然权利""公民游憩权"的理念,满足了人类保护自然遗产和生态环境及其自然游憩的愿望,得到世界各国政府和非政府组织的普遍认可,国家公园模式被国际社会作为一种有效的自然遗产管理模式而广泛采用和推广。到2001年,全世界已有225个国家和地区建立了9800多个国家公园,总面积近10亿公顷①,各国和地区政府采取积极政策支持国家公园及相关保护地管理,促使全球自然保护地不仅总量大幅增长,而且类型和分布格局多样化,有效地保障了自然空间生态保护和人类自然游憩的需求。

随着世界国家公园运动的不断深入,国家公园不仅数量上得到增长,而且管理内涵上也得到了丰富和发展。一是管理模式区域化。美国国家公园发展以法律为基础,以管理目标的实现为目的,将理性分析、公众参与、责任制度纳入管理决策过程之中,为世界各国国家公园设置与管理提供了借鉴。然而,各国针对各自的社会和文化背景,及其不同的政体和财政投入,采取了与美国国家公园不尽相同的管理模式,出现了诸如英国模式、法国模式、日本模式、澳大利亚模式等,极大地丰富了国家公园管理模式的内涵。二是在思想认识方面取得四项进步,即保护对象上,从视觉景观保护走向生物多样性保护;保护方法上,从消极保护走向积极保护;保护力量上,从政府一方走向多方参与;空间结构上,从散点状走向网络状。三是在规划理论与方法方面,美国资源保护方面的专家为解决国家公园和保护区中环境容量问题提出 LAC(Limits of Acceptable Change)理论,国家公园管理局根据 LAC 理论的基本框架,制定了"游客体验与资源保护"技术方法(Visitor Experience and Resource Protection,VERP),国家公园保护协会制定了"游客影响管理"方法(Visitor Impact Management,VIM)等,并有 7 项的具体技术方法取得进步,即"可接受的改变极限"(LAC 理论)、"游憩机会类别"(ROS 技术)、"游客体验与资源保护"(VERP 方法)、"基地保护规划"(SCP 技术)、"市场细分"(Market Seg-

---

① 林洪岱:《国家公园制度在我国的战略可行性(一)》,《中国旅游报》2009 年 2 月 2 日第 7 版。

ment)、"分区规划"（Zoning 技术）以及"环境影响评价"（ELA）①。

（三）社会转型促使生产生活方式变化

当前，中国社会正处于广泛而深刻的转型时期，价值观、发展理念和发展机制均随之发生显著的变化。伴随世界环保运动的发展，我国在经历经济 30 年持续快速增长后，意识到传统的高投入、高消耗、低效率的粗放型增长方式不能够实现经济和社会的持续发展，于是，开始探求经济、社会、人口、资源、环境相协调的可持续发展道路。党的十六届五中全会将建设资源节约型、环境友好型社会作为一项重要战略任务提出来，党的十七大把"建设生态文明"写入党的报告，倡导人与自然和谐的发展方式，与生态环境相协调的生产生活与消费方式，党的十八大进一步提出要从制度上保护生态环境，建立国土空间开发保护制度，完善最严格的耕地、水资源和环境保护制度。由此，在探求节约资源、保护生态、经济可持续增长的过程中，转变经济增长方式，尊重自然规律，促进人与自然、人与人、人与社会关系和谐共荣成为新时代的新要求，进而将自然遗产资源的保护利用问题推上重要的位置，成为建设美丽中国的一项重要任务。

为顺应新形势，目前我国许多部门均将发展旅游业作为转变发展方式的重要手段，因为旅游业属于产业经济属性的发展模式，是一个综合性、关联性很强的服务行业和劳动密集型产业。2009 年 12 月，国务院国发 41 号文件《关于加快发展旅游业的意见》明确指出，旅游业是战略性产业，资源消耗低，带动系数大，就业机会多，综合效益好，在保增长、扩内需、调结构等方面有积极作用，要大力推进旅游与文化、体育、农业、工业、林业、商业、水利、地质、海洋、环保、气象等相关产业和行业的融合发展。因此，各部门均改变直接的生产性资源利用方式，而注重发挥各类遗产资源的旅游经济功能，如水利部门以我国旅游业从观光旅游向休闲度假旅游转变为契机，打破传统水利工程建设思路，将旅游和景观建设作为水利工程建设的一个重要因素，将水利旅游纳入旅游规划之中，变单一的发电生产功能为保护水资源、修复水生态、改善水环境、发展水经济、弘扬水文化等多种功能。林业部门对森林资源的利用不再局限于砍伐林木，对湿地的利用也不再局限于提供水源、航运等生产性利用，而是成立专门的管理机构，出台《国家级森林公园管理办法》、《国家湿地公园建

---

① 杨锐：《试论世界国家运动的发展趋势》，《中国园林》2003 年第 7 期，第 10—15 页。

设规范》等行业管理规定和标准，大力建设森林公园、湿地公园，开发生态旅游产品，林场管理人员和工人转而投入旅游经营管理。国土部门配合世界地质公园的建设计划，于2000年8月成立了国家地质遗迹保护（地质公园）领导小组，制订了地质公园、矿山公园建设计划和方案，提出转变单一的采矿和地质遗迹保护为"在保护中开发，在开发中保护"，发挥地质遗迹独特的美学观赏价值，开发地质考察和观光旅游产品，旨在通过建设国家地质公园保护地质遗迹资源，促进社会经济的可持续发展。

上述种种转变均以转变原有生产生活方式、可持续利用自然遗产资源为主要目的，是为缓解资源利用与环境矛盾而作出的正确选择。然而，新的利用方式仍然会带来新的矛盾，这种转变虽然缓解了消耗性生产利用中的环境问题，却给保护性环境利用方式提出了要求更高的保护命题。

（四）遗产旅游热加剧资源保护与利用矛盾

生产方式的改变还带来人们生活方式的变化。随着经济社会的快速发展，我国城乡居民生活水平显著提高，收入大幅度增长，部分家庭过上了富裕生活，进而激发了人民群众对生活质量和环境质量的要求越来越高，休闲游憩和回归自然成为国民生活的一种方式。1980年的《马尼拉世界旅游宣言》将公民的旅游、度假和休闲权看成基本人权的组成部分，旅游不再是国民一种可望而不可及的奢侈品。同时，建设生态区，创造宜人的环境，充分发挥旅游的民生功能，成为政府代表人民群众根本利益的政德工程，与休闲康体有关的旅游项目，如养生旅游、康体旅游、远足旅游、矿泉旅游、日光浴旅游、森林浴旅游等迅速发展起来，回归自然成为人们缓解压力、调节身心、解决心理问题的重要方式。

但是，保护自然的理想往往与旅游业开发讲求实效的愿望联系在一起。[1] 大众自然旅游需求的快速增加促进了自然保护区、风景名胜区、森林公园、湿地公园、地质公园等自然保护地旅游资源的大规模开发。旅游活动既满足了人们对自然的审美和游憩需求，给旅游地带来经济效益，也给旅游地带来了消极影响，主要表现在因过度开发、过度拥挤、汽车活动、垃圾污染、无规则的游憩活动等，冲击和影响土壤和植被等生态环境。旅游开发过程中，开发者往往片面扩大积极影响，忽视对风景资源的

---

① ［美］巴里·麦金托什：《美国国家公园的建立和发展》，刘述成译，《绵阳师范高等专科学校学报》2001年第6期，第90页。

保护，上马各种破坏生态环境、危及环境安全的建设项目，谋取经济利益。特别是在商品经济的冲击下，有些人将风景资源视为"摇钱树"，混淆保护资源和发展旅游业的关系，把国家所有的公共资源当做企业资产来经营，将景区门票划作企业收益，甚至把属于政府的资源管理权移交给企业。①

自然遗产资源是社会文明进步和可持续发展的重要物质基础。在社会转型期，自然资源保护与利用的关系容易发生错位，旅游经济效益加剧利益之争，各部门往往从各自利益出发而忽视相关者利益，重经济利益而轻生态环境效益，极大地伤害了自然资源的可持续利用。因此，探索并建立一个能够平衡各方利益、有效解决自然资源保护和利用之间矛盾的管理模式，从根本上有效配置环境资源，已经刻不容缓。

（五）中国建设国家公园工作已在试点

中国自然保护区建设工作始于 20 世纪 50 年代，1956 年中国大陆建立第一个自然保护区鼎湖山，1984 年中国台湾地区建立了第一个以"国家公园"命名的保护区——垦丁国家公园（Kenting National Park）。为了系统整合和完善中国自然保护地体系，中国大陆地区从 2008 年起试点国家公园建设。同年 6 月 6 日，国家林业局决定"以具备条件的自然保护区为依托，开展国家公园建设工作"，并将云南省定为我国第一个国家公园建设试点省。此前，云南省已于 2006 年通过地方立法成立香格里拉普达措国家公园。同年 10 月 8 日国家环境保护部和国家旅游局召开国家公园建设试点工作新闻发布会，宣布将黑龙江汤旺河国家公园作为中国第一个国家公园试点建设单位，并提出要在试点和探索的基础上，正式引入国家公园的管理理念和管理模式，借鉴"政府主导、多方参与、区域统筹、分区管理、管经分离、特许经营"等国际经验，建立与中国国情相适应的国家公园管理体系，研究和探索符合中国国情的国家公园建设与管理的体制、机制和制度，并制订国家公园建设和管理的政策和技术标准，提高自然保护的有效性。据媒体报道，目前除了云南省香格里拉普达措、黑龙江汤旺河以外，云南梅里雪山、老君山、南滚河、怒江大峡谷、西双版纳热带雨林、莱阳河、屏边大围山等国家公园均在建或拟建之中，秦岭国家

① 郑淑玲：《当前风景名胜区保护和管理的一些问题》，《中国园林》2000 年第 3 期，第 14—16 页。

中央公园的概念以及江西庐山、吉林拉法山、四川龙门山拟建国家公园的话题，也引起官方、学界和民间的热议。为此，在生态文明建设的大背景下，国家公园必将在中国得到更加快速的发展，成为政府层面上一种有效的自然管理新模式。

但是，结合中国国家公园试点工作开展的情况来看，人们在认识和行动上尚有一些问题需要解决，如，喀纳斯自然保护区拟建设西部国家公园，规划总面积 2200 平方公里，但预测年接待游客 100 万人，创收 100 亿元（对比美国黄石公园总面积 9000 平方公里，其经营收入目标仅为带动周边旅游收入 5 亿美元）；秦岭国家中央公园虽在酝酿之中，已提出将建成为西北最大旅游观光和温泉养生基地的目标；黑龙江汤旺河国家公园试点提出国家提供保护资金支持，且其经济效益也用于保护。可见构想中的国家公园的经济效益成分显著，目标定位有值得商榷之处。

二 研究问题的提出

自然遗产资源是旅游发展的重要物质载体，更是推进人类生态文明建设的重要载体，在协调人与自然、沟通物质与精神、连接科学与艺术等诸多方面发挥着重要的作用。当前，旅游发展实践表明，不可持续的旅游利用方式相当普遍，与消耗型的生产性利用方式一样，已经对自然环境造成威胁。旅游可持续发展应以资源可持续利用为基础，以保护生态环境和建立和谐人地关系为前提，坚持"保护为主，适度利用"的理念，规划和设计绿色旅游产品，创造低碳旅游消费模式。但是自然遗产资源"适度利用"还只是一个模糊的概念，关键在如何构建科学有效的自然管理模式，有效地贯彻自然保护理念。这是一个亟待破解的重大课题。资源保护与利用矛盾涉及一个复杂的系统，其核心是利益问题，即人类的整体利益与局部利益、眼前利益与长远利益、经济利益与环境利益的问题；其协调的标准是实现自然资源"当代与后代并重，保护与发展并存"；其本质内涵和具体要求是适应现代社会的转型，协同共进地处理好生产力形态、人的生存形态和基本制度形态三个方面"转型"的关系，探索社会主义发展方式和制度建构。[①] 于是，自然遗产资源保护的价值观念、管理模式与利用方式、最终实现的目标等三个方面构成了图 1-1 所示的相互关系，

① 王雅林：《中国社会转型研究的理论维度》，《社会科学研究》2003 年第 1 期，第 87 页。

即在生态文明思想的指导下，遵循符合生态环境管理的理念，通过构建制度、管理行为模式和技术标准，有效控制和处理人与自然的关系及其相关利益，促使自然资源利用从粗放型方式向可持续发展方式转变，从而实现自然资源的保护和可持续利用，促进生态、社会和经济效益的协调发展。

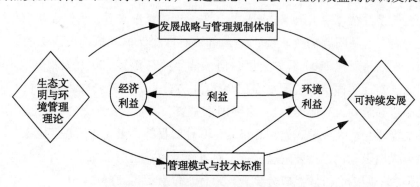

图 1 - 1　自然资源管理基本结构与关系

图 1 - 1 揭示了在自然遗产资源保护与利用矛盾的复杂系统中，解决问题的关键是构建制度、管理行为模式和技术标准，由此提出了本书的研究问题，即探索建立一种能够协调旅游经济增长、环境资源保护和社会效益，实现自然遗产资源可持续发展的管理模式。产生于美国的国家公园管理模式，是目前世界各国广泛认可的一种管理模式，被视为是生态经济发展的示范区域。但是，中国自然遗产地管理尚处初级阶段，引入国家公园概念的时间较短，实验性建设实践刚起步，人们对国家公园的认识常与自然保护区、风景名胜区等概念混淆，中国是否需要设置国家公园还存在着一些争议，对新的历史条件下国家公园的战略地位、指导理论和管理实践缺乏系统的研究。因此，设置国家公园以解决中国自然遗产管理存在的诸如多头管理、部门分权，重叠设置、目标混乱，名为国家所有、实为地方管理等问题，需要研究的问题很多。从宏观上看有政治和法律等诸多方面的课题，从微观上既需要一套统领遗产地管理的规范，还需要操作层面上的准入标准评价体系，使正确的自然保护理念得到很好的贯彻，达到协调并兼顾生态、社会和经济三者利益的目的。本研究以破解中国自然遗产资源管理目标不一、体制分割、多头管理、标准混乱、协调无力、合作低效的困境为目的，借鉴美国等国家的国家公园建立标准及其管理经验和教训，探索建立跨部门、跨地区、纵向垂直的统一管理机制且评价标准统一的中国国家公园体系，为此，将在可持续发展等理论的指导下，重点研究

三个方面的问题。

（一）中国设置国家公园的必要性和可行性

国家公园概念自诞生至今虽然已经有140多年，但在中国仍处于试行阶段，甚至有人将国家公园与风景名胜区、地质公园等概念混淆在一起，认为无需再另设国家公园，表明人们对国家公园的本质内涵认识尚不全面，对中国自然保护与遗产利用中存在的问题认识不足。对事物持正确的认识并通过认识形成正确的观念至关重要，因此，正确认识国家公园建设的必要性和可行性是首要问题。本书将剖析中国自然资源管理现状，从现实需要和理论意义两方面明确中国设置国家公园的必要性和可行性，为定位自然资源管理理念、中国国家公园发展宗旨和原则以及国家公园管理模式的内涵，确立设置准入评价标准，做好思想准备，夯实现实实践基础。

（二）中国国家公园设置的准入标准

目前中国自然遗产地执行的是各部门制定的行业标准，而非国家权威标准。国家公园作为"国家"品牌资源的承载体，需要在操作层面上制定统一规范的准入评价标准。各国在建设国家公园过程中均制定了符合各自实际的规范标准，中国建设国家公园也需要符合本国实际的准入评价体系。为此，研究符合中国实际的国家公园评价规范，设置中国国家公园体系的准入条件是当前的首要任务。本研究将通过对各国家公园以及中国各类自然遗产地建设宗旨和标准的梳理，比较各项标准的内涵，提取具有普遍意义的有价值因子，再补充合理要素，构建中国国家公园设置的评价指标体系，引导国家公园设置的标准化，为国家公园规范管理奠定技术性基础。

（三）中国国家公园的管理规范

自然遗产地保护的核心是处理好人与自然的关系和相关者的利益关系，其保护和管理行为属于社会学范畴，是一种政府行为，必须借助国家层面的法规政策和制度，对自然资源实行有效管理和合理开发。处于转型期的中国，问题盘根错节、矛盾多重交叉，改进中国自然遗产地管理现状，除了建设国家公园这一物质载体外，还须从管理规范层面上重视制度建设，使之具备科学化、制度化地体现政治、社会、经济、文化等意图的内涵，体现其兼顾价值、矛盾、利益而作出取舍和决策的过程。作为一种管理模式，国家公园需要国家权威的管理机构、国家层面的政策制度、国家财政的资金投入、国家层级的利益协调机制等，因此这些要素是本研究的重要组成内容，将作为自然遗产地规范管理的必要条件纳入评价指标。

第二节　研究意义

中国是一个自然遗产资源丰富的国家，近年来自然遗产保护和开发取得明显成就，但在市场经济条件下，面对旅游经济发展刚健的形势，中国自然遗产保护与利用的矛盾协调难度非常大，表现为：自然资源类型多样，但各类遗产地管理主体不同，对资源保护和利用的理解有差距，现行各类评价标准不统一；在旅游经济快速发展的形势下，自然遗产资源处于利益矛盾中心，新的管理模式触及利益再分配，既得利益协调阻力大；国家公园在中国试行时间很短，人们对国家公园的认识不充分。因此，本研究是一个具有一定难度的前沿课题，特别是中国有着与其他国家不同的国情，中国特色国家公园的内涵是什么以及如何构建，值得长期深入研究。但是，中国作为世界文化和自然遗产发展与研究体系的重要成员，中国国家公园设置标准及其管理规范的研究，具有重要的理论意义和实践意义。

一　理论意义

目前中国自然遗产的旅游利用实践超前于理论研究，旅游实践缺乏理论指导。国家公园研究涉及生态学、管理学、地理学、旅游学、规划学等众多学科，包括自然保护、生态环境管理、资源景观、旅游经济、游憩活动等众多内容，属于自然保护领域的热点和前沿。探索中国国家公园建设，寻找一条符合人类生存环境条件和生态系统自然演替规律、合理利用自然资源的科学方法，将丰富人地关系、生态学、遗产管理等理论，为环境管理学、旅游学和世界遗产学等许多新兴学科的建设提供理论基础。

二　实践意义

中国国家公园设置问题的研究，现实意义积极而深远。从国家战略上看，参与世界国家公园运动是我国参与世界自然环境保护运动的具体行动，是我国遵守和执行《保护世界文化和自然遗产公约》《生物多样性公约》等国际公约的必须，有利于中国参与自然保护的国际合作和对话，提升国家的国际形象。从管理实践上看，国家公园建设标准化有利于推进自然遗产管理制度化和规范化，保证自然遗产地管理和建设的科学性、权威性，从制度上明确资源权属和利益关系，实行自然遗产地统一管理、统一规划、统一保护、统一开发，规范资源规划、开发和经营活动，防止因利用不当而对环境造成破坏，解决利益相关者之间的利益冲突，调动各方参与保护的积极性，根本上解决中国自然遗产管理中现存的问题；有利于人们依据自然遗产资源的重要价值及其种类和特征，综合资源在区域资源系统中的地位、类型结构、地域组合和级别关系等要素，提高资源配置效率和可持续利用能力；有利于创新一种将人类利用自然资源与自然生态系统循环过程统一起来的方式，有效保护自然遗产突出的普遍价值及其原真性、完整性和多样性，最终达到通过自然遗产的科学利用和有效管理、建立人与地球生物圈的友好关系，实现自然界与人类社会福利共享的目的。

第三节 概念释义与界定

一 国家公园

"国家公园"（National Park）的概念产生于美国。1832 年，美国艺术家乔治·卡特林（George Catlin）因印第安文明、野生动植物和荒野在美国西部大开发中所遭遇的不良影响，构想了"它们可以被保护起来，只要政府通过一些保护政策设立一个大公园——一个国家公园，其中有人也有野兽，所有的一切都处于原生状态，体现着自然之美"的美好愿望。40 年后，美国国会于 1872 年正式批准设立黄石国家公园，作为"为人民福利和快乐提供公共场所和娱乐活动的场地"①，这是世界上第一座国家公园。之后这一概念被许多国家所采用，国家公园成为一场世界性的运动和自然保护区的一种形式。综观全世界 225 个国家和地区 9800 多个国家公园，大多以天然景观为主体，保持天然原始的自然状态，景观资源珍稀独特，不仅在国内，即使在世界上都有着重要的影响或特别意义，公园内的人工建筑有限，只是为了方便而设置的辅助设施。

但是，分析国家公园运动发展历程，国家公园不仅仅是一个兼具"自然保护"和"公民游憩"的物质载体，它由保护原生态的朴素理想发展成为一套保护理念，再由单一的国家公园概念发展成为国家公园和保护区体系，继而衍生出"世界遗产""生物圈保护区"等概念，"国家公

---

① 李如生：《美国国家公园管理体制》，中国建筑工业出版社 2005 年版，第 2 页。

园"已经成为一项全人类的自然文化保护思想和保护模式、一种有效的自然资源管理模式,其发展的脉络表现为:保护对象从视觉景观保护走向生物多样性保护、保护方法从消极保护走向积极保护、保护力量从一方参与走向多方参与、保护空间从点状保护走向系统保护。[①]

国家公园不同于严格的自然/野生地保护区(Strict Nature Reserve)(这类保护区不受人类直接干扰,没有管理活动),也不同于娱乐性景区或城市公园,而是具有一个或多个典型生态系统完整性的区域,如特殊自然景观、生境/物种管理区、高质量的陆地、海岸、岛屿风光等,包括与传统土地利用方式相和谐的生物群落和社会习俗所构成的人文景观,是一个为了保护和可持续利用的目的而划定的特殊区域。

二　自然遗产地与中国国家级自然遗产地

140 多年来,随着世界国家公园运动向纵深处发展,国家公园概念也获得不断发展,诸如"国家公园和保护区体系""世界遗产""生物圈保护区"等相关概念相继衍生出来,构成了一个较为完整的自然保护体系。根据 1972 年 11 月联合国教科文组织第 17 次会议通过的《保护世界文化与自然遗产公约》,"世界遗产"是指由联合国教科文组织和世界遗产委员会确认的具有突出意义和普遍价值、罕见且无法替代的文化古迹及自然景观,包括文物、建筑群和遗址以及由物质和生物结构或这类结构群组成的自然面貌、地质和自然地理结构以及明确划为受威胁的动物和植物生境区、天然名胜或明确划分的自然区域。[②] 人们习惯上将国家公园、风景地等各类自然景观与风景资源统称为"遗产"(heritage)[③],遗产地便是指遗产存在的地理空间及其物质环境。《保护世界文化与自然遗产公约》将遗产分为自然遗产和文化遗产两大类,并定义"自然遗产"是从审美或科学角度看具有突出的普遍价值的由物质和生物结构或这类结构群组成的自然面貌;从科学或保护角度看具有突出的普遍价值的地质和自然地理结构以及明确划为受威胁的动物和植物生境区;从科学、保护或自然美角度看具有突出的普遍价值的天然名胜或明确划分的自然区域。美国国家公园

---

①　百度百科:《国家公园》,http://baike.baidu.com/subview/33306/5959913.htm。

②　百度百科:《世界遗产》,http://baike.baidu.com/subview/9018/10124018.htm。

③　张朝枝、保继刚、徐红罡:《旅游发展与遗产管理研究:公共选择与制度分析的视角——兼遗产资源管理研究评述》,《旅游学刊》2004 年第 5 期,第 35—40 页。

不仅包括自然遗产，还包括文化和历史遗产。鉴于目前中国大陆国家公园建设尚在试点中，本书为了更好地聚焦自然遗产管理问题和研究方便起见，仅以自然遗产作为研究对象。

中国是自然遗产资源非常丰富、类型最齐全的国家之一，不仅是中华文化与文明的象征，也是中国旅游业发展的重要物质基础。目前，在资源保护和利用双重目的作用下，我国依托自然遗产资源建立了自然保护区、风景名胜区、森林公园、湿地公园、地质公园、矿山公园、水利风景区、A 级旅游区等类型的保护区、景区或公园，是中国设置国家公园的重要载体。为了便于表述各类自然遗产地现有的评价标准，本书将上述各类国家级保护区、景区或公园等统称为"中国国家级自然遗产地"，将拟创新设置的国家公园称为"中国国家公园"。

第四节　国内外研究综述

一　国家公园设置宗旨与标准研究

（一）以保护和游憩利用为宗旨

文献显示，"国家公园"概念源于自然保护主义者保护自然，尤其是保护原生态的朴素理想。John. J. Pigram 和 John. M. Jenkins（1999）认为，设置国家公园的目的是保护和保存自然资源，这一目的也是整个国家公园运动的中心主题，但是保护的目的是使这些资源开发出来以满足国家的游憩需求。[①] 在国家公园发展过程中，美国自然保护先驱约翰·缪尔对国家公园的建立和发展起到了重要的推动作用。约翰·缪尔力图把大自然的美景、保护自然遗产的价值和保护自然的科学方法结合起来，通过建立国家公园倡导其自然哲学的思想，他的思想丰富和发展了国家公园的建设宗旨，将朴素的自然保护主义上升为自觉的理性行为。可见，国家公园肩负自然资源保护和利用的双重任务，由于保护与利用两者往往是一对矛盾，因此，人们寄希望于国家公园能够通过人类自觉的行动协调保护与利用的矛盾。

---

① ［美］约翰·皮格拉姆、约翰·詹金斯：《户外游憩管理》，高峻、朱璇等译，重庆大学出版社 2011 年版，第 173 页。

　　回顾国家公园的发展历史，可以清晰地看到国家公园的设置宗旨总是围绕着保护和游憩利用这条主线而得到丰富和发展。杨锐把美国国家公园体系的发展历程分为六个阶段：第一阶段自 1832 年至 1916 年，是国家公园萌芽阶段，国会在保护自然的理想主义者和强调旅游开发的实用主义者的说服下，立法建立了世界上第一个国家公园。第二阶段自 1916 年至 1933 年，是国家公园成型阶段，组建了国家公园管理局，制订兼有景观保护和适度旅游开发双重任务的管理政策，扩大州立公园体系以缓解国家公园的旅游压力，大力拓展美国东部历史文化资源保护工作。国家公园体系在美国全境形成。第三阶段自 1933 年至 1940 年，是国家公园发展阶段，1933 年富兰克林·罗斯福总统签署法令，把原来归属战争部、林业局管辖的国家公园、纪念地和国家首都公园划归国家公园局管理，进而扩大了国家公园体系的规模，增强了国家公园管理局在美国东部的势力。国家公园和州立公园内完成了大量保护性和建设性工程项目，1935 年和 1936 年分别通过的《历史地段法》和《公园、风景路和休闲地法》，增强了国家公园管理局管理历史文化资源和休闲地的职能和力度。第四阶段自 1940 年至 1963 年，包括了二战期间的停滞时期和战后迅速发展时期，国家公园管理局启动"66 计划"，改善国家公园的基础设施和旅游服务设施，但因生态环境保护方面的工作考虑不足，被批评为过度开发。第五阶段自 1963 年至 1985 年，为注重生态保护阶段，随着美国公民环境意识的觉醒，资源的生态价值得到认识，在学术界和环保组织的压力下，国家公园管理局的资源管理政策做出了缓慢但重要的调整，开始重视对生态系统的保护。第六阶段始于 1985 年以后，为教育拓展与合作阶段，公园的教育功能得到了强化，强调与其他政府机构、基金会、公司和其他私人组织的合作。①

　　随着世界国家公园运动的深入，许多国家把保护典型生态系统的完整性作为一项战略，通过设置国家公园这一载体实施生态环境、自然资源保护和适度旅游开发的基本策略，通过较小范围的适度开发实现大范围的有效保护，既排除与保护目标相抵触的开发利用方式，达到了保护生态系统

---

① 杨锐：《借鉴美国国家公园经验探索自然文化遗产管理之路》，《科学中国人》2003 年第 6 期，第 28—31 页。

完整性的目的，又为公众提供了旅游、科研、教育、娱乐的机会和场所。[①] 国家公园逐步由一个为生态旅游、科学研究和环境教育提供场所的自然区域，发展成为一种处理生态环境保护与资源开发利用矛盾的行之有效的模式。

国家公园模式的形成表明人类的自然保护行动得到强化，也标志着一套渐趋合理的自然管理体系的形成。在此体系中，建设规划和评价标准是基础，也是国家公园设置宗旨的具体体现。美国在1910年前后即开始公园规划实践，规划部署国家公园内资源与环境保护、合理开发建设和科学管理的内容，规定公园管理的基本程序，为公园内开展活动提供依据。黄石国家公园对公园管理所必要建设的道路、游径、游览接待设施和管理设施等进行了先期规划，之后其他国家公园效仿这一做法，进行建设性规划。为了增加规划决策中的科学性，1971年美国国家公园管理局成立丹佛规划设计中心（Denver Service Center），负责国家公园规划设计的专业研究与规划编制工作。文献显示，美国国家公园规划体系由总体管理规划、战略规划、实施规划与年度工作计划四个部分组成，内容全面，层次具体清晰，不仅体现了国家公园规划建设的前瞻性、科学性和可操作性，而且强调了国家公园保护环境条件下的合理地、可持续地利用资源的宗旨。美国国家公园规划框架包括六项内容：（1）公园的功能、范围和目标；（2）具体的管理工作；（3）明确且可量化的公园战略规划的长期目标；（4）实现公园的功能和长期目标所采取的运作方式；（5）与年度目标和年度工作规划相一致，并指导一个财政年度工作的年度实施规划；（6）与年度统计结果相一致，并与年度目标相关的年度实施报告。并且具有四个特点：（1）依次从大尺度的总体管理规划，到更具体的战略规划、实施规划以及年度工作规划，构成了一个完整的体系；（2）规划体系框架、内容、程序和目标等都以相关法律为依据和出发点，提高了规划的严肃性和权威性；（3）特别强调公众参与和环境影响评价，以提高规划编制与实施的可行性和科学性；（4）强调规划的科学决策与分析以及规划的目标制定，并在科学分析的基础上提出切合实际的发展目标，在规

---

① 百度百科：《国家公园》，http：//baike. baidu. com/subview/33306/5959913. htm。

划中通过多种手段和方法予以实现。①

　　加拿大 1885 年建立了第一个国家公园，目前已拥有 39 个国家公园。初期国家公园的建立以获利为目的而不是以资源和环境保护为目的。由于巨大的经济利益，公园内自然保护压力很大。1930 年国会通过了国家公园行动计划（National Parks Act），确立了"国家公园的宗旨是为了加拿大人民的利益、教育和娱乐而服务于加拿大人民，国家公园应该得到很好的利用和管理以使下一代使用时没有遭到破坏"。20 世纪 60 年代以来，环境问题引起广泛关注。1963 年加拿大国家和省立公园协会（The National and Provincial Parks Association of Canada）（后称为加拿大公园和原始生境学会）成立，公园由该协会进行监督。② 国家公园的价值取向从游憩利用转向生态保护。③

　　当前，在中国正式的法律中尚没有"国家公园"概念，只是现行的风景名胜区和自然保护区具有了一定的国家公园理念与模式，且理念和发展模式并不统一，尚需借鉴 IUCN 保护地分类体系，构建我国保护地分类体系以及国家公园理念、保护地和国家公园法律体系，建立分级分类分区管理制度和有效率的产权结构制度，在利用与保护、开发与管理之间寻求平衡，进而确立我国国家公园的理念和发展模式。

　　（二）设置标准因国情而不同

　　在国家公园设置中，美国以及其后的其他国家均确定了符合各自实际的设置条件或评价标准，但无论美国还是其他国家，所设置的标准均较为宏观，多为原则性的条件。研究文献以介绍美国的评价标准为多。陈鑫峰（2002）、李如生（2005）等较为详细地介绍了美国国家公园"全国性、适应性和可行性"的准入标准：所谓全国性，包含四个方面的条件，一是一个杰出的特殊资源类型的范例，二是能够说明和表达美国国家遗产突出的价值和质量，三是能为游览、公众使用、欣赏或科学研究提供最多的

---

① 李如生、李振鹏：《美国国家公园规划体系概述》，《风景园林》2005 年第 5 期，第 50—57 页。

② 刘鸿雁：《加拿大国家公园的建设与管理及其对中国的启示》，《生态学杂志》2001 年第 6 期，第 50—55 页。

③ McNamee, K. From wild places to endangered spaces: A history of Canada's national park. In: Dearden, P. (eds). *Parks and Protected Areas in Canada: Planning and Management*. Toronto: Oxford University Press, 1993. pp. 17—44.

机会，四是能够真实准确地保持了很高程度的完整性，并保持了与此相关的资源例证；所谓适宜性，是指如果一个区域所反映的自然和文化资源类型没有包括在国家公园系统中而且没有由其他联邦机构、部落、州和地方政府及企业进行类似的表述和保护，那么这个区域就适宜进入国家公园系统。所谓可行性，包括两个方面：一是具有必要的规模，布局合适，同时考虑自然系统和历史遗存，保证对资源的长期保护和可供公众利用；二是获得财政允许，具备实施有效管理的潜力。

加拿大采取五个步骤规划和建立新的国家公园：（1）确定该自然区域在加拿大具有重要性；（2）选择潜在的公园；（3）评估公园的可行性；（4）商讨一个新的公园协议；（5）依法建立一个新的公园。确定具有重要性的自然区域主要涉及两个标准：一是这一区域必须在野生动物、地质、植被和地形方面具有区域代表性；二是人类影响应该最小。①

各国对保护区域的定义与鉴别，无论形式还是依据都是有差别的，比如美国国家公园单位入选标准有四项：（1）国家重要性，用于阐明或解说国家遗产的自然或文化主题具有独一无二的价值；（2）适宜性，指的是候选地所代表的自然或文化资源是否已经在国家公园体系中得到充足反映；（3）可行性，指国家公园管理局（NPS）可以通过合理的经济代价对其进行有效保护；（4）NPS的不可替代性。而德国确定入选自然保护区的标准有三条：（1）保护特有动植物物种的群落环境或共生环境；（2）出于科学上、博物学上或地方志上的原因；（3）保护其稀缺性、独特的特征或其优美的景色。②

为了使世界各国在建立国家公园时有一个共同的标准，更好地保护自然与自然资源，联合国教科文组织的世界保护联盟（IUCN）于1959年提出并于1974年修订国家公园标准为：（1）不小于1000公顷面积范围内，具有优美的景观、特殊生态或特殊地貌，具有国家代表性，且未经人类开采、聚居或开发建设之地区。（2）为长期保护自然、原野景观、原生动植物、特殊生态体系而设置保护之地区。（3）由国家最高权力机构采取步骤、限制开发工业区、商业区及聚居之地区，并禁止伐木、采矿、设电

---

① 刘鸿雁：《加拿大国家公园的建设与管理及其对中国的启示》，《生态学杂志》2001年第6期，第50—55页。

② 袁朱：《国外有关主体功能区划分及其分类政策的研究与启示》，《中国发展观察》2007年第2期，第55页。

厂、农耕、放牧、狩猎等行为之地区，同时有效执行对生态、自然景观维护之地区。（4）在一定范围内准许游客在特别情况下进入，维护目前的自然状态，作为现代及未来的科学、教育、游憩、启智资产之地区。

其他各国遵循 IUCN 制定的标准，结合各自的国情制定了国家公园标准。但现有关于设置条件的研究文献多为介绍性，各国国家公园的设置标准均为资源重要性、保护自然生态景观等较为原则性的条件，并无诸如面积、区位、游憩项目、设施建设等具体指标的讨论。就中国而言，由于国家公园概念在法律和学术上尚未达成统一的定义，中国自然遗产管理以风景名胜区、自然保护区、地质公园等形式来体现，各部门相应地制定了针对各类遗产地公园的管理办法或评审条件。如，国务院 1994 年 9 月颁布《自然保护区条例》，从典型、珍稀、特殊保护价值、科学文化价值和批准权限等角度规定自然保护区的准入条件。1999 年国家环境保护总局公布了《国家级自然保护区评审标准》，按照自然生态系统类、野生生物类、自然遗迹类等三个类别，规定自然属性、可保护属性、保护管理基础 3 个评价项目的 12 个评价因子为赋分指标。2000 年建设部颁布《风景名胜区规划规范》，对风景名胜资源的综合评价层、项目评价层、因子评价层做了明确规定，并对景源评价分级分为特级、一级、二级、三级、四级五个级别。此外，1999 年国家林业局制定的《森林公园风景资源质量等级评定标准》（GB/T18005—1999），2004 年水利部颁布的《水利风景区评价标准》（SL300—2004），2003 年国家质检总局颁布的《旅游区（点）质量等级的划分与评定》（GB/T17775—2003），等等，对各类公园提出相应的评价标准。专家学者针对这些管理办法或评审条件进行评价研究，但多集中在各类公园交叉重复设置、标准不一等问题的产生根源，即对我国遗产资源产权、管理权边界不清、政出多门、多头管理等问题的批评，尚少具体设置标准的讨论。

马建章（1992）认为评价自然保护区的标准主要包括典型性、稀有性、脆弱性、多样性、面积、自然性、感染力、潜在保护价值、科研潜力九个方面。李永忠、张可荣（2010）提出自然保护区综合评价标准应当包括自然属性、基础设施建设情况、建设管理水平三个方面。赵义廷（1997）结合 1996 年初林业部发布的《森林公园总体设计规范》林业行业标准（LY/T5132—95），分析了森林公园建设标准化具有综合、宏观、多层次的特点，提出我国森林公园建设标准化问题，认为必须将标准化和森林公园学有机地联系起来。房仕钢（2008）将美国、加拿大国家公园的规划理论与方法与原国家林业部 1995 年发布的林业行业标准《森林公园总体设计规范》（LY/T5132—95）进行了对比研究，认为我国森林公园规划层次性不够，片面强调开发建设。《规范》注重林场转制的开发建设策略和具体措施，设计成果介于规划与设计两个层次之间，严格但不具备法律效力；勘界缺乏合理的原则和方法，森林公园建立在以生产为主要目的的林场边界，与资源保护和森林旅游的目标相悖；不仅缺乏对游人体验与资源保护关系的研究，而且缺乏对公众参与机制与利益相关者的研究。

　　由于中国大陆尚未真正建立国家公园，设置标准也未形成，目前少有设置标准的研究。刘亮亮（2010）在建立一个既沟通国际又面对现实的国家公园评价标准上进行了积极有益的探索，她提出将保护区资源基础、环境状况、保护管理条件和开发利用条件四个方面作为评价依据，并对此四个方面的内涵及其因子做了界定与阐述。2009 年 11 月，云南省作为试点省提出国家公园设置的四项地方标准，包括《国家公园基本条件》、《国家公园资源调查与评价技术规程》、《国家公园总体规划技术规程》、《国家公园建设规范》。该四项标准在昆明通过技术审查并在云南省实施，标志着我国国家公园建设管理工作有了新进展。云南省的四项地方标准界定和规定了国家公园的术语和定义、基本条件、资源调查与评价、总体规划和建设规范等内容，将为我国国家公园建设和管理积累宝贵经验。

二　分类分区与分等定级研究

（一）向基于管理目标的分类转变

　　分类和分区是随着自然保护地矛盾的出现和演化而发展的一种有效管理保护地的技术手段。根据保护地实际、资源特点以及所面临的不同问题，各国常采用不同的分区和分类模式，因此命名和类型划分多种多样，尚无统一的尺度和标准。经过人们长期的探讨和实践，分类体系由最初建立在自然生态系统之上，之后逐渐转向基于管理目标的分类系统，并与资源的可持续利用目标结合起来。①

　　目前，国家公园分等规范还未形成较为成熟的研究成果。保护类区域

---

　　① 喻泓、罗菊春等：《自然保护区类型划分研究评述》，《西北农业学报》2006 年第 1 期，第 104 页。

主要有自然保护区、国家公园、历史文化遗迹等形式，由于各国的保护区建设水平和管理体制不同，自然保护的分类体系有所差别。区域管理政策较为完善的国家将国家公园作为国家主体功能区之一，制定相应的区域政策和分类政策。比如，美国国家公园系统庞大，可归纳为三大类：第一类以保护自然环境和生态系统为主，包括国家公园、国家禁猎区以及部分国家纪念保护区；第二类以生态旅游资源为保护对象，开展户外游憩的主要场所，包括国家游憩区、国家海滨和国家湖滨等；第三类为文化历史遗址保护区，包括国家历史公园、国家军事公园、国家战场遗址等。[①]

世界自然保护联盟（IUCN）根据管理目标的不同，将保护地划分为六种类型，分别是：IA 严格的自然保护区，IB 荒野区；II 国家公园；III 自然纪念物（遗迹）保护区；IV 生境/物种管理区；V 陆地/海洋景观保护区；VI 资源管理保护区。

中国自然保护区类型划分逐渐与国际分类方法趋于一致。王献溥（1989、2000）、李文华（1984）、朱靖（1992）等探讨了我国自然保护区类型的划分。薛达元、蒋明康（1994）在总结国内外有关自然保护区类型划分研究进展的基础上，根据我国自然保护区建设和管理的实际状况，研究制定了我国自然保护区类型划分的标准，将中国自然保护区定义和划分为三个类别九个类型，即：自然生态系统类自然保护区，包括森林、草原与草甸、荒漠、内陆湿地和水域、海洋与海岸五个生态系统类型；野生生物类自然保护区，包括野生动物和野生植物；自然遗迹类自然保护区，包括地质遗迹和古生物遗迹两个类型。该研究提出的标准与国际标准基本衔接，与日后颁布的《中华人民共和国自然保护区管理条例》相一致、与有关主管部门的管理工作具有相关性。

我国各类遗产地公园尚无明确而系统的分类，常见分类（级）的方法有：级别分类、规模分类、景观外貌分类和功能设施分类。按级别分类有世界级（世界遗产）、国家级、省级、市县级；按规模分类有：小、中大、超大型；按景观外貌分类有：峡谷型、岩洞型、江河型、湖泊型、海滨型、森林型、史迹型、综合型等；按功能设施分类有：观光型、游憩型、休假型、民俗型、生态型、综合型。风景区管理实践中，大类型层次

---

① 袁朱：《国外有关主体功能区划分及其分类政策的研究与启示》，《中国发展观察》2007年第 2 期，第 55 页。

如自然类型、文化类型和综合类型，过于粗放，对分类管理的指导性不强。中类型层次如山岳江湖类型、历史文化民俗类型、特殊地貌类型，基本反映出风景区或景区的整体性特点，对分类管理的指导性比较合适。小类型层次如地质地貌和生态系统层次类型，有一定的分类指导性，但不能描述出风景区的整体特征。微类型层次即风景资源层次，分类过细，难以应用在整体风景的分类管理上。有些风景区是将不同类型的景区进行捆绑申报高级别品牌，致使一个风景区可能由几种类型的景区组成①。

国家质量监督检验检疫总局2003年发布的国家标准《旅游资源分类、调查与评价》（GB/T18972—2003）将自然界和人类社会中所存在的能够对旅游者产生吸引力，并为旅游业所开发利用，具有经济、社会和环境效益的各种事物和因素定义为旅游资源，将其分为地文景观、地域风光、生物景观、天象与气候景观、遗址遗迹、建筑与设施、旅游商品、人文活动8大主类，下分31个亚类和155个基本类型。陈鹰（2006）认为该标准中旅游单体的评价标准尚存在一些不尽完善之处，如"旅游资源分类"缺乏科学合理性以及逻辑严密性，"旅游资源调查"缺乏技术上的可操作性，因此从时空尺度将旅游资源评价分为旅游资源单体评价、旅游资源集合区评价、区域旅游资源综合评价三个层次。

王智、蒋明康等（2004）通过对世界自然保护联盟（IUCN）和我国分类系统的比较，提出应该根据我国生物多样性、自然及其相关文化资源保护和维持的现状及特点，参照IUCN保护区分类系统，尽快制定出我国新的保护区分类系统。新分类系统应该以保护区主要管理目标为基本依据，同时综合考虑保护对象的特点及人类干扰程度来确定保护区类型，从而促进保护区的规范管理和进一步发展，实现自然保护与可持续发展的双重目标。李金路、王磐岩（2009）通过对我国风景名胜区类型特征的调查和与国外国家公园分类的对比研究，认为我国的风景区相似于世界自然保护联盟对保护地区（体系）的分类中6个类型的第二类、第三类、第五类，相似于美国国家公园体系20个类型中的第三、六、七、十、十一、十四、十六、十八和第二十类。他们提出我国风景区分类在与国际接轨的同时，应当突出我国风景名胜区承载中华文明发生、发展历史信息集中的

---

① 李金路、王磐岩等：《我国风景名胜区分类的基本思路》，《城市规划》2009年第6期，第29—32页。

特点，编制风景名胜区分类的技术标准，为实行风景名胜区的分类管理奠定基础。我国的风景区分为历史圣地类、山岳类、岩洞类、江河类、湖泊类、海滨海岛类、城市风景类、生物景观类、壁画石窟类、纪念地类、陵寝类、民俗风情类、其他类等 14 个类型。对遗产地不分类型地进行规划建设和管理显然是不合适的，但作为国家公园管理模式，哪种分类方法更具科学性仍然有待做深入的专题研究，因为分类分区方法和标准不是一成不变的，而是伴随着自然保护思想的发展而逐步演化和完善的。

自然保护地按被保护的重要性和可利用性，通常划分为核心区、缓冲区、实验区或游憩区。国外国家公园为了达到保护与游憩利用的双重目标，协调二者的矛盾，对国家公园进行分区规划管理。加拿大国家公园划分为特别保护区、荒野区、自然环境区、游憩区、服务区五类区域，并制定相应管理政策。日本国家公园分区规划按照生态系统完整和景观等级、人类对自然环境的影响程度、游客使用的重要性等指标，将国家公园的土地划分为特别地域和普通区域，特别地域又分为特别保护地区、I 级特别区、II 级特别区、III 级特别区。[①] 我国台湾地区的国家公园规划也根据区域内现有土地利用形态及资源特性来划分不同管理目的的功能分区，划分为生态保护区、特别景观区、史迹保存区、游憩区和一般管制区五类区域。国土资源部制定的《国家地质公园规划修编技术要求》提出功能区的划分应依据土地使用功能的差别、地质遗迹保护的要求及旅游活动的要求，在公园或独立的园区范围内，划分出门区、游客服务区、科普教育区、地质遗迹保护区、人文景观区、自然生态区、游览区（包括地质、人文、生态、特别景观游览区）、公园管理区、原有居民点保留区等功能区。

（二）分等定级不规范、研究不足

分等定级是对公园实施分层管理的依据。分等定级规范的文献相对不足，需要学者们深入分析分等规范的依据和分等规范的划分方法，才能形成有科学依据和实际指导价值的分等定级研究。

国外国家公园多以资源的代表性和所处地域关系为依据设立国家级或地方级。如美国国家公园体系除了设立国家公园管理局直接管理的具有全

---

① 张晓：《日本国家公园制度和管理体系》，张晓、郑玉歆《中国自然文化遗产资源管理》，社会科学文献出版社 2001 年版，第 378—383 页。

国意义的国家公园外，还设立了由州、地区或民间团体管理的州或地方公园，以减轻旅游开发或游客游览活动给环境带来的压力。加拿大国家公园分为国家级、省级、地区级和市级四个级别。1971年通过的国家公园系统规划将加拿大划分成39个自然区域，每一个自然区域在植被格局、地形、气候和野生动物方面都有自己的独特性（刘鸿雁，2001）。法国自然环境保护网络由国家和地方两个层级组成，即由国家环境部主管的国家公园、自然保留地、国家林业办公室主管的森林和由地方主管的地方自然公园、保护区。韩国国家公园依据自然生态界或自然生态景观的地区的国家、市、道或郡的代表性分为国立公园、道立公园和郡立公园三种。日本自然公园系统分为国家公园、准国家公园和都道府县自然公园。国外的森林公园依据地文特征、水文特征、生物资源、人文资源和天象资源来区分不同等级，通过实证分析将排名靠前的公园定义为国家级森林公园，将排名次之的公园定义为洲际森林公园，再次为城市级森林公园。

中国已经实行风景区分级管理制度，但由于没有对风景区的合适的分类分级方法，因此分级管理的针对性和科学性有待提高。我国对风景名胜的级别划分主要依据公园面积、水路条件、陆路条件、区位优势等条件来定义国家级公园、省级公园、市级公园或县级公园。

1999年国家林业局公布《森林公园风景资源质量等级评定标准》（GB/T18005—1999）采用多因素综合评价法，即多因素分值加和法，按森林公园风景资源质量评定分值将其划分为三级，并对森林公园的风景资源质量、区域环境质量、旅游开发利用条件三个方面进行综合分等定级。2004年水利部颁布《水利风景区评价标准》（SL300—2004），将水利风景区评定为"国家水利风景区"和"省水利风景区"。国土资源部制定的《关于申报国家矿山公园的通知》中详列国家矿山公园的评价标准，将矿山公园分国家级和省级两级来设置。2003年国家质检总局发布的《旅游区（点）质量等级的划分与评定》（GB/T17775—2003）将原来的四A级旅游区（点）划分增加到五A级。2006年前，风景名胜区主要依据《风景名胜区管理暂行条例》，按照景物的观赏、文化、科学价值和环境质量、规模大小、游览条件等条件和市县级、省级、国家重点风景名胜区三级来建设。2006年出台的《风景名胜区条例》则将风景名胜区调整为国家级和省级两个级别。

专家学者对我国现行的各种定级方法进行了一定的研究，提出了许多有价值的意见。杨锐（2003）提出，要根据重要性分级、根据资源特征分类，再结合资源的重要性和敏感度，在每一个保护单位的边界内进行管理政策分区，并根据分级的结果，分别采取集中控制和分散控制相结合的方式，对具有国家意义、尤其是世界意义的保护单位，由中央政府集中控制，其他具有区域意义和地方重要性的资源，由省级和地市级分别管理，由中央政府的相关部门进行综合协调。马吉山等（2006）通过对风景名胜的国别对比研究，认为等级规范的公园需要建立和公园设置有关的独立法律制度，将分级规范的研究和法律建设联系在一起。刘诗才（2007）提出风景四级分区和景点五级划分法，风景地按照地域大小划分为城、区、段、点四级，风景区按照质量性质等级划分为世界级、国家级、省州级和市县级，景点是风景地最小单位，按照质量评定划分为绝、佳、美、常、劣五级。崔丽娟（2009）等针对我国湿地公园建设在总体布局、规划设计、建设经营等方面缺乏统一标准的问题，探讨了国家湿地公园的定义、国家湿地公园建设的指导思想与基本原则、目标、基本条件、总体布局以及规划设计等内容，提出国家湿地公园应具备六个条件：①足够大的面积，应在20km^{2}以上；②建筑设施、所营造的人文景观及其整体风格应与湿地景观及周围的自然环境相协调；③湿地生态系统服务功能、湿地合理利用示范、湿地文化和美学价值展示等方面应体现地域特色；④湿地生态系统应具有一定的代表性，湿地生态需水应得到保证，水质应符合景观娱乐用水水质标准；⑤具备一定的基础设施，可以开展湿地科普教育和生态环境保护宣传活动；⑥应设有管理机构，区域内无土地权属争议。袁朱（2007）认为我国建立分级规范体系与主体功能区划分密切相关，分级规范要遵循本国国情，注意类型的简明性和可操作性，现阶段可以不强求国土的全覆盖性，且在指标选择上要符合国情，重视指标的意义性和易获取性，指标体系的建立不要过于繁复庞杂，避免陷于单一枯燥的指标和数据之中。

　　国标《旅游资源分类、调查与评价》（GB/T18972—2003）是当前我国评价旅游资源级别的主要依据，在我国旅游资源规划开发中发挥了重要的作用，但该标准在执行过程中仍然存在不足。刘益（2006）认为该标准采用的是专家赋分法来确定旅游资源等级，受主观因素影响较大，评价结果对于反映区域内部比较优势是有效的，但对于不同评价主体和不同评价客体来说，评价结果的可比性较差。黄向（2006）认为国标在理论上存在盲点，建议参照加拿大、澳大利亚和丹麦等国的做法，制定分门别类的旅游吸引物（tourism attractions）标准，如生态旅游区、文化旅游区、高尔夫球场、滑雪场和激水漂流等，不规定资源的分类，但规定资源开发成相应旅游产品的价值等级的评定标准。

三　发展经验与问题

（一）发展战略与政策举措

国外研究文献显示，国家公园的发展战略主要体现在公园建设、模式选择上，即管理方式是采取政府统一管理还是独自经营。国家公园发展战略的关键是如何根据公园的水文、地质特征以及通过保护地建设，保持国家公园的长期稳定发展。美国等国家体现其自然保护战略，不仅是建立国家公园这种形式，而且还通过颁布国家法律法规和政策，建立国家公园的管理制度和体制，保障国家公园管理的权威性和有效性。如美国制定了国家公园基本法，规定美国国家公园管理局的基本职责，国家公园管理局制定了指导国家公园体系和国家公园管理局计划管理与决策程序的管理政策、国家公园管理局局长令和技术性文件等三个层次的指令性文件体系。澳大利亚政府在国家公园和自然保护区设立中十分重视政策法规体系建设，以法律形式保护特种野生动物栖息地、自然历史文化遗产、典型气候带、奇异地质地貌的天然风景林等，建立了自然遗产保护信托基金制度，用于资助减轻植被损失和修复土地。① 澳大利亚还先后于 1975 年颁布了《国家公园和野生动物保护法》1999 年修改为《环境保护和生物多样性保护法》、1982 年颁布了《野生动物保护（进出口管理规定）法》、1992 年颁布了《濒危物种保护法》等法规。澳大利亚联邦层面还相继出台了《澳大利亚联邦政府湿地政策》《澳大利亚海洋政策》《生态可持续发展国家战略》《澳大利亚生物多样性保护国家战略》《国家杂草战略》《澳大利亚本土植被管理和监测国家框架》等相关政策，各州、领地也相继制定了保护政策，如湿地政策、生物多样性政策和遗产保护政策等，其总体规划、管理计划和相关规范及标准作为具有法律约束力的指导性文件，在

①　江泽慧：《构建中国森林生态网络体系的系统思考》，《林业经济》2001 年第 1 期，第 3—6 页。

规范保护地建设管理及资源开发利用中发挥着重要作用。①

在国家公园发展过程中，有些"战略性构成要素"非常重要。Cernea 和 Soltau（2006）认为"战略性构成要素"包括：减少国家公园内生物隔离、增加公园管理类别的多样性、理解保护的利他性和必要性、提供经济激励和增加与本地人的合作。苏格兰国家公园发展为"自然保护型"国家公园的规划提供了有益的借鉴。公园的管理方在尊重公共财产与公民个人权利与兴趣的基础上，通过法案确定了苏格兰国家公园可持续发展的四个目标，即保护提升自然文化遗产、促进地区自然资源的合理使用、使公众了解并分享该区域的资源、促进当地社区经济的可持续发展。② 此举加快了苏格兰国家公园建设进程，取得了良好效果。因此，"战略性构成要素"必须体现在公园发展与建设规划之中，如通过立法确定建立国家公园的目的之一就是提高当地居民的经济收入，并在决策中引入协商机制③；在保护生物多样性的同时保护当地居民的生计④；国家公园通过开发旅游把部分经济收益流向当地居民⑤；保证当地居民从生态旅游中获益并且解决就业问题⑥。

专家学者对我国自然遗产资源管理提出了批评，存在诸如战略认识不够准确、相关法规政策和规划不完善等问题。蔡立力（2004）认为，我国风景名胜区管理和规划存在现实与理想相悖、统一与多头尴尬、规划与实施背离、保护与利用两难和所有与占有神离等问题，如《中华人民共和国自然保护区条例》和《风景名胜区管理暂行条例》虽同属国务院行政法规，但存在矛盾，当风景名胜区与自然保护区相互重叠交叉时，两者的规划和

① 温战强、高尚仁等：《澳大利亚保护地管理及其对中国的启示》，《林业资源管理》2008年第6期，第117—124页。

② Barker A and Stockdale A, Out of the wilderness? Achieving sustainable development within Scottish national parks. *Journal of Environmental Management*, Vol. 88, No. 1, 2008, pp. 181—193.

③ Trakolis D, Local people' S perceptions of planning an d management issues in Prespes Lakes National Park, Greece. *Journal of Environmental Management*, Vol. 61, No. 3, 2001, pp. 227—241.

④ Cernea M. M and Soltau K. S, Poverty risks and national parks: Policy issues in conservation and resettlement, *World Development*, Vol. 34, No. 1O, 2006, pp. 1808—1830.

⑤ Barker A and Stockdale A, Out of the wilderness? Achieving sustainable development within Scottish national parks. *Journal of Environmental Management*, Vol. 88, No. 1, 2008, pp. 181—193.

⑥ Obua J, The potential, development and ecological impact of ecotourism in Kibale National Park, Uganda. *Journal of Environmental Management*, Vol. 50, No. 1, 1997, pp. 27—38.

管理权限在各自的《条例》中都没有界定，致使在权属管理中常出现各自为政的局面；风景名胜区规划与城市总体规划协调不够，城市经济建设严重削弱乃至于破坏风景名胜资源；且《风景名胜区管理暂行条例》与《村庄和集镇规划建设管理条例》虽然同属国务院行政法规，但衔接不够，村庄、集镇规划管理游离于风景名胜区管理机构的统一管理之外，在一定程度上导致了风景区出现合法但不合理的商业化、人工化建设。

当前我国自然遗产资源保护与利用矛盾突出，主要根源在于资源管理战略错位和管理政策不到位，表现为让脆弱的、具有不可逆性的遗产资源担当起拉动经济增长的重任，忽视了遗产资源不是一般意义上的公共资源，忽视了它们具有全国或世界的唯一性、不能重现性、不能再造性的特性。① 管理战略还直接影响着管理制度与体制的选择。关于景区采用何种产权制度，我国形成两派之争：一派为"产权转移派"，由风景资源的经济使用者组成，包括地方政府、旅游部门、旅游界人士以及部分经济学者，认为风景名胜区是经济资源，因而必须遵照市场方式，让市场推动景区的开发与经营；另一派为"国家公园派"，由行业主管部门（国家文物局、建设部、环保总局等）、遗产保护单位、文化界和环保人士以及相关学者组成，强调风景名胜区的非经济价值，从产权转移造成遗产破坏的角度对"产权转移派"提出批评，推崇美国"国家公园体制"为景区管理模式。② 可见，最终决定管理战略及其政策选择的是价值观，但现有文献显示，尚无资源管理价值观和管理宗旨等方面的研究。

文献显示，关于我国设置国家公园问题，国内学者比较统一的观点主要集中在四个方面：（1）国家公园有利于保持自然遗产资源原貌，实现生态的可持续性；（2）国家公园生态环境保护应当由政府主导，并依托民间组织力量；（3）国家公园应当以政府资助为主，民间筹集为辅，在保持国家公园非营利的基础上，增加其休闲、观光和教育的功能；（4）国家公园的设立不应局限于某一特定区域，可以跨区域、跨行政权属，国家公园既要承担保护资源任务，还要开发旅游精品。

国内外研究表明，国家公园的发展战略应当以保护资源、维护生态为

---

① 张晓、郑玉歆：《中国自然文化遗产资源管理》，社会科学文献出版社 2001 年版，第184—237 页。

② 徐嵩龄：《中国文化与自然遗产的管理体制改革》，《管理世界》2003 年第 6 期，第63—73 页。

基础，通过一定的经营方式实现人与自然均衡发展的最终目标。但是，这样的目标还缺乏具体的战略落实和政策支持，这方面的研究尚须加强。

(二) 旅游开发与生态保育

旅游作为国家公园的一种使用价值已被"第四届世界国家公园和保护区大会"所接受和认可，游憩产品开发成为国家公园的重要任务，但也因此是国家公园发展中必须审慎对待的课题。遗产资源使用价值、环境承载力、生态恢复、规划方法等成为研究热点，如自然风景视觉质量评价研究与遗产价值和货币价值评价研究融合，出现了如嵌套价格指数方法、内部收益率、条件价值法 (Contingent valuation Method, CVM) 等。美国国家公园在保护、规划和管理技术上提出了很多有影响力的理论与管理技术模型，如休闲机会图谱 (ROS)、可接受改变极限理论 (LAC)、游客体验与资源保护 (VERP)、游客影响管理 (VIM) 等，在许多国家公园或游憩地得到运用和发展，也被我国所接受。美国国家公园管理局视恢复公园自然系统中受人类活动干扰的自然功能和过程为管理局的义务，运用最新技术恢复受到干扰的生物和非生物的资源系统，及其景观和生物的结构与功能。

周珍、叶文等 (2009) 从供需视角研究了国家公园与生态旅游的关系，认为国家公园与生态旅游有着共同的终极目标，即游憩教育、环境保护和社会发展，两者的关系相辅相成，生态旅游以国家公园为载体和基础，国家公园以生态旅游为目标实现手段。田喜洲、蒲勇健 (2004) 认为国家公园旅游产品的提供完全由市场机制调节，政府可以通过较低的价格直接提供该产品，增加购买量，达到有效率的消费量。旅游开发的经济效应得到普遍共识的同时，越来越多的人们认识到，旅游开发往往会导致环境退化，不仅会降低旅游开发的潜力，也会预支掉代际消费，为此，环境价值的使用不能快于开发，这样才能实现生态旅游可持续，平衡保护和旅游开发关系[1]，在操作层面上应适当增加通向未开发区域的步道，以减少高游客密度区域的压力，向游客提供环境保护教育和信息服务，增加一些基础设施和安保人员等。[2] 美国大自然保护协会 (TNC) 等国际环境保

---

[1] Obua J, The potential, development and ecological impact of ecotourism in Kibale National Park, Uganda. *Journal of Environmental Management*, Vol. 50, No. 1, 1997, pp. 27—38.

[2] Papageorgiou K and Brotherton I, A management planning framework based on ecological, perceptual and economic carrying capacity: The case study of Vikos—Aoos National Park, Greece. *Journal of Environmental Management*, No. 56, 1999, pp. 271—284.

护 NGO 的科学家们经过长期的实践，形成了一个逻辑性区域保护策略制定方法——保护行动规划（Conservation Action Plan，CAP）。目前，不仅美国国家公园生物多样性保护策略的制定采用这一方法，我国一些保护区也使用这一方法来制定管理目标。CAP 主要包括四个过程（图 1 - 2）：①根据重要程度确定优先保护对象；②对已经确定的保护对象进行威胁因子分析；③为保护对象制定提高其生存状况、削减威胁因子的保护策略；④在保护过程中进行动态的成效评估，在评估的基础上，对整个过程的各个环节进行适应性调整。①

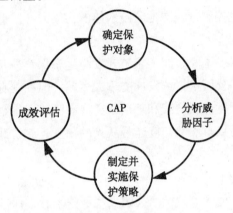

图 1 - 2　CAP 逻辑框架

　　针对我国当前存在的自然遗产保护与旅游利用的矛盾，我国学者主张借鉴国外国家公园的经验教训。赖启福等（2009）对美国国家公园系统发展及旅游服务及对美国经济的影响进行了研究，认为美国国家公园系统的发展历程及旅游服务可以为中国风景名胜区、森林公园等的合理开发与管理提供有益借鉴。彭绍春（2009）在分析中国风景名胜区与美国国家公园基本现状的基础上，从法律、规划、管理体制和监督四个维度对中国风景名胜区与美国国家公园的开发和保护进行了比较，讨论了中国风景名胜区开发与保护存在问题的深层原因，提出解决中国风景名胜区开发和保护问题的思路。刘海龙、杨锐（2009）通过反思我国遗产地宏观空间格局指导和依据相对薄弱，存在资源空间分割及孤岛化、破碎化等问题，认

---

　　①　马建忠、杨桂华等：《梅里雪山国家公园生物多样性保护规划方法研究》，《林业调查规划》2010 年第 3 期，第 119—123 页。

为应展开我国遗产地体系的宏观空间格局及管理体系的研究，提出构建中国自然文化遗产地整合保护空间网络的构想。胡宏友（2001）提出借鉴台湾地区国家公园的生态保护措施，保护生物多样性、防范火灾、控制环境污染、保护土地人文资源，以及对游乐区建设和旅游服务的管理。崔丽娟等（2009）就湿地保育提出几条措施，认为可以通过建设水中生境岛屿、水域、河流片段、浅水滩涂以及带水沼泽等，恢复湿地基底；可以通过植物配置、动物放养、鸟类招引等措施，修复或重建湿地生态系统结构，恢复湿地生态系统结构的完整；可以采取补水、滞水等措施，恢复湿地水文条件，通过控制进入湿地公园水体的污染源、改造植被结构，改善湿地水质等。

上述文献显示，国家公园的旅游开发与生态保育涉及面广泛，既是一对矛盾，也是关乎公园可持续发展的重大命题，但在现有技术条件和管理水平的制约下，开发保护实践和理论研究尚有限，无论是技术层面还是管理层面，也无论是从自然的角度还是从人的角度，旅游开发与生态保育均具有广阔的研究空间。

（三）管理体制与运营机制

从美国以及其他国家的国家公园发展历程来看，保护与利用是自然保护的主要矛盾，这一关系的处理要通过管理手段来实现，但作为一项世界性运动，不同国家有着不同的社会文化背景，各国采取的管理手段和管理模式及其经营机制明显不同。

美国国家公园体系采取的是中央集权为主，辅以部门合作和民间机构合作的模式，实行垂直领导，由内政部国家公园管理局统一管理，其保护资金的来源主要是联邦政府的财政拨款，辅之以门票、特许经营收入和社会力量的支持。140多年来，美国国家公园始终贯彻"公益性理念"，执行多方参与、权责利平衡的管理体制，管理局和管理人员无权随意支配公园资源，而是通过管理手段处理和协调公园保护与利用之间的关系，照看与维护公园的生态环境，为游客提供休闲体验。除了美国模式外，澳大利亚、德国、法国、挪威、英国、加拿大、日本等国均采取符合本国政体和实际的地方自治或综合管理模式。澳大利亚保护地管理体系主要由联邦和各州（领地）政府主管部门及保护地管理机构共同组成，联邦政府环境、水、遗产和艺术部下设有澳大利亚公园局，专司相关管理和协调业务，各州（领地）政府均设有主管部门，主管部门统一行使保护地管理职能，不同政府部门之间机构重叠和职能交叉较少，具有管理层级少、婆婆少、透明高效和地方政府难以进行不适当干预等特点。① 德国、瑞士采取地方自治型管理，自然保护主要是地区和州政府的职责。法国、挪威、英国、加拿大、日本则采取中央集权和地方自治相结合的综合管理模式，注重发挥中央政府、地方政府、特许进入、科学家、当地群众的积极性，共同参与管理。如法国建立地方自然公园，地方政府与中央政府相结合，地方政府将遗产完整保护纳入地方发展计划，在其契约制定过程中具有一半的决定权及完全推翻合同的权利。在挪威，环境部负责国家战略策略，下设"自然管理理事会"负责中央一级的自然保护和管理，而地方级环境保护由郡行政管理办公室负责。② 可见，除了美国统一管理模式外，澳大利亚等国家的管理体系和运行机制，也值得借鉴，关键是符合本国国情，有利于保护地有效管理和可持续发展。

中国自然保护地是按保护对象而非以管理目标进行分类管理的，面临着由于管理责任错位而经费难有基本保障、管理机构因经济利益而轻管理重经营、经济创收无规范、缺乏协调职能机构、单一保护目标与经济发展需求脱节、土地权属遗留问题难解决等影响自然保护区可持续管理的问题。③ 这些问题多半与不成熟的管理理念和复杂的管理主体有关，具体表现为认识、立法、体制、技术、资金、能力和环境等诸多方面的不到位。④ 因此，是统一管理还是分级管理以及管理体制如何创新，是各方讨论和争论的焦点。我国学者借鉴美国国家公园管理理念，对比中美自然文化遗产管理制度的差别，分析了我国风景资源管理体制的某些缺陷和失误以及国家公园模式在中国的适应性，如李景奇、秦小平（1998）、费宝仓（2003）、苏杨（2006）、黄德林（2009），提出了诸如对国家重点风景名胜区进行统一管理，通过立法给予排他性的管理权，以及建立权威管理机

---

① 温战强、高尚仁等：《澳大利亚保护地管理及其对中国的启示》，《林业资源管理》2008年第6期，第117—124页。

② 张晓：《挪威国家公园——国家遗产的重要组成部分》，张晓，郑玉歆《中国自然文化遗产资源管理》，社会科学文献出版社2001年版，第399—414页。

③ 韩年勇：《中国自然保护区可持续管理政策研究》，《自然资源学报》2000年第3期，第201—207页；宗诚、马建章：《中国自然保护区建设50年——成就与展望》，《林业资源管理》2007年第2期，第1—6页。

④ 杨锐：《改进中国自然文化遗产资源管理的四项战略》，《中国园林》2003年第10期，第39—44页。

构、完善法律制度、创新管理体制、规范产权管理、改革投资机制等建议。

不同的管理主体和学者，分别从遗产资源的公共性、经济学和现代组织理论等角度讨论管理体制问题。随着市场经济的发展，自然遗产利用过程中出现了经营权转让问题。王兴斌（2002）研究了美国国家公园特许经营制度，将管理者和经营者角色分离，提出实行"四权分离"的管理模式。徐嵩龄（2003）从遗产的价值特性和权属特性以及遗产事业使命出发，讨论遗产旅游业的经营制度选择，认为"四权分离与制衡"主张不合理，应建立"多重使命指导下的市场化操作"经营体制。张晓（2002、2005）从景区开发经营权出发研究了遗产资源的产权，认为遗产资源公有产权有存在的必要性，拥有开发经营权实际上是拥有了遗产资源的使用权和占用权，实质上改变了遗产资源的公有产权性质，且可能进一步形成分割遗产资源的利益主体，会对遗产资源产生不利影响。同时，自然文化遗产资源具有特殊性，分权管理体制存在明显的制度缺陷。我国世界遗产和国家重点风景名胜区实行分权管理体制，将管理权限下放至地、县，属于制度安排的失当。

罗佳明（2004）应用战略管理理论和系统理论，分析了经济社会转型期中国遗产管理主体、外部环境和内在能力建设等问题，提出以统一的遗产保护法为核心，以法律为基础、国家为主导、地方为主体、第三方机构参与、社会公众监督的总体遗产管理模式。崔丽娟（2009）等提出设立专门的管理机构，统一负责国家湿地公园的规划、建设、保护、恢复和合理利用，以及建成后的经营管理工作。

随着国家公园运动的发展，人们逐渐发现社区才是自然保护和开发影响的集中体现区域，于是，20世纪80年代起社区参与作为国家公园管理与保护开发的新范式，逐渐为研究者和管理者所重视。文献显示，有关居民旅游影响感知与态度、社区旅游开发政策、社区参与保护等问题，是目前的主要研究内容。研究者较一致地认为社区居民是国家公园保护的中坚力量，应让他们参与到国家公园管理中来。但有关社区利益分配及土地使用权等核心问题的研究较少，应该成为今后研究的重点，因为国家公园与社区冲突的主要原因大多是利益分配不均或根本未将当地居民的权益考虑在内。因此，社区不同利益群体的利益协调也应该作为公园管理制度安排的重要内容。

文献还显示，西方自然管理体制虽以国家公园为特色，但各国和地区并不存在统一的管理模式，而是根据各自的实际采取符合管理目标的模式。现有管理模式因国家政体和财政投入不同而不同，而且均存在诸如资金短缺、土地权属等问题。什么样的管理模式才是科学有效的，仍是一个值得长期研究的课题。

综上，国家公园的宗旨就是自然保护和游憩利用，并由此而丰富和发展成为一种广为接受的自然管理模式。无论美国还是其他国家，国家公园设置标准均较为宏观，研究文献也以介绍美国的评价标准为多。实践中，lUCN 所制定的国家公园标准也发挥了重要的作用，各国遵循 lUCN 的标准，并根据各自的国情制定了国家公园标准，均为资源重要性、保护自然生态景观等较为原则性的条件，并无诸如面积、游憩项目、设施等具体指标，也未见此类讨论。就中国而言，自然遗产管理以资源类型而非以管理目标为手段，因此体现为风景名胜区、自然保护区、地质公园等多种类型，而无一套合理有序的自然管理体系，管理技术和方法均不成熟，国家公园概念无论在法律上还是在学术上均尚未达成一致的认识。作为一种管理模式，国家公园在中国的应用，尚须论证，且首先必须体现国家自然管理战略的目标，其次必须通过开发利用、生态保育、管理制度等内容，强化其管理模式的功能，并由此设定适合中国国情的国家公园设置标准。

第五节　研究思路、方法与创新之处

一　研究思路

首先，基于我国自然遗产地管理尚处初级阶段，管理制度和机制尚不成熟，且国家公园尚在试行，对于是否设置国家公园还存在争议的现实，本研究从中国自然遗产地资源管理现存问题和国家公园设置的必要性入手，采取专家和公众问卷调查的形式，获取我国自然遗产地资源管理中现存问题以及设置国家公园必要性、可行性的第一手信息，以增强研究的现实性和可靠性。其次，选取世界性权威组织如世界自然保护联盟，美洲的美国、加拿大，欧洲的挪威、俄罗斯，亚洲的日本、韩国等国家的国家公园作为参照研究对象，剖析国外国家公园的定义与评价标准，综合国内各类公园评价标准、管理制度和管理问题，探讨中国国家公园管理模式的宗旨，界定中国国家公园的功能，并结合专家问卷调查结果，确定中国国家公园设置标准的评价指标。最后，选择泰宁世界自然遗产地作为实证对象，检验评价标准的有效性和科学性以及国家公园管理模式对解决自然遗产保护与利用矛盾的作用，提出进一步完善评价标准和规范管理的思路。

二　研究方法

自然遗产地管理综合了区域资源管理、环境管理、制度与组织管理、经济发展和社区管理，涉及管理学、环境科学、经济学、地理学等诸多学科的集成与交叉问题。为了达到预期的目的，本研究采用定性分析与定量分析相结合的方法，通过文献研究、社会调查、统计分析、比较分析、归纳分析以及自然遗产地实证，对涉及相关学科的问题进行综合研究。研究过程中，着力做到三个结合：第一，文献分析与社会调查、实证方法相结合；第二，统计分析、比较分析与综合分析、模型结构相结合；第三，国外实践经验与中国实际情况相结合。

（一）定性分析方法

定性分析主要应用于对国家公园的建立进行规范性研究，包括文献查阅法、比较分析法、演绎法和归纳法。

1. 文献查阅法

文献查阅法主要是通过查阅文献资料，综合分析和归纳出本领域目前的成就和不足，为本研究提供依据和思路。文献资料包括国外代表性国家公园和国内自然保护区、风景名胜区、森林公园、水利风景区、地质公园、湿地公园等遗产地关于概念宗旨、评价标准、遗产资源的自然和人文生态价值、开发利用与保护的制度和机制、相关者之间利益协调和分配等方面的研究文献、政府规章。

2. 比较分析法

通过对比国内外国家公园（国家级遗产地）的设置标准、设置过程以及管理规范和制度，分析国家公园设置与管理方面的差异，判别合理与不合理的因素，为建立符合中国国情的国家公园设计评价指标和管理规范提供依据。

3. 演绎法

借鉴世界国家公园运动发展历程及其在各国发展所取得的成果，将国家公园先进的自然保护思想、理论和管理模式与中国实际情况相结合加以吸纳和推广，为构建具有中国特色的国家公园体系提供具有指导意义的个别性建议。

4. 归纳法

对现有国内外国家公园（国家级遗产地）建设的指导理论、宗旨定义、设置标准、管理规范以及研究成果进行系统的归纳，发现各国家公园（国家级遗产地）共有的特性，并根据当前我国政治、经济、法律、文化等基本条件和社会调查结果提出适合国情的国家公园发展道路，提炼出关于设置中国国家公园的一般性结论和评价指标体系。

（二）定量分析方法

1. 最优化方法

针对遗产地及国家公园管理主体在作出相应决策时总会寻找符合自身利益的最优路径的特征，依据管理主体之间的利益关系以及他们在社会中的权利级别，建立利益集团之间的关系式并予以优化，使不同的主体获取最优的利益，达到平衡利益博弈、获取问题求解模式的目的。

2. 因子分析法

根据调查问卷的内容和结果提炼出自然遗产地的主要影响因素，分析和判断这些因素对国家公园相关问题的解释程度。首先对因子进行测试，即各个因子之间的关联程度和指向性是否能够进行归类，然后再看这些因子的解释能力，解释能力低于60%即认为各个因子的关联程度不高，不适合进行因子分析，同时，进行最大方差旋转，以获得不同因子和某一类因素的关联程度。

3. 层次分析法

采用专家对不同评价因子打分的方法，从专家的视角来分析不同因子在国家公园设置标准因子总和中所占的比重。按照程度的重要性至不重要性依次赋值，9为最偏好，1/9为最厌恶。然后，通过矩阵的最大特征根的符合程度，算出不同因子所占比例，实现对国家公园设置标准各个因子的量化分析。

4. 社会调查与统计分析法

以问卷、访谈等多种形式，通过社会调查获取用于统计分析的数据，主要目的是从专家和普通大众的视角来说明设置国家公园的必要性和可行性及设置标准等相关问题。社会调查法包括德菲尔法和公众调查两种。德菲尔法是收集专家层面对相关问题的理解和建议的一种调查方式，主要用于本研究的国家公园设置必要性和必要性调查、标准评价因子设计。公众调查主要是针对公众层面对中国自然遗产地现存问题和国家公园设置可行性和必要性的态度和意见的调查，了解公众对现行国家级遗产地和建立国家公园相关问题的认知感受和自我体会，并经分析、比较、综合、归纳，验证和说明文献查阅及实地调研中所反映问题的真实性、可靠性。为了深入了解管理者和公众对中国自然遗产地管理问题的真实看法，全面掌握各类遗产地管理的基本情况，拓宽研究的视野，补充文献、网站、问卷中无法反映的第一手信息，本研究的社会调查除采用问卷外还采取深度访谈的形式。深度访谈以面谈为主，辅以电话和电子邮件，访谈对象包括自然遗产地政府相关部门、经营单位的管理人员。

本研究技术路线如图 1-3 所示。

三 创新之处

本书探索了中国自然遗产资源管理模式，提出建设具有中国特色国家公园的观点，研究设计了设置标准，创新之处主要有三个方面：

1. 构建保护优先效益协同的国家公园管理模型和评价指标体系

基于社会生态经济协同发展理论假说，提出保护优先的效益协同假设，明确国家公园设置必须优先考虑自然遗产地的生态效益，综合生态保护和人类游憩、环境教育以及社会经济发展的需要。保护优先效益协同的国家公园管理模型及其指标体系的主要内涵体现在三个方面：第一，国家公园管理必须符合可持续发展的理念，满足人类自然保护和公众的游憩活动需要，得到社会公众和社区的认同、支持和参与，解决自然遗产地保护和利用中存在的问题；第二，由自然条件、保育条件、开发条件和制度条件等要素构成的评价指标体系必须综合反映生态、社会、经济效益三类指标；第三，从法律的角度确立国家公园的战略地位，构建科学规范的管理体系，通过科学的管理组织机构和有效的管理手段，建立能够实现保护优先、效益协同发展目的的管理体制和协调人与人、人与地利益关系的机制，规范管理行为、社会生态行为，保障自然遗产地保护所必要的人力物力投入。保护优先效益协同的国家公园管理模型、评价指标体系及其各指标因子，赋予了国家公园管理模式新的理论和实践内涵，力图实现国家公园生态、社会和经济效益协同发展。

在评价指标和因子选取方面，本研究提出"公园设置系统性、资源

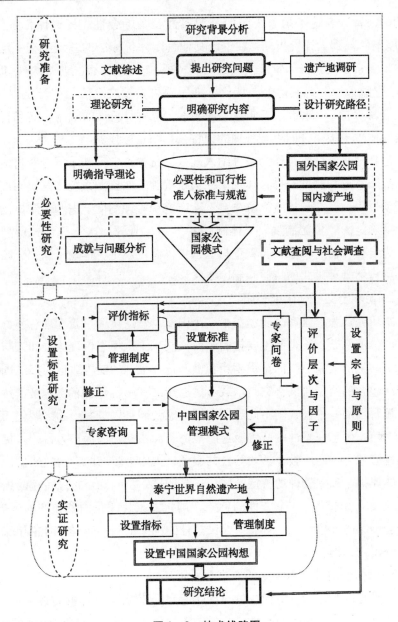

图1-3 技术线路图

凸显性、设置标准可操作性、世界性与中国特色兼顾性"四条原则,在增强评价因子客观性、科学性和现实性,降低主观性上做了积极努力。同时,以"自然条件"概括"资源特征"和"资源价值",设定为国家公园准入标准的综合评价层,更能体现国家公园的性质和以自然保护为首要目的的宗旨，表达了国家公园的资源属性及其综合性。将"保育条件""制度条件"列入评价指标，在继承其他公园评价标准的基础上有一定的创新，探索了国家公园管理模式的内涵特征，表达了设置条件的新要求。

"保育条件"为其他公园评价标准所缺失，较之一般的"环境保护"或"资源保护""原始状态维持"等要素，也更具长远的战略方向和行动意义，体现了国家公园生态管理的独特视角与目标任务。

创新地将制度设计作为条件纳入准入评价标准，反映了国家对自然保护的战略意志和制度安排，体现了社会系统和自然资源系统之间协同演化的互动过程，旨在从根本上解决自然遗产资源管理制度缺失和体制机制矛盾。所确定的"资源制度""体制制度"和"管理层次"三个关键项目层，为自然保护、国家公园管理与运营提供制度规范，体现了国家公园作为一种自然管理模式的特质和制度要求。

2. 初步定义中国国家公园

本研究认为，国家公园涵盖了一个国家自然遗产资源管理理念和管理方式的价值判断、管理制度安排的政治文明水平、生态伦理道德和人与自然和谐共生的关系、纵向传承创新和横向选择吸纳的能力，进而归纳国家公园所包含的两层含义：它是承载自然遗产的一个特殊区域，也是自然遗产资源管理的一种模式。由此定义中国国家公园是以具有中国区域代表性和典型性、生态完整性的高等级遗产地为资源依托，以保护为目的，提供限制性游憩、科研、教育活动等公共服务，由中央政府的专门权威机构实行整体保护、独立管理的特定区域。本书还进一步明确了中国特色的国家公园建设应着重突出四个方面的特质，即：国家公园是国家文明的标志，代表着国家的形象；代表着广大人民福祉的国家福利；体现政府主导的资源管理模式；具有生态安全的战略价值和地位。

3. 试探性地综合多学科的方法开展研究

本研究以建立具有中国特色的自然遗产资源管理模式为出发点，综合多学科方法做了试探性的研究，取得一定的预期成果，为未来的全面而系统的研究打下一定基础。理论上，围绕自然遗产资源可持续发展的目标，应用协同演化理论，提出保护优先的效益协同假设；应用重复博弈理论，分析了国家公园的利益主体博弈和管理体制，提出通过建立中央政府统一管理的体制和制度设计，确立国家公园利益相关主体的长期契约，力图通过促进利益主体的重复博弈，实现契约体中不同主体利益的相互保障和均衡；应用利益相关者理论和人地关系理论，分析了自然遗产资源管理的利益相关者，提出要建立保护优先效益协同发展的人与人、人与地关系的利益协调机制。方法上，采取文献查阅、社会调查和实证研究三种主要方法，定性和定量相结合，研究中国建设国家公园的必要性和可行性及其设置标准。一是从国际和国内两个层面，比较分析各国设置和管理国家公园的文件规章和文献，归纳各国国家公园宗旨和定义的共同点与不同点；二是分析和归纳研究国内各类遗产公园设置标准和现行管理制度与管理方式的成效、缺陷和自然破坏风险；三是结合三轮对专家和公众进行调查所获知的态度和观点，经层次分析和因子分析，归纳和演绎出关于设置中国国家公园的一般性结论和评价指标体系；四是以泰宁世界自然遗产地为实证，验证准入评价标准的可行性，初步构想了国家公园的管理体制建设。因此，本书所进行的综合性研究无论在视角上，还是所应用的理论和方法上，均有一定的新意。

第二章 理论基础及其指导意义

环境是人类赖以生存和发展的根本，人与自然关系和谐是人类持续发展的保证。国家公园既是一个"其中有人也有野兽，所有一切都处于原生状态，体现着自然之美"的处所，也是一个社会空间。建立国家公园，一方面是要引导全社会参与保护自然遗产完整性与多样性的自觉，另一方面是要适度开发游憩活动，满足公众游憩和当地社区发展的需求。国家公园始终贯穿着资源与环境保护这条主线来履行这两个使命，确保自然资源利用的公平和生态可持续发展。自然遗产资源管理作为一个复杂的系统工程，其理论研究和管理实践均需要全面而先进的理论来指导。可持续发展理论、系统理论、生态管理理论、重复博弈理论和协同演化理论等相关理论对于自然遗产资源管理研究具有重要的指导意义。因此，本书应用上述理论指导研究全过程，并用以指导自然遗产资源保护与开发利用实践，进而在管理实践中寻求新突破，对现有指导理论进行深化、补充和完善，为我国整体推进自然保护战略提供更加坚实的理论基础，实现生态效益、社会效益和经济效益协调而持续的发展。

第一节 可持续发展理论

一 可持续发展理论的内涵

1980 年世界自然保护联盟（IUCN）发布的《世界自然保护大纲》，第一次出现可持续发展一词，表述了既要发展又要保护的思想，旨在强调自然生态系统的可持续开发利用。1987 年世界环境与发展委员会（WCED）在《我们共同的未来》报告中明确提出可持续发展的概念，"既满足当代人的需求，又不对后代人满足其需求能力构成危害的发展"。随后，相关国际组织和各国学者进一步探索可持续发展的涵义，不断加入新的内涵，并将可持续发展概念推广到社会经济系统，可持续发展概念由资源管理战略发展成为一个涉及经济、社会、文化、技术和自然环境的综合的动态概念。1991 年世界自然保护联合会、联合国环境规划署、世界野生生物基金会共同发表《保护地球：可持续生存战略》，从社会学角度定义"可持续发展"："在生存于不超出维持生态系统承载能力的情况下，改进人类的生活质量。" 1993 年世界资源研究所等组织则从经济学视角定义可持续发展，认为是"不降低环境质量和不破坏世界自然资源基础的经济发展"。Forman RTT（1990）从生态学视角分析认为，可持续发展就是寻求维护生态系统处于一种最佳状况以支持生态的完整性，使人类的生存环境得以持续。Alan Durning（1992）认为可持续发展是一种对人类可行的、对生物圈又没有危害的，把技术变化和价值观变革相结合的生活方式。

我国学者也从不同角度探讨了可持续发展概念，设计中国可持续发展战略。中国科学院在《1999 中国可持续发展战略报告》中，提出了我国研究可持续发展的理论框架，并对西方流行的理论体系进行了结构性的修改和补充，如提出了通过"代际公平与区际公平"的有机耦合，建立可持续发展理论解析的时空统一观；拟订了可以统一解释全球差异的发展序列谱；完成了按可持续发展系统理论规则编制的指标体系；全世界首次对国家内部区域发展差异作出完整的定量表达等。[①] 可持续发展有广义和狭义之分，广义的可持续发展是指人与自然、人与社会、人与人的和谐永续发展；狭义可持续发展主要是指人与自然的和谐协调发展。[②]

综合可持续发展概念的各种讨论，其主要内涵归纳起来就是"环境保护"与"满足当代和未来后代的基本需求"[③]，核心是正确处理人与人、人与自然之间的关系。人地关系和谐是可持续发展的重要指导思想，因此，可持续发展被认为是一种追求社会、经济、生态环境协调发展的思维

---

① 牛文元：《可持续发展：21 世纪中国发展战略的必然选择》，《中国科技论坛》1999 年第 5 期，第 13—15 页。

② 金泓汎：《人、自然、社会三位一体的可持续发展理论》，《福建论坛》2005 年第 10 期，第 8 页。

③ 孔令锋、黄乾：《可持续发展思想的演进与理论构建面临的挑战》，《中国发展》2007 年第 3 期，第 13 页。

方式，是一种代表先进的、未来的社会道德规范。① 实施可持续发展，须用综合和协调的观念来探索发展的本源和演化的规律，体现三个原则：公平性原则，即代际公平，人际公平和区际公平；持续性原则，即人口、资源、环境、发展的动态平衡；共同性原则，即全球尺度的整体性、统一性和共享性。②

二　可持续发展理论对国家公园建设和发展的意义

可持续发展理论对国家公园建设和发展具有三个方面的意义，即明确发展国家公园的目标和原则，明确保护生物多样性和生态系统完整性的重要性，明确公园管理、产品规划设计、游憩活动组织的工作准则。按照可持续发展的目标，国家公园从选址、规划到实施以及相互协调发展等方面需要遵循人类社会和自然环境共同促进、均衡发展的思路，人类利用自然遗产资源以及国家公园的消费标准应限制在生态可能的范围内③，实现社会发展进程与自然界资源循环共存的良性文明进阶轨迹。

遵循上述三项原则，国家公园建设和发展应达到这样的要求：自然遗产资源利用和游憩活动限制在生态环境承载力范围之内，既保持公园较高的生态环境支持水平，又为游客提供较高的精神愉悦水平，构建人与自然环境的和谐关系，为地方经济和生态文明发展提供持久的物质基础和动力。

第二节　系统理论

一　系统理论的内涵

系统论是 20 世纪 40 年代由美籍奥地利生物学家冯·贝塔朗菲创立的一门新兴学科，包括贝塔朗菲的一般系统论、维纳的控制论、申农的信息论、普里高津的耗散结构理论、哈肯的协同理论以及在科学及工程领域得到广泛应用的系统分析技术。贝塔朗菲认为，系统是指处于相互作用中的

---

① 董险峰：《持续生态与环境》，中国环境科学出版社 2006 年版，第 55—58 页。
② 牛文元：《可持续发展理论的基本认知》，《地理科学进展》2008 年第 3 期，第 5 页。
③ WCED. Our *Common Future*. New York：Oxford University Press，1987.

要素的复合体。系统通常定义为：由若干要素以一定结构形式联结构成的具有某种功能的有机整体。在这个定义中包括了系统、要素、结构、功能四个概念，表明了要素与要素、要素与系统、系统与环境三方面的关系。系统理论认为，整体性、关联性、等级结构性、动态平衡性、时序性等是所有系统共同的基本特征，既是系统所具有的基本思想观点，也是系统方法的基本原则，表明系统论不仅是反映客观规律的科学理论，而且是具有科学方法论的含义。

整体观念是系统论的核心思想。其基本思想方法，就是把所研究和处理的对象当作一个系统，分析系统的结构和功能，研究系统、要素、环境三者的相互关系和变动的规律性，并用优化系统观点看问题，强调整体性、相关性、结构性、层次性、环境适应性、动态性、最优化七项原则，其中整体性原则是系统论最重要的原则，贝塔朗菲用亚里士多德的"整体大于部分之和"的名言来说明系统的整体性。任何系统的整体功能 ET，等于各部分功能的总和 E1，加上各部分相互联系形成结构产生的功能 ER，即 ET = E1 + ER 。

ET = E1 + ER 包括两方面的含义：一是系统的性质、功能和运动规律不同于它的组成要素的性质、功能和运动规律，二是作为系统整体的组成要素与其独立存在时有质的区别。[1] 为此，人们在研究问题时必须提高和协调要素的功能，使系统的局部效益与整体效益相结合，提高整体的功能。

二 系统理论对国家公园建设和管理的意义

自然遗产地是一个开放复杂的系统，不仅是一个价值综合体，也是一个矛盾综合体，还是一个利益综合体。[2] 系统理论为解决复杂问题提供了有效的思维方式。国家公园集中体现了自然系统以及自然与人构成系统的各要素间相互影响、相互作用和相互制约的关系。系统理论引入国家公园建设和管理，一为研究国家公园发展模式提供"整体、关联、等级结构、动态平衡、时序"的系统思考方法；二为国家公园的自然资源保护、空

---

[1] 陈九年：《系统方法及其实践意义》，《理论探讨》1989 年第 3 期，第 95 页。

[2] 杨锐：《改进中国自然文化遗产资源管理的四项战略》，《中国园林》2003 年第 10 期，第 39 页。

间规划、评价体系构建、质量和目标的科学管理，提供了"整体、协调、优化"的评价尺度，通过公园系统相关性、目的性、层次性、适应性分析，协调好系统内部价值、结构、功能等诸要素的组合以及系统与外部环境的关系，指导维护公园原生生态系统和人工生态系统的平衡，以求获得最优的管理模式。

第三节 生态管理理论

一 生态管理理论的内涵

生态管理理论源于美国 20 世纪 70 年代，90 年代成为研究的热点，是在生态学、经济学、管理学、社会学、系统论和现代科学技术等学科基础上提出的一种全新管理范式，力图平衡发展和生态环境保护之间的冲突，最终实现环境、经济和社会的协调发展。

生态管理就是人类通过对生态环境实施有效管理化解生态危机，达到保护生态环境的目的，其本质就是对人类社会的管理，使人类与环境保持良好的相互依存关系。美国生态学家 Bookchin Murray（1970）发表的《生态学与革命思想》中提出，生态问题是"社会的"，因为"社会与自然之间的区分深植于社会领域，也就是深植于人类与人类之间的根深蒂固的冲突"。有组织的社会关系分解为市场关系，地球便成为开发利用的资源。大自然被转变为商品，变成一种被肆意制造和买卖的资源。[1] 人和社会因素在社会—自然系统中起着积极的主导作用，自然与社会之间的相互关系，取决于人所选择的自然资源利用战略。[2] 生态管理就是在人类与自然世界关系的哲学与政治学的分析基础上，按照生态学原则建立生态型社会，实施对人与社会系统各要素在环境中相互关系的管理，排除强加给人类和自然的非生态制度以及人类不生态的社会生产生活方式，杜绝人类社会对自然界的生态破坏。

生态管理实质上就是处理人地关系，具体内涵包括四个方面：一是强

---

① Bookchin Murray, Society and Ecology. http://www.spunk.org/texts/writers/bookchin/spoo0514.txt.

② 李亮、王国聘：《社会生态学的谱系比较及发展前瞻》，《南京林业大学学报》（人文社会科学版）2008 年第 3 期，第 79 页。

调经济与生态的可持续发展。二是将传统的直线型管理转向一种渐进式管理。三是认知所有生命之间的相互依存，及生态系统内各组成部分彼此间的复杂影响，用生态的思想来指导经济和政治事务，谋求社会经济系统和自然生态系统协调、稳定和持续的发展。四是强调公众和利益相关者的广泛参与，是一种民主的而非保守的管理方式。

20 世纪 80 年代，美国国家林业局在游憩环境容量的基础上提出可接受的改变极限理论（Limits of Acceptable Change，LAC），力求在绝对保护（Absolute Protecting）和无限制利用（Unrestricted Recreational Use）之间寻找一种妥协和平衡。美国、加拿大、澳大利亚等国家的国家公园将 LAC 理论应用于解决资源保护和旅游发展之间的矛盾，取得了很大的成功，并衍生出"游客体验与资源保护"技术方法（VERP—Visitor Experience and Resource Protection）、"游客活动管理规划"方法（VAMP-Visitor Activity Management Plan）、"游客影响管理"的方法（VIM-Visitor Impact Management）、"旅游管理最佳模型"（Tourism Optimization Management Model）。这些技术方法和模型均属于生态管理理论范畴，给国家公园与保护区规划和管理带来了革命性的变革。

二 生态管理理论对国家公园发展和管理的意义

生态管理理论遵循可持续发展原则，贯彻人本生态的基本理念和精神，以生态平衡、自然保护、资源与环境的永续利用为目标，关注自然生态和社会生态的全面协调，增加管理的生态内涵，提高公众的生态环境责任，追求人与自然、社会之间的功利关系和伦理关系的统一，精神和物质关系的统一，是一个以人类命运的终极关怀为核心的、融合人类深层次多元价值的管理技术体系。依据生态管理理论，对公园生态系统的识别、规划、实施、评价和利益相关者等对象，采取生态化的方法和技术手段进行管理，主要意义有：

1. 建立国家公园长期发展战略。设计国家公园公共空间的管理制度，指导国家公园的创建过程，建立符合生态管理要求的公园自然生态价值、旅游经济和土地、森林、矿产等资源合理利用的管理模式，设计资源可持续利用的生态管理技术手段及其质量评价标准的运行管理，使公园设置成为中央、部门乃至地方政府长期维护社会和自然和谐发展的重要平衡器。

2. 制定国家公园评价标准。应用生态管理理论于国家公园设置标准的制定、论证和实施等诸多环节，使标准评价因子的选择与制定符合生态价值判断，并在实施过程中不断修正，使之控制在生态环境承载力许可范围内。

3. 形成生态化公园管理系统。促进社会相关关系的生态感知，应用生态的思维和方法来思考公园建设和管理所涉及的社会、政治、思想和行为等范畴的具体问题；杜绝人类对公园自然环境的过度干涉和侵入，避免环境污染和生态破坏，维护自然环境原真性和生物多样性；指导生态游憩和游客环境教育活动。

4. 构建国家公园生态友好型关系。强化管理者、经营者和旅游者的生态责任，引导社区居民将生产生活活动控制在环境承载力范围内，提高旅游者降碳、节能减排的意识和能力，协调和平衡利益相关者关系。

第四节　重复博弈论

一　重复博弈论的基本内涵

重复博弈理论是耶路撒冷希伯来大学教授罗伯特·奥曼（Robert J. Aumann）创立的。所谓重复博弈，是指同样结构的博弈进行多次重复，与一次性博弈不同，它是由若干个阶段博弈（stage game）构成的一个完整的和相对长期的博弈过程。博弈论方法运用更为精细的均衡概念，如"子博弈精炼均衡"（sub-game perfect equilibrium）来分析制度选择与变迁过程，着重解释：为何参与者越多，合作中产生的冲突就越多；参与者何时会偶尔互动一下；何时这种互动会瓦解等。①

博弈参与者在重复博弈过程中所关注的不是某一阶段的局部利益和短期利益，而是整个博弈过程中的总体利益和长期利益。面对不同的策略选择，博弈参与人必须考虑到不会因为自己现阶段所采取的策略，在后续博弈阶段中引起其他博弈方的对抗或报复，也就是说，博弈方不能不顾及其他博弈方的利益。一方的合作姿态可能会使其他博弈方也采取合作态度，从而实现共同的长远利益。于是，比起一次性博弈，重复博弈存在着更大

---

① 谢识予：《经济博弈论》，复旦大学出版社 2002 年版，第 189—225 页；王文举：《经济博弈论基础》，高等教育出版社 2010 年版，第 78—81 页。

的合作可能性和更有效率的均衡。重复博弈论能够说明和解释人类之间应有的合作行为，特别是能为人类社会为广大而长远利益所做的制度选择以及制度变迁提供有力的理论支持。

二　重复博弈论对国家公园管理制度设计的意义

国家公园利益相关者众多，参与博弈的主体至少有建设主体、指导主体和消费主体等，且国家公园在自然保护和可持续发展理念的影响下产生与发展，维系着多方主体长期反复的合作和竞争关系。在长期和多次的博弈过程中，各主体面临不同的制度安排可能产生的不同利益分配结果。因此，以重复博弈论为指导构建国家公园管理体制和经营机制，有利于将国家公园的发展行进轨迹纳入国家和公民共同监管和关注的视野，保障国家公园管理制度设计取得维护各方长期合作的良好效果。一是明确各主体行使自身在国家公园应尽的义务和可享的权利，通过寻找信息的真实性获得符合他们自身利益的更多选择。二是明确不同主体的利益诉求，避免利益群体因为追求各自的利益而造成不同群体之间的决策冲突，而是采取合作态度，使群体之间的协议在短时间内达成一致，实现共同的长远利益。三是明确相关者共享国家公园利益，将国家公园管理制度建立在总体利益和长期利益协调的基础上，使国家公园发展获得制度层面上的必要支持。

第五节　协同演化理论

一　协同演化理论的基本内涵

"协同演化"最早出现在生物学领域。达尔文（1859）在其《物种起源》中就提出了协同演化（co-evolution）这一概念，但更侧重于物种与其所处环境之间"竞争"和"适者生存"的关系。Ehrlich 和 Raven（1964）合作的一篇题为《蝴蝶与植物：关于协同演化的研究》的论文中，通过研究蝴蝶和植物的花粉关系，发现地域和种类决定了不同物种之间的演化进程。物种的协同不仅仅是为了共生，更重要的是为了演化。协同演化效应改变了达尔文过分强调的演化"选择论"。基于管理的视角，不同群体的协同演化往往基于双向选择，即群体在发展过程中，通过群体演化的相互联系形成双向发展的因果关系。双向选择不同于单项选择的单一影响特质，群体之间的影响既体现了群体不断发展的历程，更体现出他们相互影响互为因果的错综复杂的关系。

二 协同演化的特征与类型

协同演化主要有五个方面的特征：

一是具有双向或多项因果关系的特征。群体之间的互动体现在多方面的影响[1]，因此，某一群体的变化会牵动整个系统中其他群体的变化和演进。因果关系导致的群体内生变化会影响系统的正因果或者逆因果的变化趋向，很难从系统中区分决定变量和自变量之间的主被动关系，群体的因果关系更多取决于某种变量激化产生的主导因素。

二是具有多层嵌套的层级错递关系的特征。系统中因为群体演化的发展和过程的不一致导致群体在系统中所处层级的差异，因此，群体之间的因果关系有可能出现不同层级之间的嵌套反应。协同演化在不同层级之间的发生，不仅要求微观组织之间的协同均衡，还需要宏观环境的协调配合，通过层级互动演化，提升微观群体的发展质量，同时改善宏观环境的条件和规模。

三是具有非线性协同的特征。由于群体之间复杂的因果关系导致群体发展不是直线发展的，而是根据群体之间关系强弱非均衡的曲线发展过程。

四是具有正反馈性发展趋势的特征。由于群体具有学习能力，外部的变化和群体内部变化对其发展趋势会存在着选择性的发散和扩大的变化过程。自身微小变化的影响对社会制度创新发展和技术革新都会产生积极影响。

五是具有路径依赖固定性的特征。由于正反馈机制的存在，系统会出现异质性变化，在一些看似偶然的结果出现后，系统会按照某个固定的轨迹渐次演化，很难被其他潜在优势路径所代替。路径依赖同时引申出惰性的概念，即路径转化的时间长短需要花费的时间。个体认知模型越成熟，路径不可逆转趋势越明显，惰性也越强。

协同演化的类型主要有三类及其他类型：

---

① Hodgson, G M, Darwinism in economics: from analogy to ontology, *Journal of Evolutionary Economics*, No. 12, 2002, p. 59.

其一是单一层级协同演化和多层级的协同演化。单一层级协同演化要求演化过程发生在同一层级之间。多层级协同演化是将不同群体和层级之间的演化作为系统互动的基础，通过非独立关系，低层级和高层级之间形成互动发展态势。单一层级演化是将不同层级之间独立起来，层级演化主要在其内部发生作用，多层级演化则认为层级之间的跳跃式发展成就了不同层级的协同演化过程。因此，多层级协同演化不存在独立的生成关系。

其二是单方主导型、共同发展型协同演化以及无主导性协同演化。前者指在协同演化过程中，能够在群体演化中起到核心作用的互动主体，其他群体能够在该互动体的正反馈机制中获得协同发展的机会。这个互动主体决定了未来系统协同演化的路径和惰性。共同发展型协同演化指由两个互动主体共同作用的演化形式。两个以上的主体协同演化过程对系统的影响称之为无主导性协同演化。和以上两种协同演化比较，该演化过程能够对系统产生重要影响的主体更加复杂，因此，系统协同演化的过程贯穿于层级发展的轨迹。以上三种类型往往交叉出现，并呈现跳跃式的过程。

其三是基于合作的协同演化和基于竞争的协同演化。按照演化结果的不同，按照群体之间在演化中的相互关系可以分为合作的协同演化和竞争的协同演化。如果群体之间的演化是互相提高适应性的演化，并在适应性中提升了演化效率，这种演化过程称为合作协同演化。相反群体之间是通过竞争来降低某些群体的适应性，提高另一些群体的适应性，这种协同演化称为基于竞争的协同演化。无论是合作的协同演化抑或竞争的协同演化，群体之间的发展总是难以形成个体的自然演化，个体在适应过程中的演化结果未必是个体最优的演化，但是从系统总体来分析，这种演化能够满足全局的需要。

其他类型的协同演化形式主要有，按照互动群体的相互关系可以分为纵向协同演化和横向协同演化；按照协同演化的传导机制可以分为直接协同演化和间接协同演化。

三　协同演化理论对国家公园设置的指导意义

风景名胜资源及其保护活动的非盈利性主要是由资源的社会公益性质决定的，风景名胜资源除了观赏价值之外，还有文化和继承价值等多方面的内在价值，仅仅依靠收取门票的方式很难收回保护投资和其他成本，其内在价值也很难准确度量，因而难以写入具体的合同之中，所以从本质上讲，保护活动实际上是一种特定资产投资。① 盈利性经营活动与保护活动之间存在着很大的协同性，景区经营将两类活动捆绑在一起。按照协同演化理论的观点，国家公园建设体现了社会系统和自然资源系统之间的适应性演化的互动过程。本研究由此提出国家公园生态优先效益协同的假设。从国家公园的保护、开发和持续发展的过程分析，协同演化理论对国家公园的指导作用有三个方面：

其一，国家公园系统互动主体的主导性确认。按照协同理论的类型分析，国家公园系统也存在着单一影响、两重主体或者多种因素共同影响的协同演化。与自然界同质主体或者类似主体相区别，国家公园系统将跨越自然界和社会系统不同群体，这种跨越性质存在着明显的差异，且因为自然界系统和社会系统的目标和正反馈机制的差异性，会导致因互动主体的多样性造成的对系统协同演化效率的影响。为了减少这种不利影响，应当在国家公园系统建立过程中，区分主要矛盾和次要矛盾，采取均衡适应性策略，或者优先矛盾适应性策略，通过确认主导性互动主体，增加国家公园的确定性，提高国家公园建设的协同和谐性。

其二，层级嵌套的协同演化的配合效率性提升。国家公园系统可能存在着不同层级和不同发展阶段的群体，例如自然群体中高低层次的区别，社会群体在国家公园认知方面的局限性导致组织设置的不完善等。基于协同演化的观点，应当从全局出发，按照不同群体的发展轨迹设置符合各个群体适应性规律的国家公园建设和管理系统。

其三，协同演化的路径依赖固定性的影响。按照协同演化理论的分析，一旦形成固有的发展模式，系统在长期内将难以改变。因此，国家公园的设置标准和管理机制需要谨慎的、科学的论证和检验，否则一旦形成低效率的运行轨迹，国家公园的功能将难以有效发挥。与此同时，要密切关注国家公园所处的环境对演化路径的影响，在克服环境的不利影响后，因地制宜地建立与环境协同演化的管理体制和发展机制。

---

① 张昕竹：《自然文化遗产资源的管理体制与改革》，《数量经济技术经济研究》2000 年第 9 期，第 11 页。

第三章 中国自然遗产地设置国家 公园的必要性与可行性

中国疆域辽阔，地形气候复杂，构成了多样的生态环境，孕育了丰富的自然遗产资源和生物多样性，目前已经建有风景名胜区、森林公园、地质公园、湿地公园、水利风景区等类型的国家级遗产地，是否还需要设置国家公园？国家公园概念传入中国虽然已经时日不短，但关于中国设置国家公园的必要性却一直存有争议。其实问题的答案很简单，就是取决于我国现有自然遗产管理模式存在的问题是否严重，是否影响自然遗产资源可持续发展，国家公园的建立是否有利于问题的解决。中国自然遗产地管理的现状是：发展和管理工作尚处于初级阶段、管理制度和机制不成熟、各类公园概念和功能定位及设置标准混乱。本研究以对中国自然遗产地管理现实状况的分析为基础，采取专家和公众问卷调查的形式，获取我国自然遗产地管理中现存问题以及设置国家公园必要性和可行性的第一手数据，并对问项进行李科特度量法五级量化，应用 SPSS17.0 软件进行信度和效度分析，为国家公园设置提供数据支持，以增强后续研究的可靠性和现实性。

第一节 现状调查与问卷设计

一 调查方法与目的

采取业内专家调查和公众调查相结合的方式进行问卷调查。专家调查对象以院校研究人员、行政管理部门、代表性公园管理人员为主，公众调查对象以现场游客和具有游历的市民为主。问卷调查主要了解被调查者三个方面的问题：

一是对自然遗产地管理以及国家公园设置理念方面的认识，掌握并梳理相关问项内容之间的内在联系。

二是对自然遗产地管理现存问题及其产生原因的认同程度，以及对国家公园设置必要性的价值判断。

三是对国家公园设置规范及管理体制和机制的初步建议。

二　调查问卷设计

（一）设计步骤

为了保障问卷内容的信度和效度，本研究采取五个步骤（如图 3 - 1 所示）设计此环节的问卷，即"审读与研判自然遗产资源和遗产地管理现状资料→问询专家→审核问项信度和效度→确定问项形成问卷→检测数据质量"：

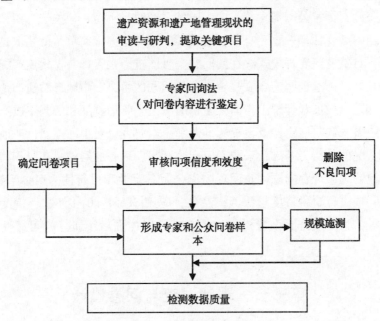

图 3 - 1　问卷设计步骤

（二）问卷项目设计

通过研读和分析当前我国自然遗产地管理中存在的问题，本研究认为无论是宏观层面上的诸如法律、制度、组织结构等问题，还是微观层面上的诸如资金、社区利益、过度开发利用等问题，本质上均可归结为是管理理念、管理体制和管理机制（或管理模式）方面的问题，问题产生的原因和解决问题的途径均可从中去探寻。为此，第一轮针对国家公园设置必要性的调查问卷项目，将管理理念、管理体制和管理机制设为因变量，经综合征询专家意见和资料研判所获得的内容，从管理理念、管理体制和管理机制三个方面分别设置自然遗产地管理现存问题和国家公园设置必要性两个层面 19 个项目评价层作为自变量，进而根据各个自变量确定问项内容，分别设计了 47 个现存问题问项和 37 个国家公园设置必要性问项，合计 84 个问项作为因子评价层。

1. 中国自然遗产地管理存在问题问项

（1）管理理念方面的问项

自然遗产地管理中资源保护与开发的矛盾问题，源于思想上注重经济效益，而较少关注社会效益和生态环境效益。管理理念上，我国自然遗产地资源管理突出表现为"缺乏整体性意识，偏重遗产经济而忽视生态价值""缺乏全局性意识，视遗产资源为行业和部门所有的资源""缺乏协调意识，忽视社区参与和监督""缺乏可持续意识，因眼前既得利益而忽视潜在的长远利益"四个方面的问题，围绕这四个问题，设计了 16 个问项作为评价因子。

表 3-1　　　中国自然遗产地"管理理念"存在问题问项设计

自变量（项目评价层）	代码	设问问题（因子评价层）
缺乏整体性意识，偏重经济效益而忽视生态价值（LZ）	LZ1	地方政府和部门设置公园主要受经济利益驱动，常因地方和本部门经济利益而忽视生态效益
	LZ2	部门与开发商合作，容易片面追求经济效益，常常无视规划的法律效用和严肃性，存在盲目性、掠夺式开发行为
	LZ3	《风景名胜区条例》的"科学规划、统一管理、严格保护、永续利用"原则只是一个部门提出的，实践中没有得到很好执行
	LZ4	在经济转型期单一部门难以实现资源保护的意图，现实中也未做到
缺乏全局性意识，视遗产资源为行业和部门资源（LQ）	LQ1	各部门设立公园存在变国家资源为部门资源之嫌，目标单一，未能充分发挥公园的全部功能
	LQ2	自然保护区只强调自然保护，风景名胜区只强调保护景观，忽视了其他的任务
	LQ3	森林公园偏重森林景观保护，未重视地质遗迹保护
	LQ4	地质公园仅限于地质科普活动，忽视地方文化对于地质地貌开发的作用

续表

自变量（项目评价层）	代码	设问问题（因子评价层）
缺乏协调意识，忽视社区参与和监督（LB）	LB1	当前资源管理理念尚不是全民信念的表达
	LB2	当前资源开发利用没有充分考虑社区居民的利益
	LB3	遗产资源开发单位常忽视社会整体利益
	LB4	当前遗产资源利用缺乏社会力量监督
缺乏可持续意识，因眼前利益而忽视长远利益（LC）	LC1	管理部门和开发商代际公平意识薄弱，放任短期经济行为
	LC2	政府部门或干部直接参与商业性活动，官商合作掠夺式经营
	LC3	获得经营权的开发公司急于回收投资，违反规划掠夺式开发
	LC4	建设索道、娱乐化等赚钱的人工项目，就是为了短期收益，破坏了遗产资源的潜在价值

（2）管理体制方面的问项

管理的多重目标、企业化经营和多重管理是我国目前自然文化资源管理体制的显著特征。[1] 多重目标和多重管理源于未设有高层次的统一管理机构，部门"条管"与地方"块管"结合的体制造成多部门重复管理、管理目标不一、管理效率低下的局面。针对"机构层次低""多头管理""多重目标"和"事业单位企业化经营"这四个方面的问题，本研究设计了16个问项。

表3-2　　　　中国自然遗产地"管理体制"存在问题问项设计

自变量（项目评价层）	代码	设问问题（因子评价层）
机构层次低（TJ）	TJ1	各种公园管理机构属于事业性质，无行政执法权，管理力不从心
	TJ2	遗产管理不是各业务主管部门的主要业务，内设科室人手少，协调能力弱，管理水平低
	TJ3	专家对部门管理的批评意见没有得到制度化的重视
	TJ4	利益冲突没有从法律和制度上根本解决，部门低层次协调只是缓解表面上的矛盾

---

[1]　张昕竹：《自然文化遗产资源的管理体制与改革》，《数量经济技术经济研究》2000年第9期，第9页。

续表

自变量（项目评价层）	代码	设问问题（因子评价层）
多头管理（TT）	TT1	主管部门和地方政府共同管理造成管理目标不同，管理效率低
	TT2	业务主管部门无法监督由地方政府控制的公园人财物，条块结合管理模式形成"两张皮"，造成资源配置效率低
	TT3	一个遗产地多个品牌，由多个部门管理，政出多门，资源配置效率低
	TT4	多个遗产地同属一个品牌，由单一主管部门管理，缺乏综合管理和协调能力
多重目标（TC）	TC1	遗产地肩负维持运行经费任务，不得不以开发经营为目标
	TC2	遗产地追求经营利润就会偏离保护目标
	TC3	资源主管部门开发旅游产品和经营管理游憩活动不专业
	TC4	旅游部门负责资源生态环境管理不专业
事业单位企业化经营（TD）	TD1	遗产资源被作为地方财政主要收入来源，造成企业化经营
	TD2	公园的门票价格由地方政府掌握，维护地方利益是门票价格高的原因之一
	TD3	参与市场竞争造成不能共享信息和资源控制权，增加了运营管理成本
	TD4	修建人工设施和游览项目，实行企业化经营，影响了自然生态环境

（3）管理机制方面的问项

管理机制方面，自然遗产资源管理现实及有关讨论主要围绕管理权与经营权分离、经营权与所有权、"特许经营"、非营利性经营与营利性经营、管理资金等问题展开，因此，主要从"评价与准入机制""经营机制""监控机制"和"资金投入机制"四个方面，设计 15 个问项。

表 3-3　　　中国自然遗产地"管理机制"存在问题问项设计

自变量（项目评价层）	代码	设问问题（因子评价层）
评价与准入机制（JP）	JP1	现行的资源评价反映的是部门利益，未反映社会和生态价值，造成建设性破坏
	JP2	部门自设标准为挤占公众遗产资源提供了便利
	JP3	目前资源评价、准入和分等定级标准不一，规范性不够
	JP4	一地多品设置方式造成评价交叉，地理空间重叠，公园宗旨和功能不一
	JP5	评价和准入标准不一造成建设和管理水平参差不齐

续表

自变量（项目评价层）	代码	设问问题（因子评价层）
经营机制（JJ）	JJ1	公园拥有经营权与管理权，自负盈亏，导致景区门票上涨，商业性娱乐项目太多
	JJ2	经营权与管理权分离，现行经营权承租公司受益最大，损害其他利益相关者
	JJ3	目前景区土地所有者的代表不是国家，而是地方政府或农民
监控机制（JK）	JK1	目前遗产资源管理缺失中央政府权威监控，地方政府监控不到位
	JK2	遗产保护开发缺少社会监督，社区居民没有参与决策
资金投入机制（JZ）	JZ1	国家资金投入不足，公园依赖高门票增加收入
	JZ2	资源管理资金投入渠道狭小
	JZ3	资产和门票收入捆绑上市，损害了遗产的生态价值
	JZ4	遗产景区门票太高，损害社会福利共享原则
	JZ5	门票收入被作为公司的营业收入，不能保证投入资源保护

2. 国家公园设置必要性调查问项

（1）管理理念

纵观国家公园这一载体从美国一个国家发展到全世界225个国家和地区，并由"国家公园"一个单一的概念派生出如"国家公园和保护区体系""世界遗产""生物圈保护区"等多个概念，发展成为一种具有国家象征性的事业和现代文明国家的标志，无不体现着一种兼具自然保护与旅游利用的可持续发展理念。保护与利用是自然遗产资源管理的两个根本目标，但是，二者孰轻孰重、孰先孰后，则是一个影响管理全局的至关重要的命题。根据本研究的理论基础，国家公园的设置和建设必须在可持续发展理论的指导下，遵循"生态为先、保护第一"的理念。为此，管理理念方面，以"生态为先、保护第一"、"可持续利用"为评价层，设计了10个问项。

表 3 - 4　　　　　　中国设置国家公园必要性"管理理念"问项设计

自变量（项目 评价层）	代码	设问问题（因子评价层）
生态为先、 保 护 第 一 （LS）	LS1	有利于正确解读遗产真实性、完整性的概念
	LS2	有利于体现遗产资源的公益性、传承价值和生态价值
	LS3	有利于从国家社会与经济发展的全局角度确立遗产战略地位
	LS4	有利于彰显遗产地资源国家所有、世代共享的属性
	LS5	有利于实现保护和利用的双重目标
可持续利用 （LX）	LX1	有利于推动人与自然协同和可持续发展
	LX2	有利于提高保护利用规划与决策的科学性
	LX3	有利于杜绝急功近利、掠夺式开发
	LX4	有利于保证遗产资源不以营利为目的的利用方式
	LX5	有利于扭转片面追求经济效益的错误

（2）管理体制

自然遗产资源政府管理模式的讨论有两个观点：一是设立国家公园管理局实行自上而下的"垂直管理体制"；二是建立多位一体的"属地管理体制"①。本研究以"建立中央集权管理机构""建立统一规范的管理体制"为管理体制方面的评价层，设计了 11 个问项。

表 3 - 5　　　　　　中国设置国家公园必要性"管理体制"问项设计

自变量（项目 评价层）	代码	设问问题（因子评价层）
建立中央集 权管理机构 （TG）	TG1	能够增强资源管理机构的权威和职能
	TG2	能够统一遗产管理使命和目标，强化国家统一管理职能
	TG3	能够强化资源国家所有，有效配置资源
	TG4	能够明确土地权属，避免利益纷争
	TG5	能够推行公务员制度，稳定较高水平的专业管理人才队伍
	TG6	能够提高遗产地保护利用规划与决策科学化

---

① 张朝枝、保继刚等：《旅游发展与遗产管理研究：公共选择与制度分析的视角——兼遗产资源管理研究评述》，《旅游学刊》2004 年第 5 期，第 35—36 页。

续表

自变量（项目评价层）	代码	设问问题（因子评价层）
建立统一规范的管理体制（TS）	TS1	能够统一遗产地资源管理行为，提高管理效率
	TS2	能够规范管理政策，有效监控资源经营活动
	TS3	能够推进遗产保护和开发资金的政府财政预算制度化
	TS4	能够保障公众和社区参与决策
	TS5	能够有效地将遗产资源保护利用纳入社会监督

（3）管理机制

管理机制方面，仍以"评价与准入机制""经营与监控机制"和"资金投入机制"为评价层，设计了 15 个问项。

表 3 - 6　　　　中国设置国家公园必要性"管理机制"问项设计

自变量（项目评价层）	代码	设问问题（因子评价层）
评价与准入机制（JR）	JR1	能够规范各种公园的评价，体现资源的真正价值
	JR2	能够统一准入标准，保证保护目标和管理任务的一致性
	JR3	能够提高评价标准的科学性
	JR4	能够提高规范管理水平，杜绝建设性破坏
	JR5	能够提高规划的科学性
经营与监控机制（JY）	JY1	能够以追求生态效益为目标，有效控制公园的经营权
	JY2	能够建立完善的生态保育制度，规范游客游憩行为
	JY3	能够建立生态效益优先的制度安排，履行资源保护目标
	JY4	能够增加科普教育项目，减少商业性娱乐项目
	JY5	能够保证更多的社区居民参与，接受更广泛的社会监督
资金投入机制（JA）	JA1	能够保证国家的资金投入，遗产地告别门票经济
	JA2	能够保证资源保护管理经费的多渠道来源
	JA3	能够落实不以营利为目的的制度安排
	JA4	能够降低景区门票，体现全民福利
	JA5	能够保障保护、维修、养护和建设的资金投入

（三）评定量化表的基本设想

对各种问题的评价主要依据被调查者对调查问题的喜好程度按照李科特等级表进行测量。根据喜好程度分为 1—5 等级的计分形式，将每个人针对每个问题的偏好程度作出相应的统计分析（如表3－7）。

表3－7　　　　　　　　自然遗产地管理现存问题问项量化表

问项内容	计分方式	分数意义
LZ	1分—5分 （非常不同意－非常同意）	得分越高表示被调查者对管理理念方面缺乏整体性意识的认同越高，否则相反
LQ	1分—5分 （非常不同意－非常同意）	得分越高表示被调查者对管理理念缺乏全局性意识的认同越高，否则相反
LB	1分—5分 （非常不同意－非常同意）	得分越高表示被调查者对管理理念缺乏协调意识的认同越高，否则相反
LC	1分—5分 （非常不同意－非常同意）	得分越高表示被调查者对管理理念缺乏可持续意识的认同度越高，否则相反
TJ	1分—5分 （非常不同意－非常同意）	得分越高表示被调查者对遗产管理机构层次低的认同度越高，否则相反
TT	1分—5分 （非常不同意－非常同意）	得分越高表示被调查者对遗产资源多头管理现状越认同，否则相反
TC	1分—5分 （非常不同意－非常同意）	得分越高表示被调查者对遗产资源多重目标管理现状越认同，否则相反
TD	1分—5分 （非常不同意－非常同意）	得分越高表示被调查者对事业单位企业化经营问题越认同，否则相反
JP	1分—5分 （非常不同意－非常同意）	得分越高表示被调查者对评价与准入机制存在问题的认同度越高，否则相反
JJ	1分—5分 （非常不同意－非常同意）	得分越高表示被调查者对经营机制存在问题的认同度越高，否则相反
JK	1分—5分 （非常不同意－非常同意）	得分越高表示被调查者对监控机制存在问题的认同度越高，否则相反
JZ	1分—5分 （非常不同意－非常同意）	得分越高表示被调查者对资金投入机制方面的问题认同度越高，否则相反

说明：设置国家公园必要性问项的评定量化与表3－6相同。

三　调查过程与调查对象特征

为提高问卷的针对性和有效性，第一轮（现存问题和必要性）调查由三个阶段构成，即问卷初次设计和修改完善及实施阶段。

初次设计调查阶段因属于初期调查，问题难度不大且较为简单，主要通过征询专家，对国家公园设置有无必要性展开调查，对研究内容和研究目标的设定及其问卷合理性进行判断。专家主要来自研究背景与本研究基本相近、具有副高职称以上的福建省高校教师以及行业管理人员。本次调查问卷单独发给选定的专家独立审核，专家之间相互不受影响。调查周期为 10 天。

修改完善阶段主要是依据专家对初步设计问卷的反馈意见进行修改，删除专家认为与研究背景和内容相关度不大的问项，并根据专家提出的意见，修改和充实部分问项，最终确定能够反映当前遗产地管理问题和设置国家公园必要性的问卷，进行前测性调查。

调查实施阶段为期 15 天，调查对象由专家和公众两部分构成。专家调查采取邮寄和留卷回答的形式，给予充分的思考和回答时间，公众调查以现场回答并回收的形式。专家主要来自省内外高校研究背景与本研究基本相近、具有副高职称的教师以及行业内的行政管理人员和公园管理负责人等。公众调查对象以景区现场游客和具有游历的市民为主，面向不同职业、不同性别、不同年龄和不同学历的人员。问卷的发放采取针对性和随机性相结合的方式，主要是因为问卷专业性强，普通公众对问卷内容的理解有一定的局限。为了提高有效性，向公众发放问卷前均作了前期的问询访谈，再有选择地发放问卷，本轮公众问卷发放 320 份，实际上接受问询访谈的公众近 700 人，应用此方法的目的是做细前期工作保证质量和可信度，减少后期统计工作量，后几轮面对公众的问卷调查均沿用此法。在发放过程中向不同人群解释本问卷形成的原因，研究背景以及希望最终研究形成的结果等，以提高回答的有效性。

本轮调查问卷发放 380 份，其中专家 60 份、公众 320 份，回收 345 份，其中专家答卷 55 份，公众答卷 290 份，回收率 90.8%。经回收处理，最终确认有效问卷 318 份，调查问卷有效率为 92.2%，表明本次调查问卷符合统计学规范，统计结果有效。

有效样本中调查对象特征统计情况如表 3-8，不同性别、年龄、职称和受教育程度的调查对象对所调查问题判断的影响见表 3-24 至表 3-30 和表 3-40 至表 3-46 的分析。

表 3 - 8　　　　　　　　有效样本调查对象特征统计

统计变量	分类项目	人数	百分比	统计变量	分类项目	人数	百分比
性别	男	192	55.7	年龄	30 岁以下	94	27.2
	女	126	36.5		31—40 岁	139	40.3
职称	高级职称	30	8.7		41—50 岁	53	15.4
	副高级职称	59	17.1		51 岁以上	32	9.3
	中级职称	83	24.1	学历	大专	82	23.8
	初级职称	34	9.9		本科	132	38.3
	无职称	112	32.5		硕士研究生	81	23.5
					博士研究生	23	6.7

四　问卷信度和效度分析

（一）问卷信度分析

1. 关于现存问题的信度分析

考察每一个因子问项是否能够解决变量的可用性问题，必须是这些变量具有内部一致性，目前衡量内部一致性的方法主要是信度分析。有关文献显示，当 Cronbach α值≥0.70 时，属于高信度；0.35 ≤ Cronbach α值 < 0.70 时，属于尚可；Cronbach α值 < 0.35 则为低信度。Nunnally（1978）建议，基础研究中信度系数应达到 0.8 才可以接受；而在探索性研究中，信度只要达到 0.5 或 0.6 之间就可以接受了。[1]因此，本研究将 Cronbach α值在 0.60 左右作为可接受的信度范围。[2]

根据 SPSS17.0 的分析，遗产地管理现存问题可靠性测试的 Cronbach α值如表 3 - 9 所示。

表 3 - 9　　　　自然遗产地"管理理念"现存问题问项信度分析表

问项	Scale Mean if Item Deleted	Scale Variance if Item Deleted	Corrected Item-Total Correlation	Cronbach's Alpha if Item Deleted
LZ1	60.0755	32.165	− 0.041	0.639
LZ2	60.0881	31.147	0.046	0.630

---

① 张文彤：《SPSS 统计分析高级教程》，高等教育出版社 2004 年版，第 364 页。

② 郭育任：《解说规划与步道设置之准则与方法》，台湾农业委员会林务局国家步道设置发展研讨会，2004 年，第 4 页。

问项	Scale Mean if Item Deleted	Scale Variance if Item Deleted	Corrected Item-Total Correlation	Cronbach's Alpha if Item Deleted
LZ3	60. 3459	29. 899	0. 165	0. 613
LZ4	60. 1761	32. 354	− 0. 066	0. 645
LQ1	60. 2830	29. 781	0. 185	0. 610
LQ2	60. 0440	31. 935	− 0. 016	0. 636
LQ3	59. 9717	28. 993	0. 277	0. 596
LQ4	60. 2327	28. 886	0. 288	0. 594
LB1	60. 2075	27. 370	0. 424	0. 571
LB2	60. 3774	27. 706	0. 328	0. 586
LB3	60. 2233	28. 168	0. 372	0. 582
LB4	60. 0881	30. 775	0. 100	0. 621
LC1	60. 0597	28. 069	0. 303	0. 591
LC2	59. 9969	27. 240	0. 477	0. 565
LC3	60. 0912	27. 231	0. 435	0. 569
LC4	60. 1918	26. 648	0. 488	0. 560

表 3 – 10   自然遗产地 "管理体制" 现存问题问项信度分析表

问项	Scale Mean if Item Deleted	Scale Variance if Item Deleted	Corrected Item-Total Correlation	Cronbach's Alpha if Item Deleted
TJ1	59. 6541	41. 912	0. 350	0. 720
TJ2	59. 6635	41. 221	0. 364	0. 718
TJ3	59. 9434	40. 905	0. 320	0. 723
TJ4	59. 6572	42. 150	0. 310	0. 723
TT1	59. 8711	40. 258	0. 377	0. 716
TT2	59. 6509	41. 938	0. 347	0. 720
TT3	59. 6635	41. 221	0. 364	0. 718
TT4	59. 9465	40. 877	0. 323	0. 722
TC1	59. 6572	42. 150	0. 310	0. 723
TC2	59. 8836	40. 267	0. 377	0. 716
TC3	59. 6541	41. 912	0. 350	0. 720
TC4	59. 6635	41. 221	0. 364	0. 718
TD1	59. 9465	40. 877	0. 323	0. 722

问项	Scale Mean if Item Deleted	Scale Variance if Item Deleted	Corrected Item-Total Correlation	Cronbach's Alpha if Item Deleted
TD2	59.6572	42.150	0.310	0.723
TD3	59.8648	40.445	0.368	0.717
TD4	59.6604	44.326	0.090	0.744

表3-11　　　自然遗产地"管理机制"现存问题问项信度分析表

问项	Scale Mean if Item Deleted	Scale Variance if Item Deleted	Corrected Item-Total Correlation	Cronbach's Alpha if Item Deleted
JP1	55.6101	39.551	0.366	0.728
JP2	55.6101	39.065	0.371	0.728
JP3	55.8931	39.105	0.298	0.735
JP4	55.6038	40.025	0.312	0.733
JP5	55.8113	37.939	0.402	0.724
JJ1	55.6069	39.577	0.369	0.728
JJ2	55.6101	39.065	0.371	0.728
JJ3	55.8931	39.105	0.298	0.735
JK1	55.6038	40.025	0.312	0.733
JK2	55.8113	38.223	0.379	0.726
JZ1	55.5975	39.692	0.361	0.729
JZ2	55.6101	39.065	0.371	0.728
JZ3	55.8931	39.105	0.298	0.735
JZ4	55.6038	40.025	0.312	0.733
JZ5	55.7956	38.371	0.373	0.727

上述表格中的 Cronbach α值大多数在0.6以上，个别接近0.6，同时各项 Cronbach's Alpha if Item Deleted 均高于 Corrected Item-Total Correlation 的值，说明该表能够保持变量之间的稳定性，各变量之间具有良好的一致性。问卷调查表能够反映各方面人士对自然遗产地管理现存问题以及国家公园设置必要性和设置标准的认识，表格设计有效。

2. 国家公园设置必要性的信度分析

国家公园设置必要性的信度分析主要是考虑设置国家公园的迫切性问题，即国家公园的设置有利于自然界和人类社会的和谐发展，遗产资源不会因为人类的管理理念错误、管理体制和管理机制的不当而造成过度使用，从而丧失可持续发展的能力，相反地，因为人类社会建立了符合自然生态演化规律的国家公园模式，树立了正确的管理理念，采取了正确的管理体制和机制，协调了遗产资源保护和适度利用的关系，进而促进人类社会文明的不断延续和发展。为了保持和前述问题的一致性，必要性仍从自然遗产地管理的管理理念、管理体制和管理机制等方面来说明与论证。统计结果显示，表 3 - 12、表 3 - 13、表 3 - 14 的 Cronbach α值非常高，在0.882—0.952 之间，表明各界人士认为设置国家公园具有非常高的必要性。同时，各项 Cronbach's Alpha if Item Deleted 均高于 Corrected Item-Total Correlation 的值说明，该表能够保持变量之间的稳定性，各变量之间具有良好的一致性，说明必要性的问项的可靠性非常高，符合统计学对调查表格设计的要求。

表 3 - 12　　　国家公园设置必要性"管理理念"问项信度分析表

问项	Scale Mean if Item Deleted	Scale Variance if Item Deleted	Corrected Item-Total Correlation	Cronbach's Alpha if Item Deleted
LS1	17.7893	39.454	0.737	0.885
LS2	18.0440	45.348	0.471	0.901
LS3	17.7484	40.624	0.669	0.890
LS4	17.7956	41.873	0.724	0.888
LS5	17.6698	39.969	0.695	0.888
LX1	17.9937	42.921	0.642	0.892
LX2	17.6509	40.026	0.702	0.888
LX3	17.6604	41.392	0.586	0.896
LX4	17.7610	43.198	0.529	0.899
LX5	17.5377	38.868	0.779	0.882

表 3 - 13　　　国家公园设置必要性"管理体制"问项信度分析表

问项	Scale Mean if Item Deleted	Scale Variance if Item Deleted	Corrected Item-Total Correlation	Cronbach's Alpha if Item Deleted
TG1	20.3050	56.938	0.750	0.918
TG2	20.4340	58.764	0.689	0.921
TG3	20.5314	60.654	0.679	0.921
TG4	20.2579	59.258	0.559	0.928

问项	Scale Mean if Item Deleted	Scale Variance if Item Deleted	Corrected Item-Total Correlation	Cronbach's Alpha if Item Deleted
TG5	20.1887	55.857	0.817	0.914
TG6	20.5063	58.446	0.725	0.919
TT1	20.5189	60.812	0.661	0.922
TT2	20.1792	57.485	0.730	0.919
TT3	20.2516	55.716	0.815	0.915
TT4	20.2736	59.158	0.655	0.922
TT5	20.5472	61.176	0.688	0.921

表 3 – 14　　国家公园设置必要性"管理机制"问项信度分析表

问项	Scale Mean if Item Deleted	Scale Variance if Item Deleted	Corrected Item-Total Correlation	Cronbach's Alpha if Item Deleted
JR1	27.4119	123.486	0.770	0.948
JR2	27.5692	124.063	0.717	0.949
JR3	27.5566	125.345	0.793	0.947
JR4	27.5597	130.537	0.584	0.952
JR5	27.4403	122.462	0.780	0.948
JY1	27.4465	124.235	0.725	0.949
JY2	27.5566	126.323	0.774	0.948
JY3	27.5943	128.179	0.699	0.949
JY4	27.2642	121.930	0.780	0.948
JY5	27.4465	123.699	0.750	0.948
JA1	27.6069	125.381	0.774	0.948
JA2	27.3239	121.696	0.811	0.947
JA3	27.4340	124.549	0.782	0.948
JA4	27.6195	131.599	0.547	0.952
JA5	27.4654	124.767	0.739	0.949

（二）问卷效度分析

效度分析主要是说明问卷调查表依据的测量工具是否有效。一般而言，效度越高说明测量结果能够显示调查问题的主要特征。效度分为内容效度、建构效度和翻译效度。因为翻译效度使用不广泛，本书不进行探讨。

内容效度主要从定性的角度来分析调查表的有效性。主要是设计者对其调查表内容有效性的第三者判断，即相关专家对内容有效性的评判。本调查表在设计后通过专家的评判进行了调整，因此具有可以信赖的效度。

建构效度是为了说明测量的结果是否能够将调查问卷中的核心内容提取出的程度。常用的建构效度的检测是因子分析法，通过缩减数据获得调查问题所解决的主要内容。

是否能够对问卷进行因子分析取决于 KMO（Kaiser-Meyer-Olkin）系数的大小。一般而言，该系数越大，说明越适合做因子分析，调查表中越容易发现哪些问题是核心问题，KMO 数值只要大于 0.6 即被认为适合进行因子分析。

1. 自然遗产地管理存在问题的效度分析

（1）关于管理理念的效度分析

经计算，调查表"管理理念"的 KMO 大于 0.6，为 0.652，Bartlet 球形检验相伴概率为 0.0000，达到显著水平，说明调查数据适合作因子分析。调查表"管理理念"比较符合因子分析的要求，基本适合进行因子分析。经主成分提取了四个主要因子，总解释程度为 68.288%，每一个因子对应的相应变量的载荷都在 50% 以上，因此"管理理念"进行的问卷具备了良好的建构效度，其问卷是有效的。

表 3 – 15　　自然遗产地管理存在问题"管理理念"KMO 系数

Kaiser-Meyer-Olkin Measure of Sampling Adequacy.		0.652
Bartlett's Test of Sphericity	Approx. Chi-Square	4183.809
	df	120
	Sig.	0.000

表 3 – 16　　自然遗产地管理存在问题"管理理念"效度分析表

Component	Initial Eigen values			Extraction Sums of Squared Loadings			Rotation Sums of Squared Loadings		
	Total	% of Variance	Cumulative %	Total	% of Variance	Cumulative %	Total	% of Variance	Cumulative %
1	5.554	34.713	34.713	5.554	34.713	34.713	5.022	31.386	31.386
2	2.297	14.359	49.072	2.297	14.359	49.072	2.193	13.703	45.090
3	1.706	10.663	59.734	1.706	10.663	59.734	1.981	12.384	57.474

续表

Component	Initial Eigen values			Extraction Sums of Squared Loadings			Rotation Sums of Squared Loadings		
	Total	% of Variance	Cumulative %	Total	% of Variance	Cumulative %	Total	% of Variance	Cumulative %
4	1.369	8.554	68.288	1.369	8.554	68.288	1.730	10.814	68.288
5	0.998	6.239	74.527						
6	0.896	5.602	80.129						
7	0.808	5.050	85.179						
8	0.650	4.063	89.243						
9	0.576	3.600	92.843						
10	0.427	2.671	95.514						
11	0.298	1.862	97.376						
12	0.142	0.890	98.266						
13	0.114	0.713	98.979						
14	0.101	0.633	99.612						
15	0.042	0.261	99.874						
16	0.020	0.126	100.000						

表 3 – 17　自然遗产地管理存在问题"管理理念"效度旋转后结果分析

变量（问项）	因子			
	1	2	3	4
LZ1		0.927		
LZ2				0.880
LZ3			0.974	
LZ4		0.629		
LQ1			0.974	
LQ2		0.922		
LQ3	0.648			
LQ4	0.824			
LB1	0.823			
LB2	0.620			
LB3	0.804			
LB4				0.847

续表

变量（问项）	因子			
	1	2	3	4
LC1	0.740			
LC2	0.737			
LC3	0.876			
LC4	0.776			

（2）关于管理体制的效度分析

根据统计计算所得，"管理体制"的 KMO 值为 0.769，Bartlet 球形检验相伴概率为 0.0000，达到显著水平，说明"管理体制"调查数据适合作因子分析。经主成分提取了四个主要因子，总解释程度为 76.514%，每一个因子对应的相应变量的载荷都在 50% 以上，因此，"管理理念"进行的问卷具备了良好的建构效度，其问卷是有效的。

表 3 - 18　　　　自然遗产地管理存在问题"管理体制"KMO 系数

Kaiser-Meyer-Olkin Measure of Sampling Adequacy.		0.769
Bartlett's Test of Sphericity	Approx. Chi-Square	4741.991
	df	120
	Sig.	0.000

表 3 - 19　　　　自然遗产地管理存在问题"管理体制"效度分析表

Component	Initial Eigen values			Extraction Sums of Squared Loadings			Rotation Sums of Squared Loadings		
	Total	% of Variance	Cumulative %	Total	% of Variance	Cumulative %	Total	% of Variance	Cumulative %
1	8.030	50.188	50.188	8.030	50.188	50.188	3.585	22.404	22.404
2	1.614	10.090	60.277	1.614	10.090	60.277	3.569	22.306	44.709
3	1.438	8.985	69.262	1.438	8.985	69.262	2.723	17.016	61.725
4	1.160	7.252	76.514	1.160	7.252	76.514	2.366	14.789	76.514
5	0.801	5.008	81.522						
6	0.701	4.381	85.903						
7	0.553	3.456	89.359						
8	0.472	2.949	92.308						

Component	Initial Eigen values			Extraction Sums of Squared Loadings			Rotation Sums of Squared Loadings		
	Total	% of Variance	Cumulative %	Total	% of Variance	Cumulative %	Total	% of Variance	Cumulative %
9	0.303	1.893	94.201						
10	0.254	1.589	95.790						
11	0.178	1.113	96.903						
12	0.154	0.964	97.867						
13	0.133	0.830	98.697						
14	0.106	0.661	99.358						
15	0.062	0.390	99.748						
16	0.040	0.252	100.000						

表 3 - 20 自然遗产地管理存在问题 "管理体制" 效度旋转后分析结果

变量（问项）	因子			
	1	2	3	4
TJ1		0.314		0.823
TJ2		0.862		
TJ3				0.564
TJ4			0.564	
TT1	0.810			
TT2		0.705		
TT3				0.590
TT4			0.660	
TC1				0.573
TC2		0.828		
TC3			0.821	
TC4	0.802			
TD1			0.817	
TD2	0.559			
TD3		0.804		
TD4	0.822			

（3）关于管理机制的效度分析

根据统计计算所得,"管理体制"的 KMO 值为 0.793,Bartlet 球形检验相伴概率为 0.0000,达到显著水平,说明"管理体制"调查数据适合作因子分析。经主成分提取了四个主要因子,总解释程度为 77.466%,每一个因子对应的相应变量的载荷都在 50% 以上,因此,"管理理念"进行的问卷具备了良好的建构效度,其问卷是有效的。

表3-21　　　　自然遗产地管理存在问题"管理机制"KMO系数

Kaiser-Meyer-Olkin Measure of Sampling Adequacy.		0.793
Bartlett's Test of Sphericity	Approx. Chi-Square	4081.849
	df	105
	Sig.	0.000

表3-22　　　　自然遗产地管理存在问题"管理机制"效度分析表

Component	Initial Eigen values			Extraction Sums of Squared Loadings			Rotation Sums of Squared Loadings		
	Total	% of Variance	Cumulative %	Total	% of Variance	Cumulative %	Total	% of Variance	Cumulative %
1	7.893	52.619	52.619	7.893	52.619	52.619	3.494	23.291	23.291
2	1.559	10.393	63.012	1.559	10.393	63.012	2.787	18.581	41.872
3	1.144	7.630	70.642	1.144	7.630	70.642	2.679	17.862	59.733
4	1.024	6.824	77.466	1.024	6.824	77.466	2.660	17.733	77.466
5	0.723	4.820	82.286						
6	0.610	4.065	86.351						
7	0.467	3.115	89.466						
8	0.369	2.462	91.928						
9	0.320	2.130	94.059						
10	0.267	1.778	95.836						
11	0.193	1.289	97.126						
12	0.141	0.937	98.062						
13	0.132	0.878	98.941						
14	0.097	0.646	99.587						
15	0.062	0.413	100.000						

表 3 - 23 自然遗产地管理存在问题"管理机制"效度旋转后分析结果

变量（问项）	因子			
	1	2	3	4
JP1	0.787			
JP2		0.765		
JP3			0.771	
JP4		0.657		
JP5		0.586		
JJ1				0.803
JJ2	0.775			
JJ3			0.757	
JK1				0.732
JK2	0.756			
JZ1		0.714		
JZ2	0.842			
JZ3			0.788	
JZ4	0.			0.765
JZ5	0.624			

（4）旋转结果反映的问题

从表 3 - 17、表 3 - 20、表 3 - 23 三个旋转结果可看出，各因子之间相互影响，互为作用，表明遗产地管理存在问题之间关系较复杂，涉及面交叉较多，难以使用同一的价值观来做单一的判断，用一种标准来理解和解决问题的可能性很小。

（5）调查对象特征对结果影响的方差分析

以上的统计分析表明了调查表是合理有效的，能够说明自然遗产地管理存在的问题所在。但是上述问题能否在不同性别、年龄、学历和职称中产生不同的影响，还需要进行不同群体之间的方差分析。

下述统计数据显示，在中国国家级遗产地存在问题的问项中，性别因素在"管理理念"方面不存在明显的差异，即男女之间对"管理理念"所持差异并不显著，而在"管理体制"和"管理机制"方面男女之间存在显著差异。为了说明调查结果是否符合进行比较的要求，需要进行方差齐次性检验，结果发现，P 值均大于 0.05，因此以上调查结果是方差齐次的。

表 3 - 24　　　　　　性别因素影响遗产地问题判断的方差分析

	相关变量	方差分析 F 值	P 值	方差齐性 Levene 检验	P 值
性别因素	管理理念	0.589	0.773	1.275	0.079
	管理体制	0.467	0.027 **	0.799	0.094
	管理机制	1.577	0.091*	1.668	0.773

说明：* 表示 P < 0.1；** 表示 P < 0.05；*** 表示 P < 0.01。

分析显示，年龄因素对自然遗产地问题判断的影响在"管理理念"方面不存在显著性，但是在"管理体制"和"管理机制"方面却存在着显著的差异（见表 3 - 25）。在管理体制中，方差齐次检验结果 P < 0.05，说明调查对象的方差非齐次性，应当按照 Tamhane 双尾两两 T 检验。根据表 3 - 26、表 3 - 27 的方差分析结果，30 岁以下的年龄段和 51 岁以上的年龄段存在着显著的差异，说明不同年龄段的人们因阅历丰富程度不同，其对环境重要性认知和世界观存在差异，导致两者在判断和处理问题上存在显著差异。

表 3 - 25　　　　　　年龄因素影响遗产地问题判断的方差分析

	相关变量	方差分析 F 值	P 值	方差齐性 Levene 检验	P 值
年龄因素	管理理念	0.612	0.618	1.531	0.12
	管理体制	0.507	0.086*	0.799	0.024
	管理机制	2.364	0.031 **	1.215	0.169

说明：* 表示 P < 0.1；** 表示 P < 0.05；*** 表示 P < 0.01。

表 3 - 26　　年龄因素影响遗产地问题"管理体制"判断的分析结果

(I) 年龄	(J) 年龄	Mean Difference (A - B)	Std. Error	Sig.	95% Confidence Interval	
					Lower Bound	Upper Bound
1	2	0.325416	0.203214	0.865	- 0.43895	0.06026
	3	0.218796	0.726803	0.173	- 0.38561	0.19083
	4	0.231871*	0.316587	0.041	- 0.24642	0.54023
2	1	- 0.325416	0.203214	0.865	- 0.06026	0.43895
	3	- 0.241392	0.368427	1.000	- 0.52834	0.50137
	4	0.154736	0.276311	1.000	- 0.26813	0.29467

（I） 年龄	（J） 年龄	Mean Difference （A－B）	Std. Error	Sig.	95% Confidence Interval	
					Lower Bound	Upper Bound
3	1	－0.218796	0.726803	0.173	－0.19083	0.38561
	2	0.241392	0.368427	1.000	－0.50137	0.52834
	4	1.124573	0.253247	1.000	－1.24213	0.61228
4	1	－0.231871*	0.316587	0.041	－0.54023	0.24642
	2	－0.154736	0.276311	1.000	－0.26813	0.29467
	3	－1.124573	0.253247	1.000	－0.61228	1.24213

说明：1 表示年龄 30 岁以下；2 表示年龄 31—40 岁；3 表示年龄 41—50 岁；4 表示 51 岁以上。* 表示 P < 0.1。

表 3－27 年龄因素影响遗产地问题"管理机制"判断的分析结果（LSD）

（A） 年龄	（B） 年龄	Mean Difference （A－B）	Std. Error	Sig.	95% Confidence Interval	
					Lower Bound	Upper Bound
1	2	0.154891	0.112367	0.786	－0.07895	1.03657
	3	0.178696	0.345642	0.201	－1.02075	1.14543
	4	0.123675*	0.216564	0.062	－1.42501	0.64237
2	1	－0.154891	0.112367	0.786	－1.03657	0.07895
	3	－0.301756	0.746871	0.921	－0.16584	1.23741
	4	0.276819	0.236572	0.579	－0.83267	1.28635
3	1	－0.178696	0.345642	0.201	－1.02075	1.14543
	2	0.301756	0.746871	0.921	－1.23741	0.16584
	4	0.593216	0.526098	1.000	－0.21875	1.07653
4	1	0.123675*	0.216564	0.062	－0.64237	1.42501
	2	0.276819	0.236572	0.579	－1.28635	0.83267
	3	0.593216	0.526098	1.000	－1.07653	0.21875

说明：1 表示年龄 30 岁以下；2 表示年龄 31—40 岁；3 表示年龄 41—50 岁；4 表示 51 岁以上。* 表示 P < 0.1。

表 3－28 显示，学历因素在自然遗产地问题"管理理念"和"管理体制"方面的判断影响不存在显著差异，但是在"管理机制"方面却差异显著，说明人们对如何管理遗产地的看法受教育程度因素的影响，高学历者看问题一般来说更为深入和具体。

表 3 – 28　　　　　　学历因素影响遗产地问题判断的方差分析

	相关变量	方差分析 F 值	P 值	方差齐性 Levene 检验	P 值
学历因素	管理理念	0.732	0.618	1.153	0.083
	管理体制	0.507	0.117	0.892	0.216
	管理机制	3.108	0.026**	2.369	0.301

说明：＊表示 P＜0.1；＊＊表示 P＜0.05；＊＊＊表示 P＜0.01。

表 3 – 29　　　　　　学历因素影响遗产地问题 "管理机制"
判断的分析结果（LSD）

（A）学历	（B）学历	Mean Difference（I－J）	Std. Error	Sig.	95% Confidence Interval Lower Bound	Upper Bound
1	2	0.168516	0.135874	0.614	－0.13578	0.96324
	3	－0.225643	0.401256	0.223	－0.65584	1.14543
	4	0.201575*	0.312578	0.092	－1.24015	0.58931
2	1	－0.168516	0.135874	0.614	－0.96324	0.13578
	3	－0.524876	0.675841	0.656	－0.20235	1.35217
	4	0.285647	0.236572	0.539	－0.71583	1.18601
3	1	0.225643	0.401256	0.223	－1.14543	0.65584
	2	0.524876	0.675841	0.656	－1.35217	0.20235
	4	0.486573	0.426935	0.887	－0.15897	1.62352
4	1	－0.201575*	0.312578	0.092	－0.58931	1.24015
	2	－0.285647	0.236572	0.539	－1.18601	0.71583
	3	－0.486573	0.426935	0.887	－1.62352	0.15897

说明：1 表示大专学历；2 表示大学本科学历；3 表示硕士研究生学历；4 表示博士研究生学历。＊表示 P＜0.1。

表 3 – 30 显示，职称因素在自然遗产地问题判断中的影响没有显著的差异，说明不同职称的群体对遗产地 "管理理念""管理体制" 和 "管理机制" 问题的认知较为一致。

表 3 – 30　　　　　　　职称因素影响遗产地问题判断的方差分析

	相关变量	方差分析 F 值	P 值	方差齐性 Levene 检验	P 值
职称因素	管理理念	0. 655	0. 528	0. 864	0. 089
	管理体制	0. 476	0. 239	1. 102	0. 178
	管理机制	1. 938	0. 104	2. 108	0. 257

说明：＊表示 P＜0.1；＊＊表示 P＜0.05；＊＊＊表示 P＜0.01。

2. 国家公园设置必要性的效度分析

与前述自然遗产地管理存在问题保持一致，国家公园设置必要性的效度分析也从管理理念、管理体制和管理机制入手，通过因子分析方法获得建构效度的有效性分析结果。

（1）关于必要性的"管理理念"效度分析

根据统计计算所得，国家公园设置必要性"管理理念"的 KMO 值为 0.714，Bartlet 球形检验相伴概率为 0.0000，达到显著水平，说明设置必要性"管理理念"调查数据适合进行因子分析。经主成分提取了两个主要因子，总解释程度为 66.194%，每一个因子对应的相应变量的载荷都在 50% 以上，因此，设置必要性"管理理念"进行的问卷具备了良好的建构效度，问卷是有效的。

表 3 – 31　　　　　国家公园设置必要性"管理理念"KMO 系数

Kaiser-Meyer-Olkin Measure of Sampling Adequacy.		0. 714
Bartlett's Test of Sphericity	Approx. Chi-Square	2507. 345
	df	45
	Sig.	0. 000

表 3 – 32　　　　　国家公园设置必要性"管理理念"效度分析表

Component	Initial Eigen values			Extraction Sums of Squared Loadings			Rotation Sums of Squared Loadings		
	Total	% of Variance	Cumulative %	Total	% of Variance	Cumulative %	Total	% of Variance	Cumulative %
1	5. 342	53. 416	53. 416	5. 342	53. 416	53. 416	3. 555	35. 549	35. 549
2	1. 278	12. 778	66. 194	1. 278	12. 778	66. 194	3. 064	30. 645	66. 194
3	0. 957	9. 570	75. 765						
4	0. 816	8. 159	83. 924						

续表

Component	Initial Eigen values			Extraction Sums of Squared Loadings			Rotation Sums of Squared Loadings		
	Total	% of Variance	Cumulative %	Total	% of Variance	Cumulative %	Total	% of Variance	Cumulative %
5	0.651	6.514	90.437						
6	0.384	3.841	94.278						
7	0.255	2.554	96.832						
8	0.143	1.432	98.264						
9	0.114	1.143	99.407						
10	0.059	0.593	100.000						

表 3 – 33　国家公园设置必要性 "管理理念" 效度旋转后分析结果

变量（问项）	因子	
	1	2
LS1	0.849	
LS2		0.571
LS3		0.687
LS4	0.739	
LS5	0.889	
LX1		0.810
LX2		0.726
LX3	0.561	
LX4		0.805
LX5	0.878	

（2）关于必要性的 "管理体制" 效度分析

根据统计计算所得，国家公园设置必要性 "管理体制" 的 KMO 值为 0.788，Bartlet 球形检验相伴概率为 0.0000，达到显著水平，说明设置必要性 "管理体制" 调查数据适合进行因子分析。经主成分提取了两个主要因子，总解释程度为 72.162%，每一个因子对应的相应变量的载荷都在 50% 以上，因此，设置必要性 "管理体制" 进行的问卷具备了良好的建构效度，问卷是有效的。

表 3 – 34　　　　　国家公园设置必要性"管理体制" KMO 系数

Kaiser-Meyer-Olkin Measure of Sampling Adequacy.		0.788
Bartlett's Test of Sphericity	Approx. Chi-Square	3590.173
	df	55
	Sig.	0.000

表 3 – 35　　　　　国家公园设置必要性"管理体制"效度分析表

Component	Initial Eigen values			Extraction Sums of Squared Loadings			Rotation Sums of Squared Loadings		
	Total	% of Variance	Cumulative %	Total	% of Variance	Cumulative %	Total	% of Variance	Cumulative %
1	6.447	58.613	58.613	6.447	58.613	58.613	4.255	38.681	38.681
2	1.490	13.549	72.162	1.490	13.549	72.162	3.683	33.481	72.162
3	0.911	8.281	80.443						
4	0.698	6.344	86.788						
5	0.519	4.717	91.505						
6	0.374	3.400	94.905						
7	0.188	1.709	96.614						
8	0.155	1.413	98.028						
9	0.098	0.895	98.923						
10	0.082	0.744	99.666						
11	0.037	0.334	100.000						

表 3 – 36　　　国家公园设置必要性"管理体制"效度旋转后分析结果

变量（问项）	因子	
	1	2
TG1	0.779	
TG2		0.825
TG3	0.819	
TG4		0.756
TG5	0.767	
TG6		0.856
TT1	0.852	
TT2		0.796
TT3	0.767	
TT4		0.672
TT5	0.829	

（3）关于必要性的"管理机制"效度分析

根据统计计算所得，国家公园设置必要性"管理机制"的 KMO 值为
0.7，Bartlet 球形检验相伴概率为 0.0000，达到显著水平，说明设置必要
性"管理机制"调查数据适合进行因子分析。经主成分提取了三个主要
因子，总解释程度为 80.733%，每一个因子对应的相应变量的载荷都在
50% 以上，因此，设置必要性"管理机制"进行的问卷具备了良好的建
构效度，问卷是有效的。

表 3 – 37　　　　　国家公园设置必要性"管理机制"KMO 系数

Kaiser-Meyer-Olkin Measure of Sampling Adequacy.		0.700
Bartlett's Test of Sphericity	Approx. Chi-Square	7121.378
	df	105
	Sig.	0.000

表 3 – 38　　　　　国家公园设置必要性"管理机制"效度分析表

Component	Initial Eigen values			Extraction Sums of Squared Loadings			Rotation Sums of Squared Loadings		
	Total	% of Variance	Cumulative %	Total	% of Variance	Cumulative %	Total	% of Variance	Cumulative %
1	9.023	60.154	60.154	9.023	60.154	60.154	5.782	38.545	38.545
2	1.841	12.275	72.429	1.841	12.275	72.429	3.808	25.384	63.929
3	1.246	8.305	80.733	1.246	8.305	80.733	2.521	16.804	80.733
4	0.806	5.376	86.109						
5	0.653	4.351	90.460						
6	0.447	2.982	93.442						
7	0.276	1.843	95.285						
8	0.244	1.627	96.912						
9	0.179	1.195	98.107						
10	0.079	0.527	98.634						
11	0.074	0.490	99.124						
12	0.070	0.465	99.589						
13	0.033	0.220	99.809						
14	0.022	0.147	99.956						
15	0.007	0.044	100.000						

表 3 – 39　　国家公园设置必要性"管理机制"效度旋转后分析结果

变量（问项）	因子		
	1	2	3
JR1	0.812		
JR2		0.855	
JR3	0.793		
JR4			0.784
JR5	0.840		
JY1		0.840	
JY2	0.756		
JY3			0.740
JY4	0.809		
JY5		0.887	
JA1	0.787		
JA2	0.868		
JA3	0.803		
JA4		0.860	
JA5			0.830

根据信度分析，以上问题的信度指标都在 0.6—1 之间，符合相关文献的信度分析可接受结果，因此认为以上的调查资料是可信的。再按照主成分分析方法，得出以上不同因子的 KMO 均在 0.65 以上，且解释变量的累积方差均在 66% 以上，说明问卷能够反映国家公园建设和发展的大部分问题，具备良好的建构效度。因此，调查问卷是可信和有效的，可以说明国家公园建设的必要性和可行性。

表 3 – 33、表 3 – 36、表 3 – 39 旋转结果与表 3 – 17、表 3 – 20、表 3 – 23 旋转结果反映出同一问题，即各因子之间相互影响、互为作用，进一步证明自然遗产地管理关系复杂，涉及面广，人们对自然遗产地管理以及旅游开发与经营活动的认识，与旅游学理论所反映的诸如综合性、多样性等特征一致，各种自然公园准入标准设置难以清晰准确地表达其管理意图和操作要求，由此提醒我们，制定统一的国家公园准入标准工作难度极大，存在极大的人为主观性，需要应用系统理论为指导，综合全面地考虑各种因素及其相关性。

（4）调查对象特征对结果影响的方差分析

分析显示，调查对象特征在设置国家公园必要性问项的表现与上述遗产地问题问项的表现基本一致。性别因素影响国家公园设置必要性"管理理念"判断不存在显著的差异，但是对"管理体制"和"管理机制"方面的判断差异显著，说明了不同性别在思想和处理行为方式上存在着不同（见表 3 – 40）。

表 3 – 40　　　　性别因素影响国家公园设置必要性判断的方差分析

	相关变量	方差分析 F 值	P 值	方差齐性 Levene 检验	P 值
性别因素	管理理念	1.675	0.663	1.329	0.142
	管理体制	3.258	0.077*	0.967	0.108
	管理机制	2.605	0.046**	2.241	0.326

说明：＊表示 P＜0.1；＊＊表示 P＜0.05；＊＊＊表示 P＜0.01。

年龄因素在国家公园设置必要性"管理理念"方面的判断存在着非显著性的差异，但是在"管理体制"和"管理机制"方面存在着显著差异，这种差异主要体现在 30 岁以下和 51 岁以上的不同群体，说明这两个群体之间由于生活阅历差异，形成有一定差异的认知事物的世界观，因而处事方法和处事程序产生了差异（表 3 – 41、表 3 – 42、表 3 – 43）。

表 3 – 41　　　　年龄因素影响国家公园设置必要性判断的方差分析

	相关变量	方差分析 F 值	P 值	方差齐性 Levene 检验	P 值
年龄因素	管理理念	0.756	0.643	2.014	0.067
	管理体制	0.648	0.071*	0.542	0.118
	管理机制	1.906	0.058*	2.135	0.083

说明：＊表示 P＜0.1；＊＊表示 P＜0.05；＊＊＊表示 P＜0.01。

表 3 – 42　　　　年龄因素影响国家公园设置必要性"管理体制"
判断的分析结果

(I) 年龄	(J) 年龄	Mean Difference （A – B）	Std. Error	Sig.	95% Confidence Interval	
					Lower Bound	Upper Bound
1	2	– 0.278964	0.245213	0.635	– 0.65891	0.14968
	3	0.364285	0.836524	0.125	– 0.40576	0.26541
	4	0.304738*	0.53529	0.053	– 0.53681	0.47623
2	1	0.278964	0.245213	0.635	– 0.14968	0.65891
	3	– 0.362095	0.540327	0.792	– 1.03657	0.81231
	4	0.193562	0.372594	1.000	– 0.86351	0.359874

续表

（I）年龄	（J）年龄	Mean Difference（A－B）	Std. Error	Sig.	95% Confidence Interval	
					Lower Bound	Upper Bound
3	1	－0.364285	0.836524	0.125	·－0.26541	0.40576
	2	0.362095	0.540327	0.792	－0.81231	1.03657
	4	1.657923	0.183753	0.813	－0.93584	0.72586
4	1	－0.304738*	0.53529	0.053	－0.47623	0.53681
	2	－0.193562	0.372594	1.000	－0.359874	0.86351
	3	－1.657923	0.183753	0.813	－0.72586	0.93584

说明：1 表示年龄 30 岁以下；2 表示年龄 31—40 岁；3 表示年龄 41—50 岁；4 表示 51 岁以上。＊表示 P＜0.1。

表3－43　　　　年龄因素影响国家公园设置必要性"管理机制"判断的分析结果

（A）年龄	（B）年龄	Mean Difference（A－B）	Std. Error	Sig.	95% Confidence Interval	
					Lower Bound	Upper Bound
1	2	0.237659	0.186951	0.864	－0.09354	1.01857
	3	－0.246537	0.425873	0.305	－0.79546	1.08627
	4	0.529681*	0.395281	0.081	－0.63258	0.96351
2	1	－0.237659	0.186951	0.864	－1.01857	0.09354
	3	－0.510823	0.485612	1.000	－0.25483	0.85218
	4	0.175368	0.356821	0.702	－0.38651	1.04561
3	1	0.246537	0.425873	0.305	－1.08627	0.79546
	2	0.510823	0.485612	1.000	－0.85218	0.25483
	4	－0.632148	0.387564	0.874	－0.35465	0.87249
4	1	－0.529681*	0.395281	0.081	－0.96351	0.63258
	2	－0.175368	0.356821	0.702	－1.04561	0.38651
	3	0.632148	0.387564	0.874	－0.87249	0.35465

说明：1 表示年龄 30 岁以下；2 表示年龄 31—40 岁；3 表示年龄 41—50 岁；4 表示 51 岁以上。＊表示 P＜0.1。

表3－44 和表3－45 分析显示，学历因素在"管理理念""管理体制"判断方面不存在显著差异，但是在"管理机制"方面存在着显著的不同，主要是大专以下学历和博士学历之间的差异，说明学历对处理国家公园设置事项的思路和方法选择上存在一定影响。

表 3 - 44　　　学历因素影响国家公园设置必要性判断的方差分析

相关变量		方差分析 F 值	P 值	方差齐性 Levene 检验	P 值
学历因素	管理理念	0.749	0.416	1.537	0.076
	管理体制	0.672	0.264	2.056	0.353
	管理机制	2.285	0.048 **	0.876	0.158

说明：＊表示 P ＜ 0.1；＊＊表示 P ＜ 0.05；＊＊＊表示 P ＜ 0.01。

**表 3 - 45　　　学历因素影响国家公园设置必要性"管理机制"
判断的分析结果**

(A) 学历	(B) 学历	Mean Difference (A - B)	Std. Error	Sig.	95% Confidence Interval	
					Lower Bound	Upper Bound
1	2	- 0.204579	0.365847	0.559	- 0.38912	0.71543
	3	- 0.336751	0.578914	0.451	- 0.71652	0.97458
	4	0.543867*	0.432817	0.085	- 1.15935	0.27948
2	1	0.204579	0.365847	0.559	- 0.71543	0.38912
	3	0.619546	0.725346	0.527	- 0.41358	0.97651
	4	- 0.594187	0.419573	0.726	- 0.85471	1.01527
3	1	0.336751	0.578914	0.451	- 0.97458	0.71652
	2	- 0.619546	0.725346	0.527	- 0.97651	0.41358
	4	0.762134	0.587931	0.243	- 0.29158	1.38745
4	1	- 0.543867*	0.432817	0.085	- 0.27948	1.15935
	2	0.594187	0.419573	0.726	- 1.01527	0.85471
	3	- 0.762134	0.587931	0.243	- 1.38745	0.29158

说明：1 表示大专学历；2 表示大学本科学历；3 表示硕士研究生学历；4 表示博士研究生学历。＊表示 P ＜ 0.1。

表 3 - 46 显示，不同的职称在国家公园设置必要性"管理理念""管理体制"和"管理机制"方面不存在显著的差异性，说明职称与不同群体的认知之间不存在显著的相关关系，职称高低未显示出国家公园是否设置的争议和差别。

表 3 – 46　　　　　职称因素影响国家公园设置必要性的方差分析

	相关变量	方差分析 F 值	P 值	方差齐性 Levene 检验	P 值
职称因素	管理理念	0.759	0.427	0.946	0.093
	管理体制	0.689	0.366	1.851	0.265
	管理机制	2.593	0.138	2.359	0.163

说明：∗ 表示 P < 0.1；∗∗ 表示 P < 0.05；∗∗∗ 表示 P < 0.01。

　　上述信度和效度的分析表明，问卷内容较为全面、项目设计合理，专家和公众的回答有效可靠，调查结果反映了不同年龄、不同性别、不同受教育程度和不同职称等级的受众对问题的真实观点，因此专家和公众的回答能够反映中国自然遗产地管理的现状和根本问题，能够为后文设置国家公园必要性和可行性的分析提供依据。

第二节　中国自然遗产地管理存在问题调查结果与分析

一　管理理念存在问题调查结果

　　调查结果显示，"缺乏整体性意识，偏重经济效益而忽视生态价值（LZ）"项中，LZ1 非常赞同的 103 人，表示赞同的 201 人，不赞同只有 5 人；LZ2 表示非常赞同的 145 人，表示赞同的 151 人，不赞同的 12 人；LZ3 表示非常赞同的 95 人，表示赞同的 214 人，不赞同的 3 人；LZ4 表示非常赞同的 215 人，表示赞同的 90 人，不赞同的 0 人（如图 3 – 2）。

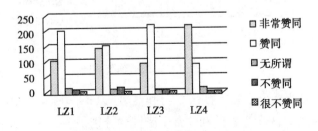

图 3 – 2　LZ 项调查结果统计

　　"缺乏全局性意识，视遗产资源为行业和部门资源（LQ）"项中，

缺乏全局性意识，视遗产资源为行业和部门资源（LQ）

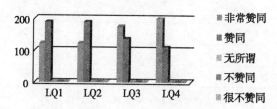

图 3 - 3　LQ 项调查结果统计

LQ1、LQ2、LQ3、LQ4 表示赞同以上的均为 311 人，不赞同的 5 人（如图 3 - 3）。

缺乏协调意识，忽视社区参与和监督（LB）

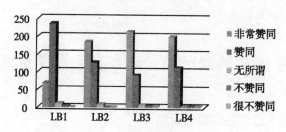

图 3 - 4　LB 项调查结果统计

缺乏可持续意识，因眼前利益而忽视长远利益（LC）

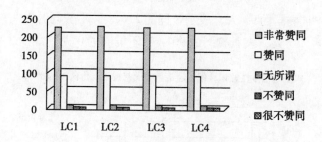

图 3 - 5　LC 项调查结果统计

"缺乏协调意识，忽视社区参与和监督（LB）"项中，LB1 表示赞同以上的 304 人，表示不赞同和非常不赞同的分别是 3 人和 1 人；LB2 表示赞同以上的 310 人；LB3、LB4 表示赞同以上的分别为 304 人和 311 人，表示不赞同和非常不赞同的分别为 3 人和 2 人（如图 3 -4）。

"缺乏可持续意识，因眼前利益而忽视长远利益（LC）"项中，LC1、

LC2、LC3、LC4 表示赞同以上的均为 311 人，不赞同的 0 人（如图 3 - 5）。

统计结果显示，LZ、LQ 和 LC 三项持赞成以上者所占比例为 96.6%，表明人们普遍认同中国自然遗产地在管理理念上存在着经济利益与生态效益、全局利益与局部利益、眼前利益与长远利益之间认识的偏差或不正确，甚至关系倒置，遗产保护和开发行为之间冲突显著，集中体现在管理规划、管理现实与管理理念相悖，管理实践中具体表现为缺乏国家层面的规范管理，规划设计单位权威性低，规划质量和水平参差不齐；总体规划期限较长，详细规划没有规定有效期限；规划编写不够细致，无具体实施行动和技术规划，没有年度工作报告及下一年度调整方向计划等。

二　管理体制存在问题调查结果

"机构层次低（TJ）"项中，TJ1、TJ2、TJ3、TJ4 四个问项表示非常赞成的均为 220 人，赞同的均为 91 人。"多头管理（TT）"项中，TT1 表示非常赞同的 221 人，赞同的 90 人；TT2、TT3 表示非常赞同的均为 200 人，赞同的 111 人；TT4 表示非常赞同的 190 人，赞同的 121 人（如图 3 - 6、图 3 - 7）。

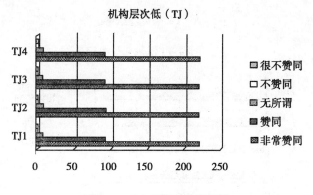

图 3 - 6　TJ 项调查结果统计

"多重目标（TC）"项中，TC1、TC2 表示非常赞同的 94 人，表示赞同的 76 人，不赞同的 15 人；TC3、TC4 表示非常赞同的同为 190 人，赞同的人均为 121 人。"事业单位企业化经营（TD）"项中，TD1、TD2、TD3、TD4 四个问项表示非常赞同的人同为 190 人，赞同的 121 人（如图 3 - 8、图 3 - 9）。

统计结果显示，TJ、TT、TC、TD 四项得到赞成以上评价的平均比率

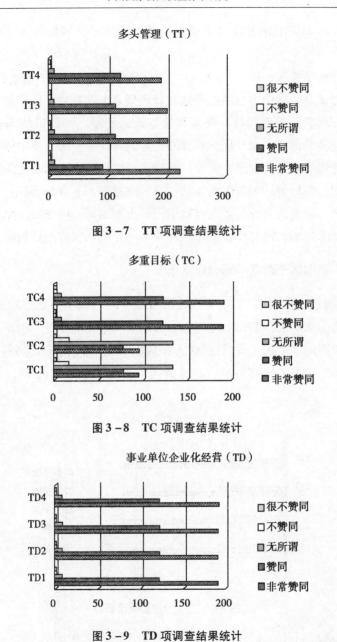

多头管理（TT）

图 3-7 TT 项调查结果统计

多重目标（TC）

图 3-8 TC 项调查结果统计

事业单位企业化经营（TD）

图 3-9 TD 项调查结果统计

达到 91.5%，表明我国自然遗产地实行的多个部门管理同一种类型的遗产保护地，或不同类型的保护地由多个部门来管理，或同一块保护地被多个部门共同管理的体制，所造成的遗产地规划决策混乱、水平参差不齐的情况真实存在，表明遗产地管理责任分离的结构特征导致控制过程的不协调或者控制机构的不合作①，不同部门的无效配合或不作为造成权利滥用或权利无效，导致规划可操作性不够、决策过程科学性不够、公众参与强度不够等系列问题。

三 管理机制存在问题调查结果

"评价与准入机制（JP）"项中，JP1、JP2、JP3、JP4、JP5 五个问项持非常赞同的均为 222 人，赞同的 89 人，不赞同的 3 人，其中 JP5 表示很不赞同的 2 人（如图 3 – 10）。

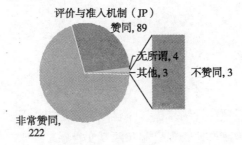

评价与准入机制（JP）

赞同, 89

无所谓, 4

其他, 3

不赞同, 3

非常赞同, 222

图 3 – 10 JP 项调查结果统计

"经营机制（JJ）"项中，JJ1、JJ2、JJ3、JJ4、JJ5 五个问项持非常赞同的均为 190 人，赞同的为 121 人（如图 3 – 11）。

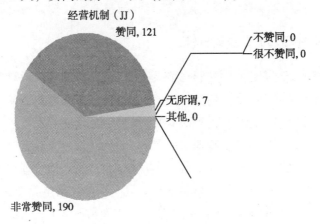

经营机制（JJ）

赞同, 121

不赞同, 0

很不赞同, 0

无所谓, 7

其他, 0

非常赞同, 190

图 3 – 11 JJ 项调查结果统计

---

① 张昕竹：《自然文化遗产资源的管理体制与改革》，《数量经济技术经济研究》2000 年第 9 期，第 11 页。

　　"监控机制（JK）"项中，JK1、JK2、JK3、JK4 四个问项表示非常赞同的均为 222 人，赞同的均为 89 人，无所谓的均为 7 人（如图 3 – 12）。

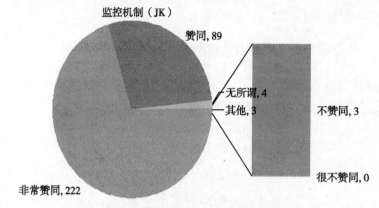

图 3 – 12　JK 项调查结果统计

　　JP、JJ、JK 三项统计结果进一步显示，赞成以上评价的平均比率达到 97.9%，表明自然遗产地管理机制问题真实存在。受调查对象对遗产地评价与准入机制、经营机制、监控机制和资金投入机制的现状，诸如部门为挤占公众遗产资源自设标准，资源评价、准入和分等定级标准不一，未能很好地反映遗产资源的社会价值和生态价值、建设水平参差不齐、建设性破坏严重、监控不到位、资金投入不足等问题，均有较为一致的看法。

四　存在问题调查结果分析

　　自然遗产管理存在问题的调查结果显示，我国自然遗产地管理存在问题与相关文献论述基本一致，各类自然公园设置上地理重叠、资源保护与开发利用之间矛盾突出、管理机构档次低、条块分割的多头交叉管理等状况，既表明了我国现行自然遗产地管理水平低下，也为加快建立具有中国特色的国家公园管理模式提供了充分的依据。分析中国自然遗产地管理现状存在的上述问题，诸如土地权属交错、利益主体多元、管理权属重叠交叉各自为政、相关管理法规政策衔接与协调不力、遗产地管理水平低下、保护与利用矛盾冲突严重等，可概括为以下四个方面。产生这些问题的原因，一方面是因为中国自然遗产地空间类型多样、自然与人文景观交融、遗产地影响因素复杂；另一方面，也是主要原因，是由于未建立科学统一的管理体制。

　　1. 管理体制掣肘资源有效管理

　　自 1956 年开始自然保护区建设工作以来，中国自然保护地工作取得了显著成就，目前已经建立了庞大的保护地系统，从国家层面上来看，主要有自然保护区、风景名胜区、森林公园、湿地公园、地质公园、矿山公园和水利风景区七类。据新闻网 2011 年 5 月报道，我国各级各类自然保护区面积已经超过陆地国土面积的 15%，超过全球 12% 的平均水平。另据网络媒体上环境保护部、国家林业局、国土资源部等部门的报道数据统计，截至 2014 年底，全国有自然保护区 2692 个（国家级 428 个）、森林公园 2948 个（国家级 779 个）、风景名胜区 962 个（国家级 225 个）、国家地质公园 240 个、国家水利风景区 658 个。但是中国自然遗产地采取的是分类管理，上述七类公园的管理权属分属不同的主管部门（见表 3 - 47），且有些保护地因为跨类别、跨区域，"一地多牌""婆婆多，能管事的少"现象严重，一个公园必须服从不同主管部门，执行不同的管理目标和规划，评价标准不一，难免造成信息沟通不畅、管理效率低下等问题。

表 3 - 47　　　　　　　　中国自然遗产地主管部门一览表

遗产地类别	主管部门
自然保护区	国家环保局
风景名胜区	国家建设部（住建部）
森林公园	国家林业局
湿地公园	国家林业局
地质公园	国土资源部
矿山公园	国土资源部
水利风景区	国家水利部

最为关键的是这种部门分割、产权模糊的治理格局，使自然遗产地管理缺乏统一有力的协调管理和统一监督，容易产生上级管理部门"趋利避害"的行为，部门之间往往争权夺利却不管事，由此造成管理"规制失灵"、部门利益博弈激烈、自然遗产的公益性价值流失、利益协调机制不完善、社区居民利益未被重视、保护地工作人员与管理目标冲突等问题。[1] 随着我国环境保护意识的增强，保护地面积不断扩大，管理水平低下、经验缺失、经费短缺等问题越发明显，显然与遗产资源可持续发展的

---

[1]　张海霞：《国家公园的旅游规制研究》，博士学位论文，华东师范大学，2010 年，第 26 页。

目标相悖。

2. 管理规制建设缓慢

中国自然保护工作起步晚，管理规制建设步子缓慢，且不说尚未建立统一的国家公园制度，即使风景名胜区和自然保护区这两个被认为重要且较为完善的体系，其规制中的不完善之处也非常明显。从 1985 年 6 月国务院颁布的《风景名胜区管理暂行条例》，到 2006 年 9 月国务院第 14 次常务会议通过并于 2006 年 12 月 1 日正式施行的《风景名胜区条例》，历经 21 年之久，风景名胜区管理始正式纳入国家法律范畴。在此 21 年间，国家重点风景名胜区管理虽然取得了一些成就，但问题一样突出：（1）偏重对风景名胜区景观区域的保护，对生物多样性保护规划重视不够；（2）《暂行条例》对野生动植物保护不力，重开发、轻保护，景区资源破坏现象严重；（3）景区保护与管理设施的投资主体不清，用于保护的补助资金使用范围仅限于编制风景名胜区规划、申报世界遗产及其所涉及的保护和整治、景区内绿化、林木植被、古树名木保护等，而资源保护管理的设施建设并不包括其中；（4）投资主体往往又是经营单位，当盈利与保护产生矛盾时偏重盈利，造成破坏性建设。《风景名胜区条例》出台后，面临经济利用的压力强大，遭遇生态环境保护和利益调整等新问题，风景资源管理依然乏力。

1956 年中国建立了第一个自然保护区——广东鼎湖山自然保护区，但直到 1980 年，自然保护区建设才被正式提上国家议程。1994 年 9 月 2 日国务院发布了《自然保护区条例》，首次明确"国家采取有利于发展自然保护区的经济、技术政策和措施，将自然保护区的发展规划纳入国民经济和社会发展计划"，把建立自然保护区作为国家和政府自上而下的一种行动，体现了国家意志。目前，我国自然保护区虽然数量上超过世界平均水平，并已有 26 处加入联合国教科文组织"人与生物圈"保护区网络，27 处列入国际重要湿地名录，10 处成为世界自然遗产地，有一部分还是全球生物多样性保护的重点地区，但是，存在的问题依然明显，至少在三个方面表现尤为突出：（1）强调了环境和自然资源保护，保护区被建成封闭的区域，忽视了公众的自然休憩需求和环境解说系统建设，未能形成环境教育基地，缺乏对公众关爱自然、享受自然、保护自然的引导；（2）长期忽视自然保护地的社区管理，未建立有效的社区利益协调机制和矛盾冲突解决机制，国家资金投入侧重于保护区本身的基本管理设施，忽视了地方经济和社会发展的要求，影响了当地政府和社区百姓的保护积极性；（3）中央财政投入少，各级政府投资不足，管理粗放，生物多样性保育不到位。

3. 无统一规范的技术标准

由于历史和体制的原因，我国目前所建立的各种不同类型的公园隶属于不同管理部门，造成在技术层面上各种不同类型的公园没有可以执行的高规格、统一的评价标准和管理规范，结果是：公园所属地域或资源类型虽然相同，公园类型却不同或属不同类型；公园设置地理重叠，类型交叉；管理部门之间权属互相交叠，管理目标和重点不同，来自多部门的监管压力大、效果差；缺乏高水准的统一规划，生态环境脆弱区恶化趋势未能得到有效遏制，持续发展的目标难以保证。

4. 片面追求经济效益

我国现行的自然遗产地管理机制，在部门利益和地方经济利益驱动下，往往因经济效益忽视生态效益和社会效益，"保护为先，适当利用"成为一句口号。从部门来看，上级主管部门难免"官本位"，无法从全局统筹生态环境整体保护利益，而是从部门利益出发出台激发地方政府和基层遗产地"趋利"行为的政策措施。如水利部为了保护水利生态环境，发展水利风景区，安排专项资金，给新建的每个水利风景区以奖励性建设资金，诱发了地方政府和自然遗产地申报水利风景区的积极性，但因为别的主管部门没有类似的鼓励政策，其他类型的遗产地建设和保护被忽视，这样的部门政策从国家整体的角度来说并未能实现效益最大化。从地方来看，为了满足地方发展经济的要求，地方政府片面地以满足公众的游憩需求、满足人们日益增长的精神文化需求为理由，忽视遗产资源的唯一性、不可逆性、不可再生性、不可改变其原有形态的特性[①]，大力发展旅游经济，造成风景名胜区出现了较为严重的人工化、商业化和城市化现象。

第三节　设置国家公园必要性调查结果与分析

问卷调查中关于"中国很有必要设置国家公园，规范遗产地的管理

---

① 张晓、郑玉歆：《中国自然文化遗产资源管理》，社会科学文献出版社 2001 年版，第 8—10 页。

模式"的问项中有 222 人表示非常赞同，89 人表示赞同，3 人表示不赞同，持赞同以上态度者达 97.8%，与对设置国家公园好处问项的赞成度一致，表明设置国家公园必要性显著，不失为解决遗产资源管理问题和实现自然遗产资源可持续发展的积极选择。

一　可持续发展之必要：建立新型发展伦理关系

从管理理念上看设置国家公园的必要性，调查结果显示，"生态为先、保护第一（LS）"问项中，LS1 项持非常赞同的为 250 人，赞同的 57 人，不赞同的为 4 人；LS2 项持非常赞同的为 248 人，赞同的 60 人，不赞同的 3 人；LS3 项持非常赞同的 258 人，赞同的 57 人；LS4 项持非常赞同的 250 人，赞同的 57 人，不赞同的 5 人；LS5 项持非常赞同的 253 人，赞同的 52 人，不赞同的 5 人（如图 3 - 13）。

"可持续利用（LX）"项中，LX1 表示非常赞同的 249 人，赞同的 57 人，不赞同的 3 人；LX2 中表示非常赞同的 258 人，赞同的 57 人；LX3 中表示非常赞同的 250 人，赞同的 57 人，不赞同的 3 人；LX4 和 LX5 中表示非常赞同的均为 252 人，赞同的 57 人，不赞同的 3 人（如图 3 - 14）。

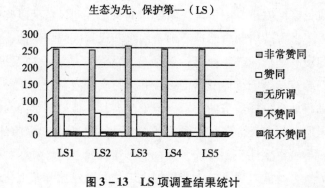

图 3 - 13　LS 项调查结果统计

图 3 - 13 和图 3 - 14 显示，在国家公园设置必要性的"管理理念"方面，公众对"生态为先、保护第一"（LS）和"可持续发展"（LX）持一致的观点，赞同度高，达 97.1%。所设置的选项一方面注重了保护生态，表达了以生态保护为主要目标的思想，另一方面表明可持续发展可为设置国家公园提供重要理论依据，同时，设置国家公园是自然遗产资源可持续发展的必需。

可持续利用（LX）

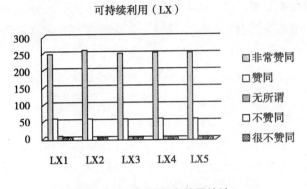

图 3 - 14　LX 项调查结果统计

（一）有利于协调保护与开发的关系

资源的永续利用和生态系统的可持续性的保持是人类持续发展的首要条件。[①] 在生态运动和环保主义社会思潮的推动下，可持续发展思想成为人类反思工业文明的发展观念。"九五"以来，保护环境列为我国的一项基本国策，"十五"期间国务院提出调整经济结构，遏制生态恶化趋势的任务，"十二五"期间国务院进一步将环境保护工作作为推进生态文明建设的根本措施，提出加快节约型、环境友好型社会建设的目标。建立新型的发展伦理关系，转变经济发展方式，走科学发展之路，成为关系我国可持续发展的重要战略。自然资源特别是遗产资源，是人类文明发展进程中的重要物质基础。遗产资源的利用必须符合兼顾整体利益和长远利益这一人类文明进化的伦理规范，这是人类文明可持续发展的需要。国家公园模式自其产生之日起，以生态保护为己任，着力协调保护与利用的关系，符合可持续发展的伦理规范，反映了对可持续发展的认识水平较高。建立国家公园有利于处理好诸如保护与开发、生态效益与经济效益、利益相关者之间以及人与自然之间的关系，对于建设生态家园、环境友好型社会具有重要意义。

在可持续发展思想指导下，将保护与开发有机结合起来，使人们对自然遗产资源的理解和管理产生了革命性的变化。保护生态环境和生物多样性安全，并将物种和生境保护寓于人类的生产和经营活动之中，适应社会经济发展的需要，才能够促进社会经济向着可持续的方向发展。如果将保护自然作为单一目的，把人排斥在自然之外，自然便成为"孤岛"，是一

---

① 王克敏：《经济伦理与可持续发展》，社会科学文献出版社 2000 年版，第 223 页。

种封闭式的保护，显然完全不符实际，更不合时宜。充分认识和发挥自然遗产资源的生态、社会、经济、科学、文化等多方面的价值和作用，真正理解保护与利用两者目标之间的关系，并将生物多样性保护与文化多样性保护结合起来，通过国家公园模式将资源保护与开发利用的矛盾关系转变为伙伴式的合作管理关系，才是自然遗产地管理的出路。

（二）有利于协调生态与经济效益的关系

自然遗产资源的公益性决定了遗产地管理理念及其管理使命，为正确处理全局利益与局部利益、短暂利益与长远利益、生态效益与经济效益之间的关系提供了思想保证。从图 3 – 13 和图 3 – 14 可知，公众较好地表达了自然遗产资源利用要重视生态效益并给予生态效益优先以制度安排的意愿。

传统意义上的发展，是指经济领域中的活动，其目标只是产值、利润的增长、物质财富的增加。发展中国家的经济发展水平不高，重视经济收益与增长，以解决遗产地内及周边人口的吃饭问题，在管理思想上忽视自然价值观，难以落实保护第一。诸如个别地方经济对利用遗产资源发展旅游业的依赖程度很高，影响资源配置政策，造成生态价值扭曲。然而，发展并不是一个经济现象，而是集科技、经济、社会、政治和文化，即社会生活一切方面的因素于一体的完整现象。[1] 发展目标的转变，必然要求资源利用必须从耗竭自然资源的"资本"向依赖自然资源的"利息"的战略性转变。[2] 正确处理生态效益、社会效益与经济效益之间的关系，眼睛不能仅仅盯住遗产资源的经济价值，还必须认识到这些资源内在的难以估量的文化价值及其面对开发和利用活动的脆弱性。这种脆弱性不仅仅表现在开发和利用活动很容易损害这些资源的价值，还在于这些价值难以估计，所以很难对保护目标做出具体规定，这正是定义管理目标的关键所在。[3] 国家公园系统是一个由自然、经济、社会等要素组成的复杂而完整的体系，达到生态、经济、社会效益兼顾协调是其设置的目的。国家公园设置和发展符合区域自然和社会持续发展的要求，国家公园设置和发展与

---

① 联合国教科文组织：《发展的新战略》，中国对外翻译出版公司 1990 年版，第 4 页。

② 叶峻：《社会生态经济协同发展论——可持续发展的战略创新》，安徽大学出版社 1999 年版，第 13 页。

③ 张昕竹：《自然文化遗产资源的管理体制与改革》，《数量经济技术经济研究》2000 年第 9 期，第 9 页。

地区生态、社会和经济发展有机结合，强调了生态效益的首要位置，有助于区域生态和谐关系的形成。

（三）有利于协调利益相关者之间的关系

自然遗产资源作为一种公共资源，利益相关者众多，且利益是相关者矛盾冲突的根源。当前，风景名胜区涨价风愈刮愈烈，成为百姓非议的话题，还景区全民所有性质的呼声不断，正是各方利益冲突与博弈的体现。显示调查，当前的自然遗产资源评价和使用更多地考虑部门利益，利益集团急功近利，而公众对建设国家公园抱以让更多的社区居民参与、体现全民福利等愿望，要求遗产资源管理能够反映社会整体效益和生态价值，充分考虑社区居民利益。

国家公园管理模式不仅尊重自然，而且关注人的需要，关注社区的发展，强调社区共管，充分体现了以人为本的思想。[①] 老百姓从社区共管中受益，从而激发他们参与自然保护的积极性。社区居民如果不能理解和接受因为环境保护而出台的针对本地居民的官方禁令[②]，自然保护的效果往往不佳，因此，在自然保护和利用中，社区居民利益必须得到充分重视，彻底评估人与公园之间的关系[③]，尊重社区居民获得收益的权利并提供解决途径，建立开放沟通的氛围，保证利益相关者的自愿参与，并且通过多数人的意见而非法律和政治手段强制决策。

国家公园强调全体国民享有自然遗产资源的公平福利，与可持续发展体现公平原则相同，表现为代际和代内利益相关者的公平，要求既不能忽视当代所有人的生活生产需求，也不能忽视资源的代际配置。在利益分配方面，要从不均衡分配，向更广泛分配的方向转变[④]，通过公平与共享，达到各方利益的协调。

---

① 曹志娟、叶文：《中国为什么要建国家公园》，《中国绿色时报》2008 年 9 月 24 日。

② Faasen H. and Watts S. , "Local community reaction to the 'no—take' policy'on fishing in the Tsitsikamma National Park", South Afric. *Ecological Economics*, Vol. 64, No. 1, 2007, pp. 36—46.

③ Stredes and Treue T. Beyond buffer zone protection: "A comparative study of park and buffer zone products' importance to villagers living inside Royal Chitwan National Park and to villagers living in its buffer zone". *Journal of Environmental Management*, Vol. 78, No. 3, 2006, pp. 251—267.

④ 叶峻：《社会生态经济协同发展论——可持续发展的战略创新》，安徽大学出版社 1999 年版，第 13 页。

（四）有利于协调人与自然的关系

自然遗产资源利用中存在的问题，本质上反映的是人与自然关系的矛盾，表明人与自然关系的处理方式不当。当前，大量的发展事例证明，人类对自然的干预超越了自然界的承受能力，对自然的利用超越了生态修复的极限，已经造成自然环境日益恶化，正威胁着人类自身的生存和发展。按照可持续发展的公平性原则，人与自然之间必须走出人类征服自然、改造自然的对立状态，建立人与自然之间的道德关系，建立并保持互惠共生的新型公平关系，倡导"天人合一"的理念。

国家公园的建设有利于人们在利用自然遗产时，着力克服负面效应，维护自然生态完整性，促进人与自然、人与人关系优化，采取一种无生态成本或低生态成本的利用方式，与生态文明价值观、伦理观、道德规范和行为准则相适应，实现生态、物质、精神、制度等多项文明成果；有利于建立一个协调人与人、人与地利益的机制，化解各遗产资源利益主体之间的矛盾，为自然遗产资源持续利用提供有效的规制和体制保障，通过社会生产力与自然生产力、经济再生产与自然再生产、经济系统与生态系统及"人化自然"与"未人化自然"等诸关系的和谐，保持自然资源质量和持续供应能力。

二　规范自然管理之必要：建立统一的准入标准

从管理机制上看设置国家公园的必要性，调查结果显示，"评价与准入机制（JR）"和"经营与监控机制（JY）"问项中，对 JR1、JR2、JR3、JR4 和 JR5，以及对 JY1、JY2、JY3、JY4 和 JY5 十项持非常赞同态度的均为 243 人，赞同的均为 57 人（如图 3-15、图 3-16）。"资金投入机制（JA）"项中，对 JA1 持非常赞同的为 230 人，赞同的为 59 人；对 JA2 和 JA3 项持非常赞同的均为 240 人，赞同的为 59 人；对 JA4 和 JA5 项持非常赞同的均为 243 人，赞同的均为 59 人（如图 3-17）。JR、JY 和 JA 三项的平均赞成度为 93.6%，表明人们对规范遗产管理、提高管理效率的期望以及国家公园建设对实现此目的所起作用的肯定态度。

（一）有利于建立统一的准入标准

空间分割及孤立化、破碎化，是我国自然文化遗产地面临的核心问题

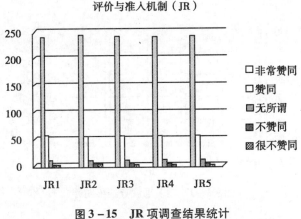

图 3 - 15 JR 项调查结果统计

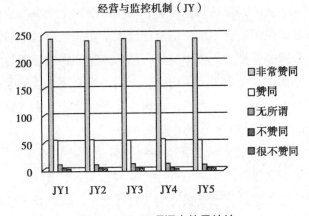

图 3 - 16 JY 项调查结果统计

之一。① 诸如，自然保护区依行政地理设置造成了自然保护区的破碎化②；风景名胜区工作多为具体资源点的建设规划与管理，较少区域角度的战略研究，更缺乏相应的目标、措施、实施计划与方法，发展工作限于局部，零散而被动③；我国森林生态网络体系孤立、分散、规模小；地质遗迹资源研究不足，情况不清，保护区数量少，有价值的资源尚未得到保护等。

　　因此，在管理技术方面，中国各类遗产公园亟须建立一套表达正确管

---

　　① 刘海龙、杨锐：《对构建中国自然文化遗产地整合保护网络的思考》，《中国园林》2009年第 1 期，第 24 页。

　　② 王玉山、李吴翔：《中国自然保护区的布局问题》，《环境保护》2003 年第 5 期，第 19—21 页。

　　③ 陈涛、沈一：《风景名胜体系探索》，《四川建筑》2005 年第 9 期，第 10—14 页。

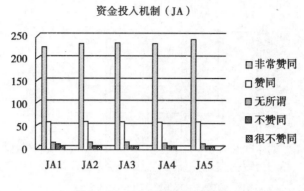

图 3 - 17　JA 项调查结果统计

理理念的准入标准，为规范管理提供基础保障。通过建设国家公园统一不同类型遗产地，从规划到监管一统化，不仅有助于全面提高地域利用价值和效率，减少因公园设置不统一造成的资源浪费和效率低下问题，而且标准化的国家公园建立模式，可以使现行的自然遗产资源管理与发展模式由粗放和低水平向精细化和高水平转变，不同类型公园通过标准化的统一管理，实现遗产地持续发展，为维护区域生态系统和谐提供重要保证。

（二）有利于推进科学的分类管理

我国幅员辽阔、地理环境复杂多样，造就了我国自然遗产地类型丰富、数量众多、自然与文化和谐共生、多样性高、价值突出等鲜明特征。这既是优势，也是造成管理交错混杂的原因之一。目前我国自然遗产地体系的分级、分类管理标准不一，界定交叉，资源保护与利用的区分界线模糊，很难从管理目标、检查标准和管理内容上采取有针对性的管理方式，更无法与 IUCN 保护区管理类别体系对接。

比较世界生态环境保护和开发的多种模式，国家公园被证明是促进生态环境保护与地方经济发展行之有效的管理模式，为我国平衡自然资源保护和旅游资源开发提供了参照经验。

在国家公园体系框架内实施分类管理，是解决我国自然遗产地管理现存问题的一个重要手段。实施分类管理就是通过对某一自然遗产地进行同尺度及跨尺度比较，分析其处于地区、国家甚至世界范围的地位，科学地认定自然遗产的核心价值，进而进行具体的分区、分类和分级，明确各遗产地主体在保护和利用管理中的责任、权利和义务，从而实现我国自然遗产地管理科学规范、有序有效。

（三）有利于规范规划建设

构建切合中国实际的规划建设规范，有效处理保护与利用关系，迫在眉睫。美国国家公园的用地管理分区制度、公众参与、环境影响评价、总体管理规划—实施计划—年度报告三级规划决策体系，为建立和完善遗产保护管理规范、指南、制度和其他政策性文件提供了可借鉴的经验。

国家公园的设置标准、管理流程以及监管机制的规范，符合生态系统稳定和可持续发展的目标，有利于区域生态按照系统发展的规律和自然界的要求协同演化，最终获得自然界生态的保护与人类发展协同发展的态势。所以，建立国家公园管理模式也是规范自然遗产地管理、提高规划建设水平、保护自然生态和社会生态和谐的必须。

三　消除制度弊端之必要：建立中央统管的体制与机制

现行自然遗产地管理失效、保护与利用关系处理偏差，集中反映了政府遗产资源制度安排的弊端。从管理体制上看设置国家公园的必要性，调查结果显示，"建立中央集权管理机构（TG）"项中，TG1、TG2、TG3 中表示非常赞同的均为 258 人，表示赞同的 57 人；TG4、TG5 和 TG6 中表示非常赞同的 243 人，赞同的 57 人。"建立统一规范的管理体制（TS）"项中，对 TS1、TS2、TS3、TS4 和 TS5 持非常赞同的均为 243 人，赞同的均为 57 人（如图 3 - 18、图 3 - 19）。TG 和 TS 二项的平均赞成度为 95.6%，表明人们对通过建立国家公园解决现行遗产地管理制度弊端持肯定意见。

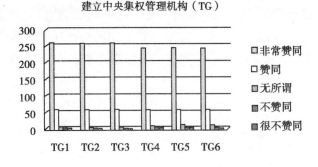

图 3 - 18　TG 项调查结果统计

党的十八大报告提出要把制度建设摆在突出位置，建立国土空间开发保护、环境保护等制度，为改革和完善中国自然遗产地管理制度提供了契机。世界自然保护运动及其国家公园发展的历史证明，国家公园模式是一

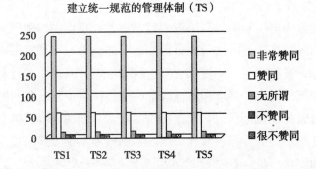

图 3-19　TS 项调查结果统计

种从体制根源上处理保护与利用矛盾的有效方法，对于解决我国现行自然遗产地管理中多重目标、多重管理、赢利性企业化经营等问题具有现实意义。

从调查结果上看，公众认为中国有必要统一自然遗产管理使命和目标，强化国家统一管理职能，需要建立中央集权管理机构和统一规范的管理体制。从理论上分析，应用重复博弈理论对中央统管的国家公园管理体制进行制度伦理和博弈分析，结果表明中国自然遗产地管理采用国家公园模式的理论依据也是充分的。

四　发展绿色旅游之必要：倡导新型的生产和消费观念

（一）有利于开发绿色旅游产品

人类的生产和消费活动均要以消耗物质和能力为代价，随着生产和消费规模的扩大，资源消耗和污染也必然增加。调查问卷中人们对 LC 和 TD 问项评价的数据，也验证了当前的自然遗产资源开发属于一种高消耗资源的行为。

在此背景之下，一种以绿色为标识的生产和消费理念应运而生。"绿色"是人与自然、社会经济、生态环境和谐关系的象征，更是一种经营理念和行为哲学。旅游资源绿色开发和开发绿色旅游产品，反映人与自然的友好合作和天—地—人和谐共处的亲密关系，是一种最大限度地借助于自然力的最少设计，一种基于自然系统自我有机更新能力的再生设计。[1]

---

[1]　John Tillman Lyle, *Regenerative Design for Sustainable Development*. New York：John Wiley. 1994，p. 10.

绿色开发是体现人与自然生态关系的生态行为。

根据美国社会心理学家勒温提出的行为公式：

$$B = f\ (P \cdot E)$$

（式中 B 为人的行为，P 为个体变量，E 为环境变量，f 表示 P 与 E 的内在联系，即行为 B 是人 P 和环境 E 的函数）

人的行为是个体与环境交互作用的结果，因此，人的行为必须遵循人与环境相互作用和相互发展的规律。[①] 随着中国旅游热，特别是回归自然的遗产旅游的兴起，开发者和经营者无论是出于满足经济效益的目的，还是出于满足游客体验自然需求的目的，均必须树立绿色开发、绿色生产的意识。国家公园依照其设立的宗旨和任务，要求发生在公园内的所有人类行为必须是生态行为，包括生产和旅游消费活动。国家公园的设置必须着力于解决目前自然遗产资源开发利用的非绿色行为。

（二）有利于开展生态游憩活动

随着社会文明的进步，一些西方国家将闲暇视为与工作一样重要的人生组成部分，将闲暇生活与休闲产业的良性运行视为社会富有的一个标志[②]，游憩摆脱了少数人"专享"状态而呈现出"大众化"的趋势[③]。各类自然遗产地成为休闲产业兴起的承载物。然而，休闲产业如果只是一种满足人们快乐与幸福、以人为本的经济现象[④]，大众化的游憩活动势必会产生伤害为休闲活动提供资源条件的自然环境的行为方式。目前，大众旅游行为伤害自然环境的案例非常多。

依照勒温公式所揭示的行为规律，人类的游乐活动必须符合环境生态伦理。国家公园的主要功能之一就是提供游憩活动，满足人们的游憩需求，但是，国家公园的旅游行为必须是生态游憩活动，国家公园管理者和经营者必须激发人的生态动机，引导人的生态行为自觉和生态文明意识。游客在与大自然密切接触时遵循生态原则、恪守环保理念，是一种实现自然保护、利用、增值的良性循环的旅游活动，其

---

① 叶峻：《社会生态经济协同发展论－可持续发展的战略创新》，安徽大学出版社 1999 年版，第 13 页。

② Patmore J. A, *Recreation and Resource*. Oxford：Basil Blackwell，1983，p. 3.

③ 王钰：《人居环境视野中的游憩理论与发展战略研究》，中国建筑工业出版社 2009 年版，第 4 页。

④ 同上。

本质是"绿色旅游，感受文明"。国家公园和生态旅游拥有共同的终极目标，即游憩教育、环境保护和社会发展，国家公园是实现生态旅游目标的载体。[①]

对开发经营者而言，要重视协调户外游憩与自然资源间的相互关系，努力减低游憩设施规划设置与游憩活动所产生的环境冲击。在公园生态建设中，自然保护区和天然林保护工程建设既要起到保护和改善区域生态质量的作用，还要创建出新的自然景观，使用游憩冲击效应监测技术，监控公园游憩行为的影响。生态游憩项目设计和产品组织应当强调人的精神活动，突出生态游憩保健性、观赏性和知识性的特点，寓管理于服务，寓教于游。公园导游和管理人员充当宣传环境意识、传播生态知识教师的角色，开展游客生态保育与环境管理的素养教育，引导游客依照生态、健康的方式开展游憩活动。这样，国家公园就真正成为宣传生态文明、推广绿色思想的课堂，实现其设置的宗旨。

五　国际交流合作之必要：促进世界生态保护事业发展

（一）有利于学习借鉴国际先进管理经验

回顾世界国家公园运动的百余年历史，可以清楚地得知，国家公园是一个在不断发展和丰富的概念。伴随着国家公园由一国发展至225个国家和地区，人们最初对国家公园名称、内涵标准、管理机构等诸多方面的混乱认识，逐渐趋于统一，国家公园由最初的单一概念发展成为"国家公园与保护区体系""世界遗产""生物圈保护区"等相关概念，人类遗产保护由国家意义发展为具有世界意义，由国家行动走向国际合作，积累了许多可资借鉴的管理经验。

思想认识方面，保护对象从视觉景观保护走向生物多样性保护；保护方法从消极保护走向积极保护；保护力量从政府一方走向多方参与；空间结构从散点状走向网络状。[②]

国外非常重视对国家公园的保护性规划。规划理论与方法方面，形成了"可接受的改变极限"（LAC理论）、"游憩机会类别"（ROS技

---

① 周珍、叶文等：《基于供需视角的国家公园与生态旅游关系研究》，《旅游研究》2009年第5期，第58页。

② 杨锐：《试论世界国家运动的发展趋势》，《中国园林》2003年第7期，第10—15页。

术）、"游客体验与资源保护"（VERP 方法）、"基地保护规划"（SCP
技术）、"市场细分"（Market Segment）、"分区规划"（Zoning 技术）以
及"环境影响评价"（ELA）等具体技术方法。IUCN 的"保护区系统
规划"指导文件，强调最佳保护区系统的设计，倡导国际合作和联合保
护行动，尤其是建立跨界保护区（transboundary reserve），还强调发挥
大众教育方面的作用。"世界生物圈保护区网络"着力建立国际间开展
科研监测、教育培训、信息交流等方面合作的网络。美国国家公园规划
分四类，即综合管理规划、战略规划、专项行动计划（如野生动物保
护、生物多样性保护等行动计划）、公园年度计划，形成了完整的规划
系统。

　　可见，发达国家对自然和文化遗产的保护与发展探索时间长，取得了
很多的经验，而中国遗产保护事业起步较晚，较世界先进国家有很大差
距。中国遗产保护事业是世界遗产保护事业的重要组成部分，学习和借鉴
各国遗产保护经验和国家公园发展与管理的经验，也是中国遗产保护事业
的重要内容。建立中国国家公园体系，有利于与世界国家公园体系实现对
接，在生态多样性保护、物种保护、生态游憩产品开发、管理技术和手
段、管理人才培训、科普宣传教育等方面，开展世界交流与合作，促进中
国自然遗产保护和开发走向科学合理。

　　（二）有利于探索中国特色国家公园模式

　　中国必须建设国家公园管理制度，但不能完全照搬美国的模式，因为
中国自然遗产地具有空间类型多样、土地权属复杂、利益主体多元交错、
自然与人文景观交融、遗产地影响因素复杂等特殊性，因此管理制度的定
位与设计、管理法规的制定、管理机构的设置、保护开发模式的设定均有
其自身的要求。

　　1. 我国政体和国情与美国不同。比如，我国风景名胜区平均面积比
美国国家公园小，但人口密度大是美国平均人口密度的 2.27 倍；景区经
济来源为门票收入，靠的是"以山养山"模式；美国国家公园由联邦政
府直接管理，而中国景区由中央部门与地方政府双重领导，且以地方政府
为主。

　　2. 美国模式并非完美，也有不尽人意之处。美国国家公园的发展虽
然经历 140 多年，取得了很大成就，但在经济发展与资源保护、公园属国
家公益事业还是私营盈利组织之间还有博弈，仍然存在如资金严重短缺、

人力资源严重不足、环境破坏严重等问题。①

3. 立足本国的实际是其他国家建设国家公园的经验。例如，加拿大国家公园事业属于公益事业的性质，公园年接待游客量是全国国内游客量的7%—8%，在整体国民旅游中的地位不突出，因此，加拿大采用中央垂直管理型的国家公园体制。英国、日本、韩国和我国台湾省的"国家公园"制度也与美国相近。但是，中国的风景名胜区是中国旅游业发展的重要载体，虽是国家公共资源，其全民科普、教育、共享的公益性质并未得到充分体现。

中国探索建立具有中国特色的自然遗产地管理模式和国家公园建设模式，至少应当在六个方面做出选择和努力：是中央垂直管理的统一国家公园系统还是中央垂直管理与属地管理并存；如何引入市场机制保护和开发资源，以实现资源的有效配置，实行旅游经济与科研教育、爱国教育、动植物多样性生态保护等功能协同发展；如何拓宽资金来源渠道，解决管理资金瓶颈；现代信息技术如三维技术等，如何与自然遗产资源保护和利用相结合，以及与生态教育活动相结合；建立怎样的非营利组织和接受募捐的法规，如何对非营利组织实行有效管理和监督，并通过非营利组织吸引社会募捐和志愿者，有效组织社会力量，达到既降低景区的人力资源成本，又获取社会资金支持；如何发挥自然遗产地的教育功能，增强全社会广泛的环保意识，增进遗产地社会公益事业的性质。

由此，中国特色的国家公园体系便将当前的风景名胜区、自然保护区、森林公园、地质公园、文物保护单位等资源纳入一个体系，由一个更高层次的专门权威机构管理。该模式从根本上消除多头管理和多重管理的根源，能够主导管理规章制度、规范标准的制订和执行，规范地方政府的行为，确保生态效益为先。有效监督经营管理过程，能够反映和协调相关利益主体需求，实现自然遗产资源的长久保值和增值，实现资源的可持续发展。

（三）有利于丰富世界国家公园管理理论

中国是自然遗产资源大国，虽然至今还没有建立国家公园，但在发展自然保护区、风景名胜区事业中，也积累了一定的经验和成就，特别是在

---

① 韦夏禅：《美国国家公园制度现状研究与思考》，《桂林旅游高等专科学校学报》2003 年第 6 期，第 96—102 页。

可持续发展的指导下，中国以负责任大国的形象坚持走一条统筹生态效益、社会效益和经济效益的科学发展道路。中国有充分的理由和责任，为世界遗产管理实践和理论创新做出贡献。

在生态文明发展进程中，中国不乏贡献于世界文明的实践和理论，如天人合一、道法自然等理念。进入21世纪，中国在国家公园的科学研究和管理方面有条件和信心，在日益增强的国家经济实力和日益提高的科学技术的支持下，在自然遗产管理使命、科学文化价值、遗产管理制度、遗产经济功能、遗产产业经营以及教育教学服务等诸多领域，发展和丰富了世界国家公园管理理论。

第四节　设置国家公园的可行性分析

一　国家公园模式的先进性和适用性

国家公园制度被认为是一种资源保护与开发利用实现双赢的先进管理模式，是让生态环境与旅游消费达到共存的国际惯例和普遍适用的规律。① 产生于美国的国家公园的思想和体系，作为一种理念和制度之所以被全世界普遍接受，并发展成为一场世界国家公园运动，衍生出"世界遗产"等概念，说明其自然保护的思想具有普世价值。这一普世价值不因政治制度、经济发展水平不同而被不同国家忽视，因为国家公园模式表达的是全人类从自身长远利益出发，保护自然的完整性与多样性的理想，践行的是确保自然资源使用的公平性及生态的可持续发展。

无论从管理理念还是资源保护与利用的管理实践上分析，国家公园管理模式均具有其先进性。从管理理念上分析，重视和强化保护责任，兼顾保护与利用、协同开发与管理的战略，符合自然生态与人文生态、社区居民及其生活环境多方利益，符合人们回归自然、探索自然、观赏美景、认知和体验生态环境的需求，符合促进当地社会经济发展和社区受益的要求，体现了"生态优先""以人为本"的生态保护理念，与可持续发展理论的本质内涵相一致。

---

① 林洪岱：《国家公园制度在我国的战略可行性（一）》，《中国旅游报》2009年2月2日第7版。

从保护与利用关系协调机制上分析，它是可持续发展与保护的最优化的管理体制。由高层级的政府来主导建立，管理规范、管理体系隶属关系清晰，具有操作性，以实现环境保护与资源开发的协调互补为目的，这样的特质使这一制度行之有效、普遍适用，也具备了在中国实行的可行性。

可见，国家公园模式的确比其他自然保护形式，或某种公园建设形式更先进、更全面、更适用，既体现了制度的价值选择和价值取向，蕴涵一定伦理追求、道德原则和价值判断，[①] 又体现了自然管理原理和管理模式的要求。

二　中国自然遗产地保护成就和管理基础

中国幅员辽阔，自然地理条件和气候变化多样，动植物资源丰富，珍奇物种、森林、草原、水域、湿地、荒漠、海涂等各种生态系统类型齐全，且还有众多自然历史遗迹和文化遗产纪念物，为中国建立国家公园奠定了良好的资源条件和基础。我国可依据不同典型的自然地带环境和生态系统，作为自然保护对象分别建园，形成公园体系。

我国自然保护区经历半个多世纪的发展，数量面积快速增长，初步形成了较为完整的保护体系。从保护区的形成、建设以及不断发展扩大的过程来看，各个部门为了使保护区各种资源不受到因人类过度开发、防止造成资源匮乏和生物演化逆行等问题，采取了一些必要的规划和措施。

目前我国在不同的自然保护带建立的不同类型的公园和风景区，例如国家矿山公园、国家森林公园、国家水利风景区以及国家地质公园等，各类保护区的面积和数量已经呈现逐步增长的态势。各种类型公园的组建，从论证过程到管理机制和管理方法，都能够为国家公园建设实践和理论研究提供依据和经验，奠定了国家公园顺利发展的必要条件。2006 年我国最早的香格里拉国家公园试运行，新疆、黑龙江等地也开始建立以保护区为单位的国家公园试点区。不同类型公园的实践试点和相关理论研究为国家公园的规划建设和规范运行提供了良好的基础。

中国的社会制度有利于以国家的名义保护自然资源，通过发挥政府的主导力量，组合政策、资金、管理人才等优势，集中财力、物力等力量建设国家公园，为经济发展与生态保护双赢保驾护航，并发挥自然资源作为

---

① 郑石桥、马新智：《管理制度设计理论与方法》，经济科学出版社 2004 年版，第 111 页。

公共物品所具有的公众欣赏特征，培养公众的国家意识。

三　社会发展要求和国家的支持实力

改革开放 30 年多来，我国经济发展充满活力，科技教育不断发展，综合国力不断增强，提高了国家层面上的资金支持实力。2011 年，中国国内生产总值达到 47.1564 亿元，同比增长 9.2%，成为世界第二大经济体。随着我国人口素质的不断提高和积极构建扩大内需长效机制的落实，旅游、商贸等生活性服务业不断创新发展，城乡居民消费能力不断增强，绿色低碳的生产方式和消费模式得到大力的倡导。特别是随着科学发展观的不断深入贯彻，构建资源节约型和环境友好型社会步伐进一步加快，资源可持续利用和生态安全得到国家和各级政府的高度重视，国家投入的自然保护资金逐步加大，各地对自然资源的资金投入也将随之加大并得到落实，由此，国家公园建设和发展所需的资金支持将得到有效落实。党的十八届三中全会明确提出建立国家公园制度，由此创新中国自然遗产管理模式提上了议事日程。

四　科技发展与管理进步

创新型国家建设推进了我国科研水平的提高，对外科研交流合作也日益增多，随之涌现出一批具有重大国际影响的科技创新成果，如环境监测、大气污染控制、土壤修复等关键技术，以及气象、地震、洪涝等大型自然灾害的监测和预报系统，提高了我国自然资源管理水平，为开展生态环境保护、生态环境影响评价、生态保育、防灾减灾以及生态旅游规划、生态游憩活动等提供技术保障，具备了国家公园建设的技术条件。

国家公园建设必将带来自然资源管理的改革。改革必然触及既得利益者，导致利益的重新分配。改革的阻力不可避免，但是创建国家公园制度是全社会共同利益的体现，是为后代利益而严格保护遗产原真性共同意志的表达，符合全民整体利益，也符合创新管理制度和管理方法以适应中国社会发展需要的战略要求。改革开放以来，中国以开放合作的姿态，加强与世界各种文明开展交流和对话，借鉴并吸收人类文明成果，在建设实践中立足国情发展了管理理论，促进了中国管理进步。管理进步不仅为科技发展提供了保障，而且有效地组织调动和提高了国民参与遗产资源保护的积极性，国民整体思想素质和环境意识日益增强，保护自然正在成为全体公民的共同行为。

　　综上所述，国家公园作为自然保护的一种重要形式，是生态文明发展进程中能够解决中国当前自然遗产地管理问题的有效方式，必将推动中国自然保护事业迈上新的台阶。国家公园不仅仅是将自然遗产资源纳入管理范畴这么简单的问题，而且是一个承载着国家核心价值观、理念、意志、政治、文化、形象和影响力等诸多要素的综合体，国家公园的设置反映了国家的资源发展战略，涵盖了一个国家遗产资源管理理念和管理方式的价值判断、管理制度安排的政治文明水平、生态伦理道德及人与自然和谐共生的关系、纵向传承创新和横向选择吸纳的能力。自然遗产资源"保护与公益"的核心使命，给予了国家公园以特殊的法律地位。因此，建立国家公园这一自然资源管理模式，构建的是国家的政治价值观和文化价值观，体现的是国家可持续发展的意志和软实力，是推进生态文明建设的需要。同时，必须建立中央政府统一管理的体制和制度设计，确立国家公园利益相关主体的长期契约，促进利益主体的重复博弈，以利于实现契约体中不同主体之间的利益协同和均衡。在重复博弈中，中央政府和地方政府之间会形成制约和监督机制，地方政府考虑国家的总体战略来实现自身利益最大化，在博弈过程中通过中央政府的合理补偿获得满足，中央政府的遗产资源管理目标也会得以实现。因此，中国自然遗产资源管理必须建立国家公园模式，且应执行中央政府集中统一管理的体制，才能发挥国家公园的利益最大化和管理效率最优化。

第四章 中国国家公园的设置标准

相关文献显示，目前国内有个别管理部门和学者认为中国风景名胜区就是中国的国家公园，也有的认为森林公园或地质公园等公园属于中国国家公园的一种。表明人们并未真正搞清楚国家公园的本质内涵和必要条件，尤其是面对我国当前处于转型期的社会现实以及旅游资源全面开发转化和旅游经济快速发展的形势，管理理念不统一加剧了人们认识和行动的差异化，各部门所制定的各类自然遗产地的定义和宗旨、概念模糊不一，无法提供统一和准确的答案，管理实践也与国家公园管理模式相距甚远。本研究认为，严格来讲，中国大陆尚没有一座真正意义上的国家公园。目前中国的国家公园实际上主要建立在台湾地区，至 2009 年已建有 8 处，而在中国大陆只有云南省按照省级的国家公园标准建立的香格里拉普达措国家公园和尚在试点中的黑龙江汤旺河国家公园。目前建成的风景名胜区、森林公园、地质公园、湿地公园、水利风景区以及矿山公园主要是为旅游利用之目的，或者是在旅游发展形势影响下，受经济利益驱动大幅增加了开发利用的成分。本书第三章研究表明，中国有必要借鉴世界国家公园发展的历史经验，走一条具有中国特色的自然保护之路，加快建立中国国家公园，并确定中国国家公园的性质和宗旨，据此研究一套中国国家公园的设置标准。

针对现阶段我国旅游规划重应用轻理论、尚未形成科学完整的自然遗产资源评价体系的现状，本研究的设置标准设计采取文献比较提取、专家咨询和公众问卷调查相结合的方法，通过借鉴国外代表性国家公园建设标准和研读中国国家级遗产地现行评审（评估）标准及其执行情况，提炼能够体现各类自然遗产地共同特点、实现统一各类遗产地准入标准目的的评价因子，并依据专家意见，利用层次分析法和因子分析法，确立评价因子的相对重要性次序，计算出每一层次各个因子的权值，进而构建一套兼具普遍性和特殊性，并具有一定代表性、规范性、行之有效的中国国家公园设置标准。

第一节　中国国家公园性质、宗旨与设置原则

一　中外国家公园和自然遗产地性质与宗旨评析

（一）中外国家公园和自然遗产地性质与宗旨的内涵

综合中外国家公园（中国国家级遗产地）现行的各种定义和评价标准可知，国家公园并无统一的准入标准。虽然世界自然资源保护联盟（以下简称 IUCN）为了制定统一的统计口径以利于国际交流，提出了设立国家公园的三大标准，但在许多文件和生物多样性公约中，IUCN 都鼓励各国根据本国实际，设计与之相适应的保护区分类系统。本研究选择具有代表性的 IUCN 以及美洲的美国、加拿大，欧洲的挪威、俄罗斯，亚洲的日本、韩国等国家的国家公园为重点，对照中国国家级遗产地，分析和比较了中外国家公园（中国国家级遗产地）的定义、设置宗旨和条件以及评价标准。表 4 - 1 和表 4 - 2 表明各国设立国家公园时体现了各自的自然资源特征以及对国家公园理解上的差异，表述也不尽相同。表 4 - 3 显示，国家公园以自然生态系统（或称为资源、景观）为其承载内容，其目的主要是保护自然免遭破坏、维护完整性和原始状态，主要功能是保护前提下的公众游憩和环境教育。各种定义与概念设置主要围绕资源、保护、利用、管理四个方面，界定了国家公园的意义、属性、宗旨、功能、保护、设置条件、规模、管理权限等内容，强调了国家公园兼具尊重"大自然权利"和"公民游憩权"的理念即保护与利用关系的内涵。中国各类国家级遗产地基本内涵也在一定程度上反映了这一实质，但侧重点在后者。评价要素主要体现在：（1）资源的国家意义、典型性、完整性、特殊价值和面积范围；（2）国家属性与人民福祉；（3）保护行为与管理权属；（4）游憩、环境教育等功能。

1. 国家意义：在国家层面上处理保护与利用之间的关系

大自然权利与公众游憩权是一对很难协调的矛盾。如何做到既严格保护又适度利用，是自然保护的重要命题。中外国家公园（中国国家级遗产地）各种定义和设置宗旨的内涵分析表明，全球正致力于协调自然资源保护与利用的矛盾，尽管人类在自然遗产保护和利用方面存在许多问

表 4-1　国外代表性国家公园的定义与设置宗旨和条件

组织或国家	定义	设置宗旨	设置条件（标准）
IUCN	具有国家意义的公众自然遗产公园，它是为人类福祉与享受而划定，面积足以维持特定自然生态系统，由国家最高权力机关行使管理权，一切可能的破坏行为都受到阻止或予以取缔，游客需以游憩、观光、教育、陶冶为目的的并得到批准。	为人类福祉与享受而划定，阻止或取缔一切可能的破坏行为，满足游客以游憩、教育和文化陶冶的目的。	1. 保护标准：不仅应有名义上的保护章程，而且应有实际的保护措施，既要落实人员，又要落实资金。公园所在地人口密度低于 50 人/km² 时，每万公顷保护地至少有 1 名专职管理和监护人员，每 400km² 管理和监护费用不低于 50 美元；公园所在地区的人口密度高于 50 人/km² 时，每 4000km² 至少应有 1 名专职人员，每 500km，费用不低于 100 美元。 2. 面积标准：受保护地带面积不少于 1000km²，不包括管理用建筑和旅游区，岛屿及特殊生物保护区不受此限。 3. 开发标准：一切存在资源开发的地带不予统计，开矿、伐木或其他植物收获、动物捕获，水坝修筑或水利等都视为开发活动。
美国国家公园	为了人们利益和欣赏目的的大众公园或休闲地。	为了人民的福祉与享受，保护并防止破坏或损坏，保护所有林木、矿藏、自然遗产，保护公园里的奇景，保持公园的自然状态。	1. 具有全国意义的自然、文化或欣赏价值的资源： （1）是杰出的特殊资源类型的著名范例； （2）在说明和表达国家遗产的特征方面有突出的价值和质量； （3）能为公众利用、游览、欣赏或科学研究提供最多机会； （4）真实准确地保持了高度完整性，并保持了与此相关的资源例证。 2. 具有加入国家公园系统的适宜性： 一个区域必须能代表一个自然或文化主题，或一种娱乐资源类型，在国家公园系统中代表类性不足，或没有被其他土地经营实体充分保护起来用于公众娱乐。 3. 具有加入国家公园系统的可行性： （1）若某区域的自然系统（布局）历史背景必须具有必要的规模和适当的结构（布局），以保证对资源长期有效的保护并符合公众利用的要求。 （2）在财政或许可的条件下，必须具备在适当成本水平上维持高效率管理的潜力，包括土地使用权，购买土地费用、交通状况、资源遭受的威胁，成本核算，管理员工数量和开发要求等因素。

续表

组织或国家	定义	设置宗旨	设置条件（标准）
加拿大国家公园	以"典型自然景观区域"为主体，是加拿大人世代表得享受、接受教育，进行娱乐和欣赏的地方。	为了加拿大人民的利益、教育和娱乐而服务于加拿大人民，国家公园应该得到很好的利用和管理以使下一代使用时没有遭到破坏。	1. 具有重要性的自然区域 野生动物、地质、植被和地形具有区域代表性，人类影响最小，充分考虑到野生动物活动的范围。 2. 土地权属 土地权属是国家所有；与当地省政府已达成协议，认为将土地划归到国家公园是合适的。 3. 开发状态 是否存在或潜在的构成对该区域自然环境威胁的因素；土著人对该区域的开发利用程度；该区域的开发利用程度；已有国家公园的地理分布状况。 4. 利用功能 以保护为目的，为公众提供旅游机会。
俄罗斯国家公园	是具有特殊生态价值、历史价值和美学价值的自然资源，并可用于环保、教育、科研和文化目的及开展限制性旅游活动的区域和自然生态教育和自然科学研究机构。	维护园内自然资源以及独特的和标准的自然地貌和自然客体；维护园内的文化历史设施；对居民进行生态教育，为开展限制性旅游和休息创造条件；研究和推广自然保护和生态教育的科学方法；进行生态监测；修复遭破坏的自然资源和文化设施。	1. 自然资源 具有特殊生态价值、历史价值和美学价值； 2. 土地权属 国家公园是联邦政府独有财产，公园边界内、公园土地如果有其他使用者和所有者，则用联邦预算和其他来源购买这些土地； 3. 利用标准 休闲区内开展文娱、体育、旅游活动，设置博物馆和信息中心，不以盈利为目的； 4. 保护标准 应用科学的方法保护公园的自然状态，保护区禁止任何经济活动和可能破坏自然遗产的植物群和动物群，文化和历史遗址的利用和行为。

续表

组织或国家	定义	设置宗旨	设置条件（标准）
挪威国家公园	指面积较大、未过多受到人类破坏的乡村区域，通常为国家所有。	严格保护乡村的物种多样性，使某些特殊的乡村传统类型的人类活动和其他行为遭到破坏，免遭徒步旅行户外活动的破坏，有利于自然和人类自身的福利。	1. 位于乡村的、未过多受到人类行为破坏的、脆弱的生态环境与珍惜动植物栖息地和保留地； 2. 独特的、景色优美的自然区域； 3. 面积范围较大； 4. 国家拥有土地权。
日本国家公园	指全国范围内规模最大并且自然风光秀丽、生态系统完整、有命名价值及著名的国家风景及著名的生态系统。	保护风景区和生态系统，促进其利用，发挥户外旅游和对公众进行环境教育。	1. 规模面积：有超过20平方公里的核心景区； 2. 开发状态：核心景区保持着原始景观，具有特殊科学教育娱乐等功能； 3. 利用功能：有若干生态系统未因人类开发和占有而发生显著变化、动植物种类及地质、地形、地貌；具有特殊科学、教育、娱乐等功能。
韩国自然公园	指可以代表韩国自然生态界或自然文化景观的地区。	保护代表性的自然风景地，扩大国民的利用率，为保健休养及提高生活情趣做出贡献。	1. 面积标准：依据代表性分为国立公园、道立公园和郡立公园三种规模； 2. 保护标准：保护国家的自然环境； 3. 开发标准：不允许破坏原有自然环境； 4. 利用功能：开展启蒙教育及宣传活动。

表4-2　中国各类国家级遗产地的定义与设置宗旨和条件

类型	定义	设置宗旨	设置条件（标准）	分等定级及其条件
国家自然保护区	是指对有代表性的自然生态系统、珍稀濒危野生动植物物种的天然集中分布区、有特殊意义的自然遗迹等保护对象所在的陆地、陆地水体或者海域，依法划出一定面积予以特殊保护和管理的区域。	保护自然环境和自然资源，科学研究，宣传教育，珍稀动植物培养繁殖，生态演替和环境监测，生物多样性，涵养水源和净化空气，生产利用，参观游览。	1. 典型的自然生态系统、有代表性的自然生态系统区域及已经遭受破坏但经保护能够恢复同类自然生态系统区域； 2. 珍稀、濒危野生动植物种的天然集中分布区域； 3. 具有特殊保护价值的海域、海岸、岛屿、湿地、内陆水域、森林、草原和荒漠； 4. 具有重大科学文化价值的地质构造、著名溶洞、化石分布区、冰川、火山、温泉等自然遗迹； 5. 经国务院或者省、自治区、直辖市人民政府批准，需要予以特殊保护的其他自然区域。	分为国家级和地方级。 国家级：在全国内外有典型意义、在科学上有重大国际影响或者有特殊科学研究价值的自然保护区。 地方级：其他具有典型意义或者重要科学研究价值的自然保护区。
国家风景名胜区	指具有观赏、文化或者科学价值，自然景观、人文景观比较集中，环境优美，可供人们游览或者进行科学、文化活动的区域。	保护风景名胜资源，维护自然生态平衡，供人们游览观赏或者进行科学、文化活动。	自然景观和人文景观能够反映重要自然变化过程和重大历史文化发展过程，基本处于自然状态或者保持历史原貌，具有国家代表性的，可以设立国家级风景名胜区；具有区域代表性的，可以设立省级风景名胜区。	1. 按重要性分为： 国家级：具有重要的观赏、文化或科学价值，国内外著名，规模较大。景观独特，国内有名。 省级：具有一定观赏、文化或科学价值，有一定规模和设施条件，在省内有影响。 市级：具有一定观赏、文化或科学价值，环境优美，规模较小，设施简单，以接待本地区游人为主。 2. 按用地规模分为： 小型风景区（20km²以下）； 中型风景区（21—100km²）； 大型风景区（101—500km²）； 特大型风景区（500km²以上）。

续表

类型	定义	设置宗旨	设置条件（标准）	分等定级及其条件
国家地质公园	以具有特殊的科学意义、稀有的自然属性、优雅的美学观赏价值，具有一定规模和分布范围的地质遗迹景观为主体，融合自然景观与人文景观并具有生态、历史和文化价值，保护地质遗迹，为人们提供具有较高科学品味的观光旅游、度假休闲、保健疗养、科学教育、文化娱乐的场所。	保护地质遗迹，保护自然环境；普及地球科学知识，促进公众旅游活动，开展旅游活动，促进地方经济、社会、文化和环境可持续发展。	1. 具有国际或国内大区域地层（构造）剖面，化石及产地；对比意义的典型剖面，化石及产地； 2. 具有国际、国内和区域性典型意义的地质遗迹； 3. 具有国际或国内典型地质学意义的地质景观或现象。	1. 按等级：世界级、国家级、省级、县（市）级。 2. 按面积：特大型、大型、中型、小型。 3. 按功能：科研科考型、审美观光型。 4. 按资源类型。
国家森林公园	指森林景观优美，自然景观和人文景观集中，具有一定规模，可供人们游览、休息或进行科学、文化、教育活动的场所。	保护森林风景资源和生物多样性，普及生态文化知识，开展森林生态旅游。	1. 森林风景资源质量等级达到《中国森林公园风景资源质量等级评定》（GB/T18005—1999）一级标准； 2. 质量等级评定分值40分以上； 3. 符合国家森林公园建设发展规划； 4. 权属清楚，无权属争议； 5. 经营管理机构健全，职责和制度明确，具备相应的技术和管理人员。	1. 按级别：国家级、省级。 2. 按面积： 小型森林公园（667km² 以下）； 中型森林公园（667km²—3333km²）； 大型森林公园（3333km² 以上）。

续表

类型	定义	设置宗旨	设置条件（标准）	分等定级及其条件
国家湿地公园	拥有一定规模和范围，以湿地景观为主体，以湿地生态系统保护为核心，兼顾湿地生态系统服务功能展示、科普宣教和湿地合理利用或美，蕴涵一定文化价值，可供人们进行科学研究和生态旅游，予以特殊保护和管理的湿地区域。	湿地保护利用、科普教育、湿地研究、观光、休闲娱乐。生态	面积在20km²以上，其中湿地面积一般应占总面积的60%以上。建筑设施、人文景观及整体环境风格应与湿地景观周围的自然保证。湿地水质应符合GB 3838—2002的要求。湿地生态系统应具有一定的代表性，可以是自然湿地或人工湿地。具备一定的基础设施，可开展湿地科普教育和生态环境保护科学宣传活动。设有专门管理机构，无土地权属争议。	分国家级和省级。国家级：主题突出，景观特别特殊，地理位置优越，且生态旅游服务设施齐全。湿地生态环境优良，湿地观赏、科学、文化价值高，地理区域生态需求有重要的调节作用，且生态旅游服务设施齐全；省级：主题突出，且湿地生态环境良好，科学、文化价值，且湿地观赏、科学、文化价值有特色，有一定的观赏、科学、文化价值，对区域生态环境有一定的调节作用，且具备必要的旅游服务设施。
水利风景区	以水域（水体）或水利工程为依托，具有一定规模和质量的风景资源与环境条件，可以开展观光、娱乐、休闲、度假或科学、文化、教育活动的区域。	保护水源、培育修复生态以及观光娱乐、休闲度假或科学、文化、教育活动。	按照风景资源、环境保护、开发利用条件和管理四个方面内容进行总体评价。	按照水利风景资源的观赏、文化、科学价值和水资源生态环境保护质量及景区开发利用条件，水利风景区划分为国家级和省级。国家级：总体评价分不少于150分；省级：总体评价分120—149分。
国家矿山公园	以展示矿业遗迹景观为主体，体现矿业发展的历史内涵，具备研究价值和教育功能，可供人们游览观赏、科学考察的特定空间地域。	展示人类社会发展的历史进程和人类改造自然的矿业遗迹，宣传和科普及科学知识，使游人寓教于乐、寓游于游。	1. 是生态环境良好的废弃矿山或生产矿山的部分废弃矿段； 2. 具备典型、稀有和内容丰富的矿业遗迹； 3. 以矿业遗迹为主体景观，充分融合自然与人文景观； 4. 与社会需求相协调，引导矿业经济转型，促进当地社会和经济发展。	分国家级和省级。国家级：国内外著名的矿山或独具特色的矿山，拥有一处以上珍稀级或多处重要级的矿业遗迹；区位优越，自然设施完善，具备与人文景观优美；土地权属清楚，基础设施完善，具有吸引大量游客的潜在能力。省级：国内、区域著名的矿山或具有特色的矿山，拥有一处以上重要级或多处一般级的矿业遗迹。

续表

类型	定义	设置宗旨	设置条件（标准）	分等定级及其条件
国家矿山公园				迹；区位较优越，自然与人文景观较优美，土地权属清楚，基础设施较完善，具有吸引一定量游客的潜在能力。
国家A级旅游区	具有参观游览、休闲度假、康乐健身等功能，具备相应旅游服务设施并提供相应旅游服务的独立管理区。	参观游览、休闲度假、康乐健身。	具备相应旅游服务设施并提供相应旅游服务，应有统一的经营管理机构和明确的地域范围。	五个等级：从高到低依次为5A、4A、3A、2A、1A级。
中国台湾"国家"公园	具有台湾代表性的自然风景、野生物及史迹，并可供民众之娱乐及科研究的区域。	提供保护性的自然环境，保存生物多样性；提供民众休憩及繁荣地方经济，促进学术研究及环境教育。	台湾地区特有之自然风景、野生动植物及史迹。	
云南国家公园	由政府划定和管理的保护地，以保护具有国家或国际重要意义的自然资源和人文资源为目的，兼有科研、教育、游憩和社区发展等功能，是实现资源有效保护和合理利用的特定区域。	保护区域生态系统或文化景观的完整性和真实性，兼有科研、教育、游憩和社区发展功能。	资源国家代表性、建设适宜性、可行性等三项，下设14项具体指标。1. 资源条件：具备资源的国家代表性，拥有国家或国际意义的核心资源。2. 适宜性：面积适宜、游憩适宜、资源管理与开发的适宜、范围适宜，类型适宜。3. 可行性：是实现核心资源管理目标的恰当模式，资源权属清楚，周边地区旅游市场和环境良好，稳定，安全，与区域各要素发展规划相协调，当地政府的支持力度大。	

资料来源：根据国家主管部门颁布的各类型公园管理办法和评价标准等文件整理。

表 4－3　中外代表性国家公园（中国国家级遗产地）定义和宗旨主要评价要素

类型/项目	意义	属性	宗旨	功能	保护	设置条件	规模	管理权限
IUCN	国家	公众	人类福祉与享受	游憩、教育和文化陶冶	取缔阻止一切可能的破坏行为	保护、面积、开发	足以维持特定自然生态系统	国家最高权力机关
美国国家公园	全国	人民	人民的福祉与享受	公众利用、游览欣赏、科学研究	林木、矿藏、遗产、奇景、自然状态	全国意义、适宜性、可行性	必要的规模	
加拿大国家公园	加拿大（国家）	世代人民	人民的利益、教育和娱乐，服务于人民	享受、教育、娱乐和欣赏	世代保护	重要性、土地权属、开发状态、利用功能		
俄罗斯国家公园	特殊	联邦政府独有财产	自然保护、生态、教育	环保、教育、科研和文化	自然资源、自然地段、自然客体的自然状态	特殊价值、土地权属、利用、保护		联邦政府
挪威国家公园	自然和人类	国家所有	自然和人类自身的福利	保护	物种多样性、特殊的乡村地区	自然状态、独特优美、面积、土地权	面积较大	
日本国家公园	全国		保护和利用	保护、利用、户外旅游、环境教育	风景区和自然生态系统	规模面积、开发状态、利用功能		
韩国国家公园	代表国家	国家	保护和利用	保护、保健休养、提高生活情趣	自然生态系统和自然风景	面积、保护、开发、利用	超过 20km² 的核心景区	
中国自然保护区	国内外（国际）		特殊保护和管理	保护、科学研究、宣传教育、生产利用、参观游览	陆地、陆地水体或者海域	典型性、代表性自然区域、特殊保护价值、政府批准	区域代表性	
中国风景名胜区			保护和利用	游览、科学、文化活动	风景名胜资源、自然生态平衡	反映变化发展过程、自然状态原貌、国家代表性	一定面积	

续表

类型/项目	意义	属性	宗旨	功能	保护	设置条件	规模	管理权限
中国地质公园	科学意义		保护地质遗迹，地方经济、社会、环境可持续发展	观光旅游、度假休闲、保健疗养、科学教育、文化娱乐	地质遗迹	区域性典型意义、面积	一定规模和分布范围	
中国森林公园			森林生态旅游	游览、休息、科学、文化、教育活动	森林风景资源和生物多样性	森林风景资源质量等级、资源权属、管理机构	一定规模	
中国湿地公园			特殊保护和管理	湿地保护与利用、科普教育、湿地科研究、观光休闲娱乐	湿地生态系统	面积、水质、基础设施、管理机构、土地权属	一定规模和范围（20km²以上）	
中国水利风景区			保护水源、培育修复生态	观光、娱乐、休闲、度假或科学文化、教育活动	水源	风景资源、环境保护质量、开发利用条件和管理	一定规模	
中国矿山公园			展示人类社会发展的历史进程	游览观赏、科学考察	矿业遗迹景观	矿业遗迹、区位、基础工作、土地权属、基础设施		
中国A级旅游区			民众之娱乐及研究	参观游览、休闲度假、康乐健身		服务设施、经营管理机构	明确的地域范围	
台湾"国家"公园	国民			保护自然环境、生物多样性、繁荣经济、学术研究、环境教育	自然环境、生物多样性	台湾代表性的自然风景、野生景及史迹		
中国云南国家公园	国家或国际	政府	资源有效保护和合理利用	科研、教育、游憩和社区发展	区域生态系统或文化景观	资源的国家代表性、建设的适宜性和可行性	不小于10000km²	

说明：空白处为概念中缺失该要素。

题，但思想认识有显著进步，保护的力度正在逐渐提高，利用方式正努力向合理转变，并以国家名义展示国家的自然管理意志。国家意义体现在具有国家代表性资源、国家自然管理战略和国家政府管理三个方面。

(1) 国家代表性资源

自然资源或环境是国家公园的物质载体，因此是定义国家公园并进行评价的主要内容。表4-3显示，国外各种定义较为集中地阐述了国家公园的资源条件，即具有"国家意义""国内外（国际）影响""重要性的自然区域""自然和人类福利"等要素，进而对自然资源的重要性、典型性、特殊价值等提出要求，为资源的保护提供了充分的理由。中国国家级遗产地定义只有地质公园强调了"科学意义"，虽然在各类评价标准中对"重要性""国家影响"有所表述，但表明中国对"国家意义"的理解尚不全面。中国各类国家级遗产地虽然以自然生态系统或资源景观为其承载内容，但因为分类的缘故，各条定义均突出了具体的资源类型，风景名胜区、森林公园、水利风景区、矿山公园、A级旅游区还包括了人文资源（景观），其内容较国外国家公园更为丰富。

(2) 国家自然管理战略

1872年美国国会通过公园法案《黄石国家公园法》（Yellowstone National Park Act），将国家公园确定为"为了人们利益和欣赏目的的大众公园或休闲地"，以"保护并防止破坏或损坏，保护所有林木、矿藏、自然遗产，保护公园里的奇景，保持公园的自然状态"为宗旨。1916年《美国国家公园管理局组织法》（the National Park Service Organic Act）规定建立国家公园的"目的是保护景观、自然和历史遗产以及其中的野生动植物，以这种手段和方式为人们提供愉悦并保证它们不受损害以确保子孙后代的福祉"。美国时任总统西奥多·罗斯福确立了美国国家公园发展理念："我们不是为了一时，而是为了长远。作为一个国家，我们不但要达到目前享受极大的繁荣，同时要考虑到这种繁荣是建立在合理运用的基础上，以保证未来的更大成功。"1903年他考察黄石国家公园后在亚利桑那州大峡谷对当地百姓说："为了你们自身和国家的利益，我想请各位为大峡谷做一件事，让这片伟大的自然景观，永远保持现有的样子，让它保持原样，你们不可能让它变得更美，漫长的岁月塑造了这里，而人类只会损毁它，你们能做的，就是为你们的孩子、孩子的孩子，为我们的后代保护这里，让所有有幸来到此地的美国人，能欣赏到这片美景。"在他的话里，保持原样、自身和国家的利益、让后代欣赏美景，正是国家公园宗旨的体现。可见，无论是总统强调的理念，还是法规确定的宗旨，美国国家公园都体现了人与自然和谐发展的管理战略。国家公园倡导的尊重"大自然权利"和"公民游憩权"的理念为美国以及各国人民所接受，成为一种具有国家象征性的事物。表4-1、表4-2的定义和宗旨所体现的自然保护思想表明，国家和地区的自然管理战略发生了三个转变，即由放任过度利用转变为限制性利用，由绝对保护转变为相对保护，由消极保护转变为积极保护。

（3）国家政府管理权限

国家意义还体现在政府对自然资源和环境管理的权限上。定义和宗旨中对管理权限提出要求的虽然只有 IUCN 和俄罗斯，分别是国家最高权力机关和联邦政府，但实际上，各国在管理实践中均强调政府的管理权限，如美国采取中央集权为主，辅以部门合作和民间机构合作的模式，实行内政部国家公园管理局、地区管理局和基层管理局三级管理机构的垂直领导和统一管理的模式；法国、挪威、英国、加拿大、日本采取中央集权和地方自治相结合的综合管理模式，注重发挥中央政府、地方政府、特许进入人、科学家、当地群众的积极性，共同参与管理。

2. 宗旨和功能：尊重"大自然权利"

一百多年来，国家公园的理念逐渐为世界各国所接受，正发展成为一场波及世界的运动，促进了"国家公园和保护区体系""世界遗产""生物圈保护区"等相关概念的产生。无论是从自然的角度提出保护和维持自然生态系统，还是从人的角度提出取缔阻止一切可能的破坏行为，国家公园所强调的是人类在尊重"大自然权利"的前提下利用并保护自然。1978 年，IUCN 制定了第一个保护区管理类型系统，将国家公园列入其中10 类的一种。经过多年的反复讨论和研究，1994 年 IUCN 世界保护区委员会（WCPA）保护区根据管理目的制定了新的保护区管理类型系统，国家公园归入到保护地（Protected Area）七个类别的 II 类型，并将国家公园定义为：一个天然陆地与/或海洋区域，指定为：保护该区的一个或多个生态系统于现今及未来的生态完整性；禁止该区的开发或有害的侵占；提供一个可与环境及文化相容的精神、科学、教育、消闲、访客基础。该定义规定了国家公园以自然生态完整性为先决条件并以保护自然生态完整性为目的，兼具保护区和旅游景区两种功能，即具有保护生物多样性和提供游憩机会双重目标。

表4-3显示，各国、地区国家公园定义和宗旨中均包含了"保护""利用""环境教育"等要素，说明国家公园的设置主旨是为了保存与保护自然景观资源、维护生态平衡，所反映的尊重"大自然权利"的精神，体现了人与大自然的一种平等伦理关系，不同于以人类为中心的征服自然观，也与强调自然环境对社会发展起决定作用的环境决定论不同，而是与我国"天人合一"的观念一致，与针对人类工业文明发展导致全球日益严重的环境危机而提出的"人地关系和谐论"相一致，体现了人与自然共生和谐的关系。尊重自然、合理利用自然的理念，符合生态文明发展的要求。

3. 公众属性：公民游憩权

国家公园的人民属性体现在各条定义中所表达的"人类福祉与享受""人民的利益""服务于人民""世代人民"。公民游憩权是社会福利的重要内容之一，尊重和保障公民游憩权是现代社会文明进步的象征。国家公园保护自然资源的目的是为了大众使用，不仅是当代的公众，而且是世代公众的公平使用，因此，国家公园所提倡的保护不是消极保护，公众使用的方式集中在欣赏、休闲、游憩、文化科研和接受生态环境教育。表4-1至表4-3显示，无论从本质内涵上，还是评价要素上，国家公园应充分重视公民的游憩权。如IUCN定义和宗旨内涵强调"游憩与教育功能"，美国国家公园重视"大众欣赏、休闲"，加拿大国家公园突出"服务于人民享受、接受教育、娱乐和欣赏"，等等，均表达了公民游憩权与大自然权利是平等的，但必须是限制性的游憩。

中国各类国家级遗产地均重视旅游开发利用，以满足公民日益增长的回归自然、观光游憩需求，这与中国经济快速发展和国民生活水平提高及其旅游需求日益增长有关，也与中国经济发展方式转型、大力发展旅游经济的背景有关，因此，公园的功能侧重游憩休闲、生态旅游、科研教育，条件评价要素主要体现在资源的代表性、特殊意义、观赏价值、美学价值、科研价值、面积范围，体现了经济、文化和环境的可持续发展（国家地质公园）、展示生态系统服务功能（国家湿地公园）、行业发展历史与研究价值和教育功能（国家矿山公园）等目的。如风景名胜区的功能是"开展游览、科学文化活动"；地质公园重视开展观光旅游、度假休闲、保健疗养、科学教育、文化娱乐、普及地球科学知识；森林公园侧重开展森林生态旅游，普及生态文化知识。

（二）中外国家公园和自然遗产地性质与宗旨中的评价因子

美国作为首创国家公园概念的国家，不仅形成了比较完善的管理理念和运行模式，而且所建立的标准也具有一定的示范性，为各国建立国家公园标准提供了重要参考。从历史的角度来看，美国国家公园始于偶然性和随意性，逐步发展成为理性的科学认定，以"自然地理区域"概念为原则，形成了一套科学严格的认定方法和规定。[①] 这一标准制订过程是一个逐渐完善的过程，由原先的全国重要性、适宜性、可行性和不可替代性四条，修订为后来的三大标准，减除了不可替代性。这三条设置标准主要强调了资源方面必须具有影响力、典型性、代表性、完整性以及必要的规模，开发利用方面必须具备游憩科研功能、避免重复设置，管理方面须有财政支持、管理基础等条件。

加拿大国家公园以美国国家公园的"自然地理区域"概念为思想基础，提出"典型自然景观区域"的概念。典型自然景观区域必须符合三个方面的标准，即土地国有；不存在开发造成的威胁因素；布局合理，满足保护和旅游目的。在公园管理方面，加拿大国家公园局还根据 LAC 理论发展了"游客活动管理规划"方法（Visitor Activity Management Plan, VAMP）。日本国家公园的设置条件主要从面积规模、资源原始状态和利用功能的角度提出要求。韩国国家公园的设立包括保护标准和开发标准两项条件，其面积标准则分别依据自然生态界或自然生态景观地区的国家、市、道或郡的代表性分为国立公园、道立公园和郡立公园三种。

IUCN 于 1974 年接受了美国国家公园概念。为了统一统计口径，便于国际交流，针对许多国家根据各自的实际情况制定的国家公园准入标准差异性较大的情况，联合国提出了国家公园统计的三个标准，即：保护标准、面积标准、开发标准（见表 4 - 1），由 IUCN 的国家公园和保护区委员会（CNPPA）及世界保护监测中心（WCMC）共同承担统计工作。联合国教科文组织还建立了国际生物圈保护评价系统和世界文化与自然遗产保护系统等两套系统，来评价和确认各地的保护地和国家公园（王维正，2000）。IUCN 标准体现了面积规模、资源的重要性和典型性（国家代表性）、资源原真性（未经开发）和保护管理四个方面的要求。

---

① 马永立、谈俊忠：《风景名胜区管理学》，中国旅行出版社 2003 年版，第 427—428 页。

　　表4-3显示，公园定义与宗旨的评价项目"意义""属性""宗旨""功能""保护""设置条件""规模""管理权限"反映了"资源、保护、利用、管理"四个方面的要求，主要评价因子有：重要性、典型性、完整性、价值、规模、保护、公众利用、游憩、机构、服务设施及其维护等10个，且大多集中在资源评价上，占10个评价因子中的5个（表4-4）。这些评价因子体现在定义和宗旨中，具有较为笼统、宏观的要素和微观要素交叉以及同一概念不同表述的特点。

表4-4　　　　　　　　**国家公园（中国国家级遗产地）定义**
与宗旨的主要评价因子

类别	评价因子	出处	频次
资源	重要性（含国家意义或国际意义）	IUCN、美国、韩国、日本国家公园；云南省国家公园；中国自然保护区	6
	典型性（含代表性、独特性）	美国、加拿大、挪威国家公园；中国台湾"国家"公园；中国自然保护区、地质公园	6
	完整性（含原始性、未开发状态、自然状态、多样性）	IUCN、美国、加拿大、挪威、日本国家公园；中国台湾"国家"公园、云南省国家公园	7
	价值（含生态价值、科研文化价值、美学价值、观赏价值）	IUCN、美国、俄罗斯、日本国家公园；中国台湾"国家"公园、云南省国家公园；中国自然保护区、风景名胜区、森林公园、水利风景区、地质公园、湿地公园、矿山公园	13
	规模（含面积）	IUCN、美国、挪威、日本国家公园；中国自然保护区、地质公园、森林公园、湿地公园、水利风景区	9
保护	保护（含生态保护、多样性保护、生态培育修复）	IUCN、美国、加拿大、韩国；云南省国家公园；中国自然保护区、风景名胜区、地质公园、森林公园、湿地公园、水利风景区	11
利用	公众利用（含服务人民、国民利用率）	美国、加拿大、韩国国家公园；中国台湾"国家"公园	4
	游憩（含教育、环境教育）	IUCN、美国、加拿大、日本国家公园；中国台湾"国家"公园、云南省国家公园；中国自然保护区、风景名胜区、森林公园、湿地公园、地质公园、水利风景区、矿山公园、A级旅游区	14
管理	机构（含管理权）	IUCN、俄罗斯、挪威国家公园；云南国家公园	4
	服务设施及维护	俄罗斯；我国A级旅游区	2

　　据对10个评价因子在表4-1和表4-2所列的17个定义和宗旨中出现的频次计算其分布面积（图4-1），可知"游憩""资源价值""保护"

为首要的三个要素，频次率在82.4%—64.7%之间，"规模面积""完整性""重要性""典型性"频次率在52.9%—35.3%之间。

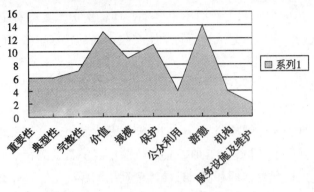

图4-1　定义与宗旨10个评价因子分布面积图

（三）中外国家公园和自然遗产地性质与宗旨的特点分析

表4-2所列出的中国国家级遗产地定义和设置宗旨表明，我国各类国家级遗产地均是各部门从各自的立场来理解和确定的，存在一定的局限性，虽然也体现了对资源的保护，但更多的还是强调了旅游利用。对比表4-1和表4-3，中国各类国家级遗产地的定义和设置宗旨与国外国家公园的代表性定义和设置宗旨之间，存在三个方面的明显差别：

（1）分类资源与综合资源的差别。中国国家级遗产地分别侧重一类资源为具体的资源依托，如森林公园侧重森林景观、水利风景区侧重水域或水利工程、湿地公园侧重湿地景观。而国家公园更具综合性，涵盖自然区域各种生态资源，美国国家公园甚至由单一的自然区域发展成为包括自然区域、历史遗址与游憩三大类20种小类的保护体系。

（2）实用性倾向与原始性倾向的差别。中国国家级遗产地与国外国家公园均强调资源的代表性和典型性，但我国各类遗产地更强调利用价值，更具现实的实用主义，如"观赏、文化或者科学价值""生态、历史和文化价值"和"美学价值"。《自然保护区条例》规定在国内外有典型意义、在科学上有重大国际影响或者有特殊科学研究价值的自然保护区，列为国家级自然保护区。国家湿地公园要求"兼顾湿地生态系统服务功能展示、科普宣教和湿地合理利用示范，蕴涵一定文化或美学价值"。国家公园则强调生态系统完整性、未被利用或破坏，突出保护资源的原始性。

（3）偏重旅游利用与保护利用兼具的差别。1985 年我国发布的《风景名胜区管理暂行条例》把风景名胜区定义为："凡具有观赏、文化和科学价值，自然景物、人文景物比较集中，环境优美，具有一定规模和范围，可供人们游览、休息或进行科学、文化活动的地区。"2006 年 9 月国务院颁布的《风景名胜区条例》定义风景名胜区为"具有观赏、文化或者科学价值，自然景观、人文景观比较集中，环境优美，可供人们游览或者进行科学、文化活动的区域"。前后两次的定义基本一致，均侧重观赏和利用。森林公园、地质公园、湿地公园以及水利风景区等虽然也提出保护生态和自然环境的概念，但在当前中国旅游经济繁荣的背景下，定义和宗旨所表达的内涵更强调利用，致使过度利用问题突出。国外有关国家公园的定义和宗旨则更重视"为人类福祉与享受""对大众进行生态教育"之目的，兼顾保护和利用二者关系的协调。

可见，在资源管理理念上，中国国家级遗产地与国外国家公园尚有一定差异，尚需深化对国家公园理念的认识，从更高的战略层面明确发展目标，提升公园定位。建立与国际自然保护接轨的国家公园管理体系，是完善我国自然保护地体系和保护实践的必然。

二　中国国家公园性质、宗旨与设置原则的设定

厘清国家公园的性质，明确中国发展国家公园的宗旨，是关系中国自然遗产保护是否采取国家公园模式的首要问题，也是中国发展国家公园以及制定国家公园评价标准的指导思想。

随着全世界国家公园运动的发展，国家公园已经不仅仅是一个自然区域，而且还包括人文景观，是保护自然景观、人文景观、生态系统和濒危野生动植物，实现保护地生态效益和经济效益的一种有效管理模式。我国对国家公园作出定义的主要是台湾省、云南省和国家林业部。台湾省是我国最早建立国家公园的地区，将国家公园定义为具有"国家"代表性之自然区域或史迹，资源依托主要是自然和自然遗产，其建立国家公园的理念和标准与 IUCN 保护地体系第Ⅱ类型接近，目的是保护"国家"特有之自然风景、野生物及史迹，并供国民之育乐及研究。云南省是中国大陆第一个省级试点，将国家公园定义为由政府划定和管理的保护地，以保护具有国家或国际重要意义的自然资源和人文资源及其景观为目的，兼有科研、教育、游憩和社区发展等功能，是实现资源有效保护和合理利用的特定区域。

国家林业局建议中国国家公园定义为为了现代和长远利益，旨在保护各类生态系统的完整性，排除各种不利影响，并提供科学、教育、精神修养、娱乐和旅游等活动场所而划定的自然区域，且一般由中央政府批准建立。

本研究认为，国家公园包含两层含义：一是承载自然遗产的一个特殊区域，二是自然遗产资源管理的一种模式。国家公园首先传达的是人类对待和利用自然的一种态度，处理资源利用和保护关系的一种方式；其次揭示国家公园这一特殊区域所承载的价值和意义。我国有学者认为，国家公园（National Park）是指国家为了保护一个或多个典型生态系统的完整性，为生态旅游、科学研究和环境教育提供场所，而划定的需要特殊保护、管理和利用的自然区域；[①] 还有学者认为，国家公园是世界自然保护事业中的一项重要建设和基本建设，也是开展自然保护工作的重要基地。[②] 两种表述从不同的角度在一定程度上诠释了国家公园所蕴含的两层含义。

（一）中国国家公园性质的设定

中国建设国家公园不仅是参与世界国家公园运动的具体行动，也是中国自然保护战略的必须。发展中国国家公园是国家执行 21 世纪发展议程、资源管理战略和生态旅游行动计划的重要组成部分；是构建具有中国特色的自然保护和遗产管理事业发展模式，增强中国可持续发展能力的重要举措；是倡导尊重自然生态伦理，重构人与自然的关系、人与经济的关系、经济与社会的关系的伦理发展观，建设人类美好家园的需要；是人类以"利益均衡、福利共享、代际公平"方式利用自然遗产资源的一种制度和机制。因此，中国国家公园是以具有中国区域代表性和典型性、生态完整性的高等级遗产地为资源依托，以保护为目的，提供限制性游憩、科研、教育活动等公共服务，由中央政府的专门权威机构实行整体保护、独立管理的特定区域。中国国家公园应以现有各类国家级遗产地为基础，经准入标准的评价达到条件者纳入中国国家公园管理系统。

（二）中国国家公园宗旨的设定

建立具有中国特色的国家公园体系，就是要遵循《中国 21 世纪初可持续发展行动纲要》的总体目标，充分吸收和借鉴世界国家公园运动发

---

① 唐芳林、孙鸿雁：《我国建立国家公园的探讨》，《林业建设》2009 年第 3 期，第 8—13 页。

② 王维正：《国家公园》，中国林业出版社 2000 年版，第 9—11 页。

展经验，以服务于经济结构调整和促进人与自然和谐、明显改善生态环境为目的，建立兼顾旅游发展与资源保护、眼前利益与长远利益、经济效益与生态效益和社会效益的和谐关系，通过规范的准入评价和高规格的管理体制，整合现有国家级各类遗产保护地（公园），显著提高资源配置效率和资源可持续利用能力，使之成为新时期中国贡献于世界自然保护运动和生态文明发展的标志性事物。

（三）中国国家公园设置原则的设定

依据中国发展国家公园的宗旨，综合世界各国国家公园发展经验和中国现有各类国家级遗产地发展成就以及存在的问题，本研究提出设置标准设计应当遵循的四条基本原则，在吸纳和继承的基础上批判和创新，使所提出的标准具有科学性和可行性，符合生态管理和可持续发展的要求。

1. 公园设置系统性原则

国家公园是人地相互作用的复杂系统。以系统理论关于整体与局部、局部与局部、系统本身与外部环境之间互为依存、相互影响和制约的原理为指导，遵循自然遗产系统以及自然与人构成系统的各要素间相互影响、相互作用和相互制约的关系和规律，依照"整体、协调、优化"的评价尺度，通过公园系统相关性、目的性、层次性、适应性的分析，提取能够反映国家公园整体和共性的评价项目和评价因子，转变现有以资源类别为判断依据、评价多级别多类别、因子多交叉少共性的困境，有效整合和统摄现有国家级各类遗产保护地（公园）的标准，解决公园设置地理空间重叠的问题，达到把各种自然遗产地统一到国家公园系统的实行有效管理的目的。

2. 资源价值凸显性原则

继承和吸纳国外国家公园和中国国家级遗产地对资源重要性的评价，充分体现资源的典型性、国家代表性，凸显资源的生态价值、教育价值、社会文化价值和经济价值。

3. 设置标准可操作性原则

可操作性是衡量标准成败的标尺。要着力转变现行公园设置标准条件概念化、表述模糊不清的问题，使标准具备统领和整合各类型国家级遗产地的效用，做到依据充分可靠、概念清晰简洁、释义具体明了、因子准确有效、指标量化科学。

4. 世界性与中国特色兼顾性原则

中国是一个自然遗产资源丰富的国家，在世界遗产保护事业中占有十分突出的地位，因此，作为世界国家公园运动和自然保护事业的重要组成部分，中国国家公园发展必须具有世界眼光和胸怀，与世界自然保护事业对接，向世界展示中国自然保护的责任和所取得的成就，并积极依托国家公园平台，广泛开展对外交流，吸收国外特别是发达国家的发展经验和教训，引进国家公园理念与管理模式，避免走弯路。同时，借鉴世界各国均结合国情实际发展国家公园的做法，中国必须认清作为发展中国家的自身实际，不照抄照搬，不墨守成规。比较中美两国，不难看出两国政治、经济和文化方面以及自然保护和景区管理路径的差异，以及整体发展水平的差距。美国国家公园管理的许多优点得益于其自身的国情，且不乏如外来物种入侵、保护资金不足、商业性土地开发、景区交通人潮拥堵等许多亟待解决的问题。如果中国国家公园管理体系照搬美国的管理模式，势必因背离中国国情而引发新的问题。为此，必须坚持世界性与中国特色相结合的原则，在吸纳国际管理经验和继承原有管理优点的基础上，针对中国的政治、经济体制和自然遗产的资源特点，创新自然遗产保护和开发的特色新模式。

第二节　中国国家公园设置标准的指标体系

一　国外国家公园设置标准分析

表4-1所列的7个代表性国外国家公园设置标准（条件）集中在资源、保护、利用、管理四个方面12个要素（表4-5），"面积""保护原始状态""完整性""游憩""教育"为首要的5个要素，其中"面积""保护原始状态"被4个标准列为评价要素，频次率达到80%。"影响力""典型性"和"完整性"三个要素共同描述评价资源特征，可见资源特征在评价标准中极其重要（图4-2）。

表4-5　　　　　　　　　国外国家公园设置条件主要评价因子

类别	主要评价因子	出处	频次
资源	影响力	美国、韩国	2
	典型性	美国	1
	完整性	美国、韩国、IUCN	3
	面积	美国、日本、IUCN、韩国	4

续表

类别	主要评价因子	出处	频次
保护	保护原始状态	日本、加拿大、韩国、IUCN	4
	保护措施	IUCN	1
利用	游憩	美国、日本、加拿大	3
	科研	美国、日本	2
	教育	美国、日本、韩国	3
管理	财政支持	美国、IUCN	2
	土地权属	加拿大	1
	管理基础	美国	1

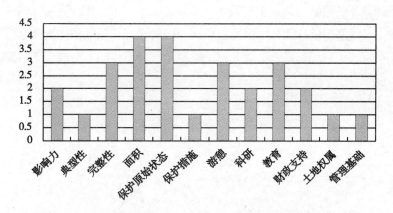

图 4-2　国外代表性国家公园设置条件主要评价因子分布图

评价标准中所列的因子虽与定义和宗旨中的要素一脉相承，但仍有些差别，如增加了"财政支持""土地权属""管理基础""保护措施"等更为具体的管理性质指标，"国家意义""重要性"以"代表性"来代替表述，加拿大国家公园定义中的"典型性"未在评价标准中出现但所列的条件内涵一致且更为具体，说明评价标准因子是定义和宗旨的具体演化，以可操作为基准，且作为一种管理模式，评价指标必然体现管理的要求和内涵。

二　中国国家级自然遗产地现行设置标准体系评析

我国现有《风景名胜区规划规范》《国家级自然保护区评审标准》《中国森林公园风景资源质量等级评定》《国家湿地公园评估标准》《旅游景区质量等级的划分与评定》《水利风景区评价标准》《地质公园评审标

准》（试行）、《国家矿山公园评价标准》8个评价标准，分别对风景名胜区、自然保护区、森林公园、湿地公园、旅游区、水利风景区、地质公园、矿山公园的评定提出了评估指标。

（一）现行设置标准及其指标概述

1. 风景名胜区规划规范

《风景名胜区规划规范》规定了风景资源分级标准，根据景源评价单元的特征及其不同层次的评价指标分值和吸引力范围，评出特级、一级、二级、三级、四级五个等级：特级景源应具有珍贵、独特、世界遗产价值和意义，有世界奇迹般的吸引力；一级景源应具有名贵、罕见、国家重点保护价值和国家代表性作用，在国内外著名和有国际吸引力；二级景源应具有重要、特殊、省级重点保护价值和地方代表性作用，在省内外闻名和有省际吸引力；三级景源应具有一定价值和游线辅助作用，有市县级保护价值和相关地区的吸引力；四级景源应具有一般价值和构景作用，有本风景区或当地的吸引力。《风景名胜区规划规范》规定按景区用地规模可分为小型风景区（20km^{2}以下）、中型风景区（21—100km^2）、大型风景区（101—500km^2）、特大型风景区（500km^{2}以上），与《风景名胜区条例》中国家级和省级的两级分法交叉冲突。该规范还提出了地理位置或区域分析的评价要求以及保护培育、风景游赏、典型景观、游览设施、基础工程、居民社会调控、经济发展引导、土地利用协调、分期发展九个专项规划的要求（见表4—6）。

表4—6　　　　　　　　　　风景名胜区资源评价指标层次表

综合评价层与赋值	项目评价层	权重	因子评价层
景源价值 （70—80）	（1）欣赏价值 （2）科学价值 （3）历史价值 （4）保健价值 （5）游憩价值		①景感度，②奇特度，③完整度 ①科技值，②科普值，③科教值 ①年代值，②知名度，③人文值 ①生理值，②心理值，③应用值 ①功利性，②舒适度，③承受力
环境水平 （20—10）	（1）生态特征 （2）环境质量 （3）设施状况 （4）监护管理		①种类值，②结构值，③功能值 ①要素值，②等级值，③灾变率 ①水电能源，②工程管网，③环保设施 ①监测机能，②法规配套，③机构设置

续表

综合评价层与赋值	项目评价层	权重	因子评价层
利用条件（5）	(1) 交通通讯 (2) 食宿接待 (3) 客源市场 (4) 运营管理		①便捷性，②可靠性，③效能 ①能力，②标准，③规模 ①分布，②结构，③消费 ①职能体系②经济结构③居民社会
规模范围（5）	(1) 面积；(2) 体量 (3) 空间；(4) 容量		

资料来源：《风景名胜区规划规范》。

2. 国家级自然保护区评审标准

《国家级自然保护区的评审指标》由自然属性、可保护属性和保护管理基础三个部分组成，其下又分为11—12项具体指标（见表4-7、表4-8、表4-9）。评审标准根据所属类型采用三套评审指标：自然生态系统类国家级自然保护区评审指标及赋分；野生生物类国家级自然保护区评审指标及赋分；自然遗迹类国家级自然保护区评审指标及赋分。根据各指标的重要程度，分别赋予一定分值，总分为100分。评审指标总得分小于60分时或评审指标得分出现0分时，具有否决意义。

表4-7　　　　自然生态系统类国家级自然保护区评审指标及赋分

评估项目与分值	评估因子与分值
自然属性（60）	典型性（15分）、脆弱性（15分）、多样性（10分）、稀有性（10分）、自然性（10分）
可保护属性（20）	面积适宜性（8分）、科学价值（8分）、经济和社会价值（4分）
保护管理基础（20）	机构设置与人员配备（4分）、边界划定和土地权属（4分）、基础工作（6分）、管理条件（6分）

表4-8　　　　野生生物类国家级自然保护区评审指标及赋分

评估项目与分值	评估因子与分值
自然属性（60）	物种珍稀濒危性（25分）、物种代表性（10分）、种群结构（5分）、生境重要性（10分）、生境自然性（10分）
可保护属性（20）	面积适宜性（8分）、科学价值（8分）、经济和社会价值（4分）
保护管理基础（20）	机构设置与人员配备（4分）、边界划定和土地权属（4分）、基础工作（6分）、管理条件（6分）

表4-9 自然遗迹类国家级自然保护区评审指标及赋分

评估项目与分值	评估因子与分值
自然属性（60）	典型性（15分）、稀有性（20分）、自然性（15分）、系统性和完整性（10分）
可保护属性（20）	面积适宜性（8分）、科学价值（8分）、经济和社会价值（4分）
保护管理基础（20）	机构设置与人员配备（4分）、边界划定和土地权属（4分）、基础工作（6分）、管理条件（6分）

3. 森林公园风景资源质量等级评定

评价指标分为综合层、项目层、因子层三级，综合层指标3个，项目层指标18个，因子层可归类为41个（表4-10）。评价总分50分，按森林风景资源质量评定分值划分为三级：一级为40—50分，符合一级的森林公园风景资源，多为资源价值和旅游价值高，难以人工再造，应加强保护，制定保全、保存和发展的具体措施。二级为30—39分，符合二级的森林公园风景资源，其资源价值和旅游价值较高，应当在保证其可持续发展的前提下，进行科学、合理的开发利用。三级为20—29分，符合三级的森林公园风景资源，在开展风景旅游活动的同时进行风景资源质量和生态环境质量的改造、改善和提高。三级以下的森林公园风景资源，应首先进行资源的质量和环境的改善。

表4-10 国家森林公园评价指标及因子分值

综合评价层与分值	项目评价层（权值）	评价因子（权值）
森林风景资源质量（30分）	地文资源（20）	典型度（5）、自然度（5）、吸引度（4）、多样度（3）、科学度（3）
	水文资源（20）	典型度（5）、自然度（5）、吸引度（4）、多样度（3）、科学度（3）
	生物资源（40）	地带度（10）、珍稀度（10）、吸引度（8）、多样度（6）、科学度（6）
	人文资源（15）	珍稀度（4）、典型度（4）、多样度（3）、吸引度（2）、利用度（2）
	天象资源（5）	多样度（1）、珍稀度（1）、典型度（1）、吸引度（1）、利用度（1）
	资源组合状况（1.5）	组合度
	特色附加（2）	特殊影响和意义

续表

综合评价层与分值	项目评价层（权值）	评价因子（权值）
区域环境质量 （10分）	大气质量（2）	国家大气环境质量一级标准或二级标准
	地表水质量（2）	国家地面水环境质量一级标准或二级标准
	土壤质量（1.5）	国家土壤环境质量一级标准或二级标准
	负离子含量（2.5）	主要景点负离子含量
	空气细菌含量（2）	空气细菌含量
旅游开发利用条件 （10分）	公园面积（1）	规划面积大于500公顷
	旅游适游期（1.5）	适游天数
	区位条件（1.5）	客源市场
	外部交通（4）	铁路、公路、水路、航空
	内部交通（1）	游览通达性
	基础设施条件（1）	水、电、通讯和接待能力

4. 国家湿地公园评估标准

国家湿地公园评估标准由6个项目层23个评估因子组成（见表4－11），每个因子按照高、中、低三个等次赋值，总分100分，根据得分分为优秀、良好、一般、较差四个等级：评估总得分大于等于80分，且单类评估项目得分均不小于该类评估项目满分的60%，评为"优秀"；评估总得分大于等于70分，小于80分，且单类评估项目得分均不小于该类评估项目满分的60%，评为"良好"；评估总得分大于等于60分，小于70分，且单类评估项目得分均不小于该类评估项目满分的60%，评为"一般"。评估总得分小于60分，且单类评估项目得分为该类评估项目满分的60%以下，评为"较差"。

表4－11　　　　　　　　国家湿地公园评估指标及其权重分值

评估项目与分值	评估因子与分值
湿地生态系统（40）	生态系统典型性（10）、湿地面积比例（9）、生态系统独特性（8）、湿地物种多样性（7）、湿地水资源（6）
湿地环境质量（23）	水环境质量（10）、土壤环境质量（7）、空气环境质量（3）、噪声环境质量（10）
湿地景观（15）	科学价值（4）、整体风貌（3）、科普宣教价值（3）、历史文化价值（3）、美学价值（2）
基础设施（10）	宣教设施（4）、景观通达性（3）、监测设施（2）、接待设施（1）
管理（10）	功能分区（4）、保育恢复（3）、机构设置、（2）社区共管（1）

续表

评估项目与分值	评估因子与分值
附加分（2）	附加（2）

资料来源：《国家湿地公园评估标准》。

5. 水利风景区评价标准

水利风景区评价指标分为综合层、项目层、因子层三级，综合层指标4个，项目层指标20个，因子层可归类为64个（见表4－12）。赋分权重应以总分为200分。总体评价分不少于150分者可评定为"国家级水利风景区"、总体评价分为120—149分者可评定为"省级水利风景区"。

表4－12 水利风景区评价指标及因子分值

综合评价层	项目评价层与分值	评价因子
风景资源 80分	水文景观（20）	种类、规模、观赏性
	地文景观（10）	地质构造典型度、地形、地貌观赏性
	天象景观（10）	种类、适游期
	生物景观（10）	自然生态体量、生物多样性、珍稀度
	工程景观（15）	工程规模、建筑艺术效果、工程代表性
	文化景观（10）	历史遗迹、纪念物价值、民俗风情和建筑风格特色、科学文化教育馆（园）品位价值
	风景资源组合（5）	景观资源组合烘托和谐
环境保护 40分	水环境质量（15）	水体、水质、污水处理
	水土保持质量（15）	水土流失综合治理率、林草覆盖率
	生态环境质量（10）	自然生态完整性、生态环境保护度
开发条件 40分	区位条件（5）	地理位置、区域经济发展潜力、当地社会支持度
	交通条件（10）	区外交通、区内交通、交通工具、交通标识、停车场或码头
	基础设施（8）	水、电、通讯配置及运行情况
	服务设施（10）	导游设施、餐饮接待、购物设施、医疗救护、安全防护设施、游乐设施、环境容量

综合评价层	项目评价层与分值	评价因子
管理体系 40分	景区规划（4）	科学合理、实施情况
	管理体系（8）	管理机构、管理制度、人员职责
	资源管理（8）	水功能区划、生态环境保护措施
	安全管理（8）	工程和设备、游乐设施、安全标识、治安机构、消防、应急预案
	卫生管理（6）	食宿卫生、公厕卫生、公共场所卫生、垃圾处理
	服务管理（6）	服务项目、服务水平、投诉机构

资料来源：根据《水利风景区评价标准》整理。

6. 旅游景区质量等级的划分与评定

国家旅游局提出并由国家质量监督检验检疫总局于 2004 年发布的《旅游景区质量等级的划分与评定》（GB/T 17775—2003）虽然规定的是以旅游活动为主要功能的空间或地域的质量等级划分的依据、条件及评定的基本要求，突出的是旅游服务和旅游配套，但是目前我国众多世界自然遗产地，如福建的武夷山、泰宁丹霞、湖南的武陵源（张家界）、安徽的黄山、江西的三清山等，均按照此标准进行旅游景区的质量等级划分与评定，参评为 5A 级旅游区，还有许多国家级风景名胜区、森林公园、地质公园等遗产地评为 5A 或 4A 旅游区，且其规定的环境质量和景观质量等条件与人均自然（人文）资源有密切相关，其服务配套和综合管理等条件与国家公园的游憩功能一致或相近，因此有必要将该标准纳入本研究的范围。

该标准由服务质量与环境质量评分细则（细则一）、景观质量评分细则（细则二）、游客意见评分细则（细则三）三部分组成，评价指标由 3—5 个级别构成，除了综合层、项目层外，因子层还设有 1—3 个不等级别（表 4－13）。依据得分划分为五级，从高到低依次为 AAAAA、AAAA、AAA、AA、A 级旅游景区。细则一总分 1000 分，5A 级旅游景区须达到 950 分，4A 级旅游景区为 850 分，3A 级旅游景区为 750 分，2A 级旅游景区为 600 分，1A 级旅游景区为 500 分。细则二总分 100 分，5A 级旅游景区须达到 90 分，4A 级旅游景区为 85 分，3A 级旅游景区为 75 分，2A 级旅游景区为 60 分，1A 级旅游景区为 50 分。细则三总分 100 分，5A 级旅游景区须达到 90 分，4A 级旅游景区为 80 分，3A 级旅游景区为 70 分，

2A 级旅游景区为 60 分，1A 级旅游景区为 50 分。

表 4 – 13　　　　旅游景区质量等级的划分与评定评价指标与分值

综合评价层	项目评价层与分值	评价因子与分值
服务质量与环境质量（1000 分）	旅游交通（130）	可进入性（70）、自配停车场地（30），内部交通（30）（下列 2 级指标）
	游览（235）	门票（10）、游客中心（70）、标识系统（49）、宣教资料（15）、导游服务（37）、游客公共休息设施和观景设施（26）、公共信息图形符号设置（18）、特殊人群服务项目（10）（下列 1—2 级指标）
	旅游安全（80）	安全保护机构、制度与人员（10）、安全处置（17）、安全设备设施（27）、安全警告标志、标识（8）、安全宣传（6）、医疗服务（8）、救护服务（4）（下列 1 级指标）
	卫生（140）	环境卫生（20）、废弃物管理（40）、吸烟区管理（5）、餐饮服务（10）、厕所（65）（下列 1—2 级指标）
	邮电服务（20）	邮政纪念服务（8）、电讯服务（12）（下列 1 级指标）
	旅游购物（50）	购物场所建设（15）、购物场所管理（10）、商品经营从业人员管理（10）、旅游商品（15）
	综合管理（200）	机构与制度（20）、企业形象（32）、规划（25）、培训（20）、游客投诉及意见处理（20）、旅游景区宣传（36）、电子商务（30）、社会效益（16）（下列 1—2 级指标）
	资源和环境的保护（145）	空气质量（10）、噪声指标（5）、地表水质量达国标规定（10）、景观、生态、文物、古建筑保护（45）、环境氛围（69）、采用清洁能源的设施、设备（3）、采用环保型材料（3）（下列 1—2 级指标）
景观质量（100 分）	资源吸引力（65）	观赏游憩价值（25）、历史文化科学价值（15）、珍稀或奇特程度（10）、规模与丰度（10）、完整性（5）
	市场影响力（35）	知名度（10）、美誉度（10）、市场辐射力（10）、主题强化度（5）
游客意见（100 分）	总体印象（20）	很满意（20）、满意（15）、一般（10）、不满意（0）
	16 个单项（5）	外部交通、内部游览线路、观景设施、路标指示、景物介绍牌、宣传资料、导游讲解、服务质量、安全保障、环境卫生、厕所、邮电服务、商品购物、餐饮或食品、旅游秩序、景物保护。很满意（5）、满意（3）、一般（2）、不满意（0）

资料来源：根据《旅游景区质量等级的划分与评定》整理。

7. 地质公园评审标准

该标准采用分项计分办法，评估项目 3 类 12 个分项因子（见表 4 - 14），每个分项因子又分成 a、b、c、d 四级，共 48 个评分因子，总分 100 分，得分小于 60 分时，具有否决意义。

表 4 - 14　　　　　　　　　　地质公园评价指标及因子分值

评估项目与分值	评估因子与分值
自然属性（60）	典型性（15 分）、稀有性（17 分）、自然性（8 分）、系统性和完整性（10 分）、优美性（10 分）
可保护属性（20）	面积适宜性（6 分）、科学价值（8 分）、经济和社会价值（6 分）
保护管理基础（20）	机构设置与人员配备（4 分）、边界划定与土地权属（3 分）、基础工作（6 分）、管理条件（7 分）

资料来源：根据《国家地质公园评审标准》（试行）整理。

8. 矿山公园评价指标与分值

国家矿山公园评审采用评价指标专家评分法，评价指标分为五类 13 项（见表 4 - 15），各项指标分成三个等级，赋予不同分值，算术平均值作为最终得分，最终得分大于等于 60 分，即可准入国家矿山公园。

表 4 - 15　　　　　　　　　　矿山公园评价指标及因子分值

评估项目与分值	评估因子与分值
矿业遗迹（50）	稀有性（15）、典型性（10）、科学价值（10）、历史文化价值（10）、系统完整程度（5）
环境条件（20）	生态环境质量现状（10）、其他景观资源丰度及价值（10）
开发条件（15）	区位、交通（3）、客源市场（3）、土地使用权属（3）、基础工作（3）、管理现状（3）
总体规划（15）	总体规划合理性与实施状况（15）
附加	环境安全状况

资料来源：根据《国家矿山公园评价标准》整理。

（二）现行设置标准及其指标分析

综合分析表 4 - 6 至表 4 - 15，反映出我国自然保护区和七类国家级遗产地的评价标准存在如下问题：

（1）各类评价标准侧重对风景资源的评价，所占分值较高，大多在 60%—80%，公园的综合性、保护重要性和管理等内容体现不足。

（2）基于不同资源类型的评价标准侧重点不同，提出的评价层和因子不同，概念界定不清，指标类别交叉重复，概念指标与具体指标混合。

如《自然保护区评价指标》和《地质公园评价指标》均设置"可保护属性"评价项目，以"面积适宜性""经济和社会价值""科学价值"为评价因子，但其他标准未设置"可保护属性"，"面积"和"价值"分属"适宜性"和"资源价值"或"生态系统"评价层。风景名胜区、水利风景区、森林公园侧重"景观价值"和"风景资源质量"评价，而自然保护区、湿地公园、地质公园侧重对"自然属性"特征的评价，矿山公园则是资源特征和价值的混合评价。"环境质量"在风景名胜区属于项目评价层，而在森林公园属于综合项目评价层。

（3）有些指标过于细分，内涵难以区分，如风景名胜区、森林公园、水利风景区等所设置的"典型度""自然度""多样度""科学度""种类""科技值""科普值""科教值"，虽然体现了不同公园不同的资源特征，但指标相似度高，概念模糊，难以判断和操作，且很难体现不同公园的共性，且对各标准中的共性特征把握尺度不一、表述不一，难以统一管理。

（4）评价因子层级不一，有的设计三级，有的设计四级，甚至五级，说明各标准所把握和体现的广度与深度不同，准入要求水平不同，造成相同评价层和评价因子在不同标准中的分值、权值分配不同，相同评价因子在不同标准中的重要地位不同，项目或因子分属的层级不同。

（5）不同标准的总分值不同，准入分数及格线和设置等级级别也不同，难以体现国家标准的统一性、严密性和科学性。

针对上述问题，为了便于分析，本研究采取内涵相同相似因子归类、合并同类项的方式，进行项目层和因子合并归纳，以厘清各类标准的主要评价因子。综合分析表4-6至表4-15评价标准所体现的各评价层和评价因子，可以看出各种标准体现了资源特征（如自然属性、典型性、美感度）、资源价值（如科学价值、经济和社会价值、游憩价值）、资源保护现状（如生态完整性、原始性）、环境质量（如大气、水质）、规模范围、建设的适宜性和可行性（如利用条件、区位）、管理基础（如机构、人员）、基础设施（如旅游服务设施、宣教设施）等方面的要求，归纳起来，主要集中在资源特征、适宜性、管理基础、基础设施四个类别，评价层内容集中在"自然属性""资源质量"等14项内容（见表4-16）。经对14个评价层项目的频次分析（图4-3），九个要素为高频次要素，"自然属性""资源质量""环境质量""保护管理""配套设施"五个要素出现频次在 5 个以上，频次率在 71.4% 以上，其中"自然属性"为 100%；"景观价值""规模范围""管理体系""服务设施"四个要素出现频次 4 个，频次率 57.1%。

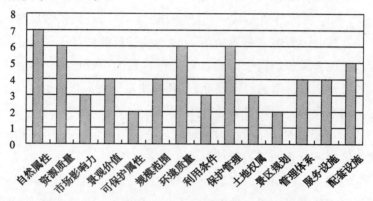

图 4-3 中国国家级遗产地评价标准主要评价要素分布图

但从 14 项评价层内容和代表性因子来看，较之国家公园标准的要求，这样的评价体系尚存在很大局限性，具体表现为综合性不够、部分因子过于具体或过于模糊、层次不够清晰、因子交叉。

表 4-16 中国国家级遗产地评价标准主要因子归类汇总

类别	评价层	代表性因子	出处	频次
资源特征	自然属性	完整性（原始性、未开发状态）、脆弱性、多样性、稀有性	风景名胜区、自然保护区、森林公园、湿地公园、水利风景区、地质公园、矿山公园	7
	资源质量	典型性、代表性、吸引度、特殊影响和意义、组合度	风景名胜区、自然保护区、森林公园、湿地公园、水利风景区、矿山公园	6
	市场影响力	知名度、美誉度、市场辐射力	A 级旅游区、地质公园、矿山公园	3
	景观价值	生态价值、科研价值、文化历史价值、保健价值、游憩价值、美学价值	风景名胜区、自然保护区、湿地公园、A 级旅游区	4
	可保护属性	面积、科学价值、经济和社会价值	自然保护区、地质公园	2

续表

类别	评价层	代表性因子	出处	频次
适宜性	规模范围	面积	风景名胜区、自然保护区、森林公园、湿地公园	4
	环境质量	生态完整性、生态环境保护度；水体、水质、污水处理、空气质量、噪声指标、地表水质	风景名胜区、自然保护区、森林公园、湿地公园、水利风景区、矿山公园	6
	利用条件	区位、交通、客源市场、区域经济发展潜力、当地社会支持度	风景名胜区、水利风景区、地质公园	3
管理基础	保护管理	机构设置、社区共管、功能分区、保育恢复	风景名胜区、自然保护区、湿地公园、水利风景区、A级旅游区、矿山公园	6
	土地权属	边界划定、土地权属	自然保护区、地质公园、矿山公园	3
	景区规划	科学合理、实施情况	水利风景区、矿山公园	2
	管理体系	资源管理、安全管理、卫生管理、服务管理、运营管理	风景名胜区、水利风景区、A级旅游区、地质公园	4
基础设施	服务设施	食宿接待、旅游购物	风景名胜区、自然保护区、水利风景区、A级旅游区	4
	配套设施	交通通讯、水电设施、监测设施、管理设施	风景名胜区、自然保护区、森林公园、湿地公园、水利风景区	5

（三）现行设置标准的特点分析

据不完全统计，自1956年成立第一个自然保护区——广东鼎湖山自然保护区至今，50多年来中国先后出台了各类自然遗产保护区（公园）的评审（评价）标准、管理办法等18份以上（不含管理通知和前后修订所重复的），形成了由自然保护区、风景名胜区、森林公园、湿地公园、地质公园、矿山公园和水利风景区七类构成的庞大保护地系统以及一批A级旅游区和省级公园。这些文件对中国自然遗产保护事业发展和规范管理起到了积极的作用。但是，从表4-6至表4-16以及图4-1至图4-3的归纳分析中可以看出，由于中国自然管理体制和分类管理的原因，因部门管理目标不同，各类国家级遗产地设置标准侧重点不同、标准不一，且标准概念化、评价因子无法统一等问题非常明显，这些问题在本研究第三章的问卷调查中已经得到验证。

1. 突出资源类别与特征，但评价因子差异明显

依照自然环境、风景名胜、森林、湿地、地质、矿山和水利等资源类型来设立国家级遗产地，能够突出资源特征进行分类管理，但存在不利于综合协调的缺点，因为存在于一个地域空间的资源往往不是孤立的，而是一个相互关联的系统。而且因为归类的缘故，各种准入标准依据资源条件来设定，虽然强调了资源类别的差异性，有利于突出特色，但造成评价项目和因子不同，容易有失偏颇，难以统一。

试比较森林公园和水利风景区。1994 年国家林业局发布的《森林公园管理办法》所定义的森林公园是指森林景观优美，自然景观和人文景观集中，具有一定规模，可供人们游览、休息或进行科学、文化、教育活动的场所。该定义规定了森林公园必须具备四个方面的条件：第一，该森林区域达到一定的面积规模；第二，森林生态系统相对稳定，森林环境良好；第三，具有旅游开发的价值，自然景观和人文景观到达一定的数量和质量，可为人们开展游憩、健身、科研、文化和教育等活动提供必要条件；第四，经由法定程序申报和批准。否则，不能批准为森林公园。2004年水利部出台的《水利风景区管理办法》和《水利风景区评价标准》（SL300—2004）规定：按照风景资源、环境保护质量、开发利用条件和管理四个方面内容进行总体评价，国家级水利风景区总体评价分不少于150 分，总体评价分 120—149 分的为省级水利风景区。

两者一个侧重森林景观资源，另一个侧重水利景观，因此评价因子无法对等一致。两者虽然都提出了"风景资源"这一相同评价项目，但水利风景资源评价的类型包括水利风景区的水文景观、地文景观、天象景观、生物景观、工程景观、文化景观及其组合的评价，评价因子为：观赏性、典型度、适游期、多样性、珍稀度和组合度。而《中国森林公园风景资源质量等级评定》规定森林景观资源类型包括地文资源、水文资源、生物资源、人文资源和天象资源，评价因子为：典型度、自然度、多样度、科学度、利用度、吸引度、地带度、珍稀度和组合度（见表 4 - 17）。

表 4 – 17　　　　　森林公园和水利风景区风景资源评价因子对比

公园	资源类型	评价因子
森林公园	地文资源、水文资源、生物资源、人文资源和天象资源	典型度、自然度、多样度、科学度、利用度、吸引度、地带度、珍稀度和组合度
水利风景区	水文景观、地文景观、天象景观、生物景观、工程景观、文化景观及其组合	观赏性、典型度、适游期、多样性、珍稀度和组合度

2. 强调资源属性，但综合性不够

表 4 – 2 至表 4 – 16 显示，不论是定义和宗旨，还是准入评价因子，各类遗产地均仅仅强调了资源的属性，而对地区土地的规划和利用、争取社区和居民支持参与以及利益相关等要素少有考虑，欠缺由公园及其周边的区域空间以及公园发展的纵向时间二者构成的系统性，只有《水利风景区评价标准》和《云南省国家公园基本条件》将区域各要素发展规划相协调和管理基础等相对综合的要素列入，这也充分说明了我国各类国家级遗产地与国家公园之间的差别。仍以规划管理为例，美国国家公园的规划与决策包含规划与管理基础、总体管理规划、工作纲领规划、战略规划、实施规划、年度执行计划与年度执行报告六个顺序，每项规划的目的很详细，规划的可操作性很强。但我国现行的各类遗产地规划多为总体规划和详细规划两个阶段，总规是对公园性质、目标等作纲要性说明，详规只是对总规的专业细化，多以定性描述为主，操作性较差。

3. 评价方法多样，但多概念化、主观化

各种准入条件的评价因子评价方法及其表达方式多样，有些采取定性描述法评价，有些是采取定量法评价，而有的是定性和定量相结合的方法。如自然保护区、风景名胜区用定性评价的方法，湿地公园、矿山公园、水利风景区则采取定量的方法，而森林公园只对风景资源等级评定采取定量的方法，其他方面则是定性评价。评价方法多样，虽有可以针对不同资源选择方法的方便，但难以界定其科学性。且定性描述法评价多概念化、简要性说明，表述抽象模糊，主观性太大，操作性不够。

比如，国务院 1994 年发布的《自然保护区条例》规定凡具有下列条件之一的，应当建立自然保护区：（1）典型的自然地理区域、有代表性的自然生态系统区域以及已经遭受破坏但经保护能够恢复的同类自然生态系统区域；（2）珍稀、濒危野生动植物物种的天然集中分布区域；（3）具有特殊保护价值的海域、海岸、岛屿、湿地、内陆水域、森林、草原和荒漠；（4）具有重大科学文化价值的地质构造、著名溶洞、化石分布区、冰川、火山、温泉等自然遗迹；（5）经国务院或者省、自治区、直辖市人民政府批准，需要予以特殊保护的其他自然区域。再如，2006年出台的《风景名胜区条例》规定：自然景观和人文景观能够反映重要自然变化过程和重大历史文化发展过程，基本处于自然状态或者保持历史原貌，具有国家代表性的，可以设立国家级风景名胜区；具有区域代表性的，可以设立省级风景名胜区。上述所表达的条件均是概念性的，且所谓的"代表性""特殊保护价值"等概念，主观判断成分为主，难以保证科学性，不利于实施规范管理。

4. 功能定位单一，但功能分区和分等定级不同

依照资源类别来定位，能够使各类自然遗产地功能定位单一清晰，如自然保护区侧重自然保护，森林公园侧重森林游憩活动，地质公园强调保护地质遗迹、普及地球科学知识，湿地公园的主要功能是湿地保护与利用、湿地研究和科普。但是，因为强调了各自的功能定位，各类遗产地功能分区的结果却是多种多样，分区方法不规范。如在功能分区与总体布局方面，森林公园主要分为：森林旅游区（游览区、游乐区、狩猎区、野营区、休憩疗养区、接待服务区、生态保护区）、生产经营区、管理生活区等，其中游览区又根据景观特色分为若干个景区。湿地公园分为：湿地保育区、湿地生态功能展示区、湿地体验区、服务管理区。自然保护区分为：核心区、缓冲区和实验区。我国台湾"国家"公园分为：生态保护区、特别景观区、史迹保护区、旅游及游憩区和一般管制区。

虽然各种公园的功能分区与总体布局各有优势，但其科学性仍有待进一步研究。在分等定级方面，级别划分比较混乱，缺乏客观和科学判定的依据。主要依据行政区划和隶属关系，通过对资源重要性的评价，设定为国家级、省级、市级三级的，如风景名胜区、地质公园，也有只设立省市（省级、地方级）两级的，如自然保护区、湿地公园、矿山公园，也有依据面积规模设定为大型、中型、小型或省市级定级混用的，如风景名胜区、森林公园、地质公园。

由于缺少一个客观评价和级别划分的标准，缺乏对自然保护区自然质量和价值的客观评价，级别数不统一，划分过于主观，使分等定级混乱。加之审批机构是国务院和县以上各级地方人民政府，不同地方或同一地方不同时期对级别审批的标准也不一样，使级别确定无章可依，缺乏科学

性。因此，需要研究制定一套统一科学的、客观的级别划分标准，对各级别的定级标准进行详细描述和定义，促进自然保护工作的规范化、系统化，保证对典型的、有特殊价值的自然生态系统和自然遗迹进行重点有效的保护。

三　中国国家公园设置标准指标评价模型的构建

（一）设置指标设计的理论模型

根据世界国家公园运动发展的现实以及上文对国家公园定义和宗旨的梳理与研究，可知国家公园是一个能够代表国家、具有统领各类自然遗产地的品质高、资源等级高的综合系统，这个系统由自然、经济、社会等要素组成，复杂而完整，各要素相互作用、相互联结。作为自然遗产管理的模式，国家公园必须兼顾和协调生态效益、经济效益与社会效益，实行生态化管理，达到人地关系和谐、资源利益均衡共享、增强持续利用能力的目的。由此，本研究以可持续发展、系统论、生态管理、重复博弈、协同演化等理论为指导，基于社会生态经济协同发展理论假说，提出国家公园保护优先的效益协同假设，构建保护优先、效益协同的国家公园管理理论模型和评价指标设计模型（图4-4），用以指导本章中国国家公园评价指标设置的研究。该模型的内涵就是优先考虑自然遗产地的生态效益，综合生态保护和人类游憩、环境教育以及社会经济发展的需要。

（二）设置指标设计的基本要求

遵照中国国家公园的性质和发展宗旨，中国国家公园生态优先效益协同评价模型的评价系统应当是全面的、多维的、系统的，强调和突出其综合性、协调性、可持续性及其整合功能的特点；评价指标的选择应当遵循"公园设置系统性、资源价值凸显性、设置标准可操作性、世界性与中国特色兼顾性"四条原则，使之"达到功能最优""整体大于各部分之和"的系统效应，并依据国家公园作为管理模式的特征，强调"制度条件"，以对各类自然遗产实行高水平的统一管理，确保实现保护优先、效益协同的设想。

具体指标的设定必须遵循"吸纳与补充相结合，继承与整合并用，内涵准确，类别清晰"的思路，符合三点要求：（1）综合IUCN和各国国家公园设置标准、中国各类国家级遗产地评价标准，吸纳和选择高频次出现、具有普遍性的可用因子；（2）体现本研究在研读和比较中的新发现，

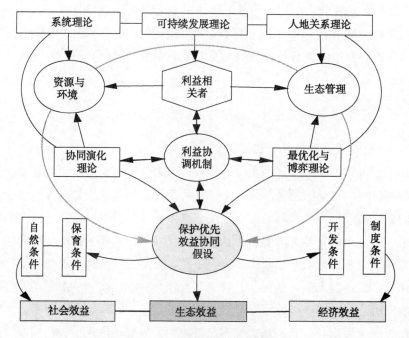

图4-4　评价指标设计的理论模型

补充符合中国实际、国家公园管理需要的评价因子；（3）选择具有普遍性、整体意义的共性指标，而非局限于过于具体、个性差异明显的因子，体现国家公园宏观管理模式的特征。

（三）设置指标设计的步骤

国家公园设置标准不仅应具备理论支持，还需要专家的论证和公众的认可。为了提高评价指标的科学性和实用性，本研究依据上述指标设定的三点要求，采取现行标准理论分析提取与专家公众两个层面多轮调查咨询相结合的方法，并应用统计和层次分析方法，对比不同层次的调查对象对所设计的评价指标的判断，评价这些指标的可行性。

第一步，对国外国家公园和国内遗产地现行标准进行理论分析，提取高频次的重要因素。

第二步，将第一步中提取的重要因素设计成初步调查问卷，征询公众的意见。以国家公园设置标准为因变量，以不同群体对问卷中所列设置指标的判断为自变量，应用 SPSS17.0 软件对公众调查结果进行统计分析，并应用 LOGIT 模型进行检验，说明国家公园设置标准评价指标综合评价层和主要因子的有效性和可行性。

第三步，在评价指标获得基本支持的前提下，设计成第三份问卷进行两轮的专家意见问询。遵照专家首轮意见进行指标修正和完善后，定位国家公园评价指标体系的目标层、中间层和控制层的评价因子，然后进行第二轮的专家问卷咨询。统计分析第二轮专家问卷中所获的数据和意见，将专家意见和本研究的客观判断结合起来，建立评价指标模型，利用层次分析法（AHP）经两两比较，描述一层次元素的重要性，并利用数学方法计算出国家公园不同层次指标的权值，为国家公园设置条件进行项目评价与评分提供依据。

（四）综合评价层和主要因子设计

1. 公众问卷设计

表4-1至表4-16以及图4-1、图4-2和图4-3显示，现行国内外国家公园（遗产地）评价标准，主要内容体现在"自然资源条件""保护目的""管理过程"和"游憩教育功能及其设施"四个方面，高频次的评价要素主要有：自然属性（包括资源价值、资源质量、环境质量、完整性、重要性、典型性）、规模面积、游憩、环境教育、保护管理（包括保护原始状态、配套设施、旅游服务设施）（见表4-18）。高频次要素应当在指标设定中优先考虑，但要整合归并，避免概念混淆和指标交叉。低频次评价要素并非不重要，有些要素如定义宗旨中的"服务设施及其维护"在高频次要素中有类似表达，"土地权属"和"财政支持"却是被忽视了的重要因素，因为这两个要素关系遗产地利益的分配与协调、资源管理的可持续性，应当作为关键要素列入评价指标体系之中。由此，充分体现国家公园设置的四条原则。

表4-18　中外国家公园（遗产地）设置标准评价要素频次分类

类别	高频次评价要素	低频次评价要素
中外国家公园（中国国家级遗产地）定义与宗旨	游憩、资源价值、保护；规模面积、完整性、重要性、典型性	公众利用、机构、服务设施及其维护
国外代表性国家公园评价标准	面积、保护原始状态、完整性、游憩、教育	影响力、科研、财政支持、典型性、土地权属、管理基础、保护措施
中国国家级遗产地评价标准	自然属性、资源质量、环境质量、保护管理、配套设施、景观价值、规模范围、管理体系、服务设施	市场影响力、可保护属性、利用条件、土地权属、景区规划

　　为此，本研究将自然条件、保育条件、开发条件和制度条件四个主要因素列为国家公园的综合评价层，并相应提出 30 个评价因素，按照"非常重要""重要""一般""不重要"和"非常不重要"五个级别排列设计成问卷，调查公众对所设计问项的认同程度。问卷依据重要性的程度赋值 5—1 分，得分越高表明公众对该问项越持赞同。本次公众问卷调查对象由参与了第一轮问卷的部门专家、领导、景区管理人员以及在不同景区和街区随机选择的游客和公众组成，问卷不记名，独立完成，不受任何干扰和提示。调查中大多游客反映对国家公园虽有耳闻，但了解不多，因此公众意见仅作为对初步遴选的评价指标的一种参考。为了提高公众意见的参考价值，调查过程中依然采取问卷和访谈相结合的方式，即对一般游客先进行访谈，了解其对问卷内容的理解程度后再发放问卷，前期工作量与问卷量比例大致为 2∶1。本次公众调查发放问卷 350 份，收回 339 份，有效卷 326 份，有效率为 96.2%。

　　2. 调查结果

　　经对调查结果的统计，公众对问卷中所设计的综合评价层和因子评价层的认同度很高，持"非常重要"和"重要"者均值分别达到 90.48、7.45 和 76.6、16.91（见表 4 - 19、表 4 - 20 和图 4 - 5、图 4 - 6）。综合评价层中，只有极个别人对"开发条件"和"制度条件"持中立态度，说明四个综合评价层的设置得到一致认可。因子评价层中，仅"市场区位""通达性""气候条件"和"工程条件"有人认为"非常不重要"，但数值极低，分别为 0.7、1.3 和 3，认为"不重要"和"一般"者也为少数。从公众打分和现场对公众的交谈中获知，尚有公众对国家公园以及所列出的部分因子项目不够理解，存有疑惑，甚至有些公众把国家公园简单地理解为一般的城市公园、旅游区或自然保护区，也是部分公众选择"一般""不重要"或"非常不重要"的原因，说明要让公众普遍真正理解国家公园的内涵尚需时日。

表 4 - 19　　　　　　　　　综合评价层的问卷结果统计

代码	评价项目	非常重要	重要	一般	不重要	非常不重要
C1	自然条件	96.6	3.4	0	0	0
C2	保育条件	92.6	7.4	0	0	0
C3	开发条件	88	8	4	0	0
C4	制度条件	84.7	11	4.3	0	0

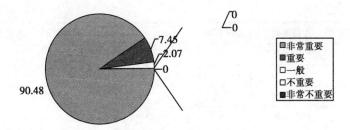

图4－5　综合评价层的重要性认同比重图

表4－20　　　　　　　　　　因子评价层的问卷结果统计

代码	评价项目	非常重要	重要	一般	不重要	非常不重要
F1	重要性	95	5	0	0	0
F2	典型性	88.7	11.3	0	0	0
F3	完整性	84.7	8	7.3	0	0
F4	生态价值	92	4.9	3.1	0	0
F5	科学价值	88.7	9.2	2.1	0	0
F6	文化价值	85.9	9.5	4.6	0	0
F7	游憩价值	95.4	4.6	0	0	0
F8	面积适宜性	70.6	16.3	9.2	3.9	0
F9	原始状态	65	21.8	9.2	4	0
F10	保育前景	70	22.4	4.6	3	0
F11	保育规划	81.3	12.9	4	1.8	0
F12	保育举措	83.1	16.9	0	0	0
F13	环境监理	83.1	16.9	0	0	0
F14	市场区位	64.4	21.8	10.1	3	0.7
F15	通达性	64.4	22.7	9.8	1.8	1.3
F16	气候条件	64.4	22.7	9.8	1.8	1.3
F17	环境质量	96	4	0	0	0
F18	工程条件	66.9	19.3	7.7	3.1	3
F19	交通通讯设施	95.1	4	0.9	0	0
F20	供排设施	69.9	22.4	7.7	0	0
F21	服务设施	73.3	26.7	0	0	0
F22	营运设施	64.4	27.7	8	0	0
F23	土地制度	73	19.3	7.7	0	0

续表

代码	评价项目	非常重要	重要	一般	不重要	非常不重要
F24	其他资源制度	73	19.3	7.7	0	0
F25	管理机构	73	19.3	7.7	0	0
F26	协调机制	73	19.3	7.7	0	0
F27	制度效益	73	19.3	7.7	0	0
F28	政策层级	63.8	25.5	6.4	4.3	0
F29	机构层级	63.8	27.3	4.9	4	0
F30	资金层级	63.8	27.3	4.9	4	0

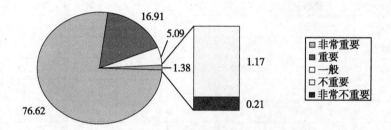

图 4 – 6　因子评价层的重要性认同比重图

3. 因子分析

问卷调查的目的是对所列的变量按照其内在的特性进行适当的缩减和归类，以确认问项的可行性，为做层次分析提供支持。为此，因子分析前进行了巴雷特检验，以获得支持。表 4 – 21 显示，公众问卷调查中选项变量的 KMO 系数为 0.799，接近 0.8，且 BARLETT 系数显著，因此，适合进行因子分析。

表 4 – 21　　　　　　　　　　KMO 和 BARLETT 检验

Kaiser-Meyer-Olkin Measure of Sampling Adequacy.		0.799
Bartlett's Test of Sphericity	Approx. Chi-Square	11562.499
	df	435
	Sig.	0

应用最大方差法进行提取，显示 30 个因素主要集中在自然保育、资源区位、管理与制度、自然环境、基础设施、公园意义与功能价值六个主要方面。这六个方面能够解释所提出的关于国家公园主要影响因素的

74. 818%的问题（见表4－22）。

表4－22　　　　　　　　　　因子分析结果

Component	Initial Eigen values			Extraction Sums of Squared Loadings			Rotation Sums of Squared Loadings		
	Total	% of Variance	Cumulative %	Total	% of Variance	Cumulative %	Total	% of Variance	Cumulative %
1	13. 454	44. 846	44. 846	13. 454	44. 846	44. 846	5. 293	17. 645	17. 645
2	2. 603	8. 677	53. 522	2. 603	8. 677	53. 522	4. 370	14. 567	32. 212
3	1. 939	6. 463	59. 985	1. 939	6. 463	59. 985	4. 000	13. 332	45. 544
4	1. 853	6. 178	66. 163	1. 853	6. 178	66. 163	3. 946	13. 154	58. 699
5	1. 340	4. 467	70. 631	1. 340	4. 467	70. 631	3. 384	11. 280	69. 978
6	1. 256	4. 188	74. 818	1. 256	4. 188	74. 818	1. 452	4. 840	74. 818
7	0. 941	3. 137	77. 955						
8	0. 928	3. 093	81. 049						
9	0. 775	2. 584	83. 633						
10	0. 745	2. 483	86. 116						
11	0. 696	2. 321	88. 436						
12	0. 520	1. 732	90. 168						
13	0. 500	1. 665	91. 833						
14	0. 419	1. 398	93. 231						
15	0. 368	1. 226	94. 457						
16	0. 299	0. 998	95. 456						
17	0. 232	0. 773	96. 228						
18	0. 207	0. 690	96. 919						
19	0. 163	0. 542	97. 461						
20	0. 154	0. 514	97. 975						
21	0. 131	0. 438	98. 413						
22	0. 110	0. 368	98. 781						
23	0. 095	0. 317	99. 098						
24	0. 086	0. 287	99. 385						
25	0. 059	0. 196	99. 581						
26	0. 042	0. 140	99. 722						
27	0. 032	0. 106	99. 828						
28	0. 024	0. 082	99. 909						
29	0. 018	0. 061	99. 971						
30	0. 009	0. 029	100. 000						

　　应用最大旋转方差法进行提取，旋转后的载荷系数判断了此六个因素所代表的涵义（表 4 - 23）。第一个因子与生态保育有关，保育举措的载荷系数为 0.886，保育规划为 0.819，环境监理为 0.689，保育前景为 0.725，原始状态为 0.685，面积适宜性为 0.719。因此，该因子定义为保育因子。第二个因子与资源区位和制度有关系，其中通达性的载荷系数为 0.804，市场区位为 0.775，土地制度为 - 0.841，其他资源制度为 0.783。因此，该因子定义为资源区位与制度共同因素，即资源区位与制度因子。第三个因子与管理相关，其相关的不同因素的载荷系数为 0.6—0.8 之间。因此，该因子可代表为管理因子。第四个因子与自然环境条件有关，其中环境质量的载荷系数为 0.742，气候条件为 0.704，工程条件为 0.712。第五个因子与基础设施有关，其中交通通讯设施的载荷系数为 0.698，服务设施为 0.732，营运设施为 0.669，供排设施为 0.692。第六个因子与公园意义和功能价值有关，其中科学价值的载荷系数为 0.668，生态价值为 0.742，文化价值为 0.631，游憩价值为 0.727，完整性为 - 0.749，典型性为 0.675，重要性为 0.646，该因子可定义为公园意义和功能价值的因子。

表 4 - 23　　　　　　　　　　　评价因子旋转方阵

30 个因子	因素					
	1	2	3	4	5	6
保育举措	0.886	0.013	0.069	0.201	0.286	- 0.016
营运设施	0.115	0.150	0.086	0.383	0.669	- 0.078
科学价值	0.688	0.381	0.164	0.179	0.381	0.668
市场区位	0.679	0.775	0.028	0.464	0.085	- 0.237
环境监理	0.689	0.107	0.580	- 0.081	- 0.113	0.001
生态价值	0.612	0.438	0.232	0.199	0.397	0.742
通达性	0.581	0.804	0.269	- 0.088	0.463	- 0.029
其他资源制度	0.245	0.783	0.138	0.256	0.149	- 0.121
面积适宜性	0.719	0.055	0.148	- 0.006	- 0.152	0.214
文化价值	0.256	0.046	0.262	0.165	0.320	0.631
政策层级	0.242	0.349	0.715	0.275	0.459	- 0.198
环境质量	0.070	0.428	0.213	0.742	0.260	- 0.362

30 个因子	因素					
	1	2	3	4	5	6
交通通讯设施	0.414	0.513	0.397	0.100	0.698	0.142
资金层级	-0.079	0.193	0.803	0.236	0.167	-0.189
服务设施	0.067	0.410	0.435	0.156	0.732	-0.145
游憩价值	0.323	0.032	0.194	-0.012	0.293	0.727
协调机制	0.171	0.343	0.648	0.196	0.249	-0.061
管理机构	0.394	-0.139	0.691	0.415	0.237	0.189
土地制度	0.253	-0.841	0.505	0.503	0.153	0.220
机构层级	0.070	0.259	0.794	0.470	0.274	0.166
气候条件	0.191	0.227	0.044	0.704	0.404	-0.070
供排设施	0.273	0.113	0.274	0.369	0.692	0.005
制度效益	0.547	0.273	0.646	0.227	0.114	-0.214
工程条件	0.545	0.258	0.292	0.712	-0.023	-0.133
保育前景	0.725	0.112	0.257	0.251	0.188	-0.026
保育规划	0.819	0.098	-0.023	0.448	0.073	-0.035
原始状态	0.685	0.016	0.284	0.303	0.473	-0.109
完整性	0.281	0.320	0.276	0.129	0.466	-0.749
典型性	-0.155	-0.224	-0.090	0.046	-0.041	0.675
重要性	0.026	0.210	-0.008	-0.026	-0.021	0.646

　　上述结果表明，本研究初步提出的因子能够为建立国家公园设置标准提供依据，但公众对国家公园设置标准的判断还需要专家进一步甄别和指导，使其依据更具权威性。

　　（五）设置指标模型与判断矩阵分析

　　1. 专家问卷调查基本情况

　　鉴于这些项目层和因子存在需要修正和进一步细化的可能性，又将问卷发给专家征询意见。专家建议将以上项目评价层由 6 个方面扩展为 10项，即公园意义、功能价值、保育情势、保育措施、区位条件、环境条件、基础设施、资源制度、体制制度和管理层级。根据专家意见，还微调了个别因子的表述，如"保育举措"改为"保育行动"，"面积适宜性"改为"规模适宜性"，"工程条件"改为"工程施工条件"，使内涵表达更为准确。自此，所列评价因子中的各自影响因素和综合评价因素以及目标层之间形成了国家公园设置评价指标的层级结构体系（见图4-7）。

　　为了获得专家对国家公园设置标准的层次结构和评价指标设计的修正意见，并为应用层次分析法计算各个因素在各层次和整个评价体系中所占的权重，获得所需数据，以便确定国家公园准入评分的依据，本研究再次以问卷的形式问询专家，问卷设计专家对每个因子的判断自"极其重要"至"极其不重要"分为9个级别。此轮问卷共发给72位专家，收回65份，回收率和有效率90.3%。经过前两轮专家和公众的修正，此轮调查的专家对本研究所提出的国家公园设置标准评价指标体系持肯定意见。经应用SPSS17.0软件对专家意见的统计，并采取层次分析法建立判断矩阵，得出设置国家公园评价指标体系的层级结构比例和因子的权值。

　　2. 层次分析法的主要程序

　　层级分析法（AHP）是美国运筹学家赛蒂（T. L. Saaty）教授于20世纪70年代提出的，主要运用于对一些难以直接定量的决策性事务进行判断，该方法在目标实现、标准设定方面发挥着日益重要的作用。本研究应用层次分析法的评分主要依据调查者对调查事件的重要性和效用程度高低进行赋值，最高程度设为9，最低程度设为1/9。在问卷回收后，按照调查者对评价因子的判断和效用进行赋值，最终计算得出不同层次和不同因子的权重。

　　层次分析法的主要程序如下：

　　其一，依照研究的内容设定研究目标。

　　其二，根据研究目标设定综合评价层和项目评价层以及因子评价层，建立起一个递阶层次结构（即模型树）。综合评价层的设定可以根据前述的因子分析法中的主要因子作为参考。

　　其三，分析每一个综合评价层影响因素，作为项目评价层，并通过专家打分来获得不同评价对象之间的重要性，构造不同评价对象之间的两两关系，给出相应的权重，以此构建上层某因素对下层相关因素的判断矩阵。

　　其四，按照判断矩阵进行一致性检验，得出重要性序列，并获得重要性的比重。

　　3. 评价指标模型

　　根据上文分析和层次分析法的思路，以及保护优先效益协同的国家公园评价指标设计理论模型，建立中国国家公园准入条件评价指标模型，由目标层（S）、4个综合评价层（C）、10个项目评价层（I）、30个评价因子（F）组成（图4-7）：

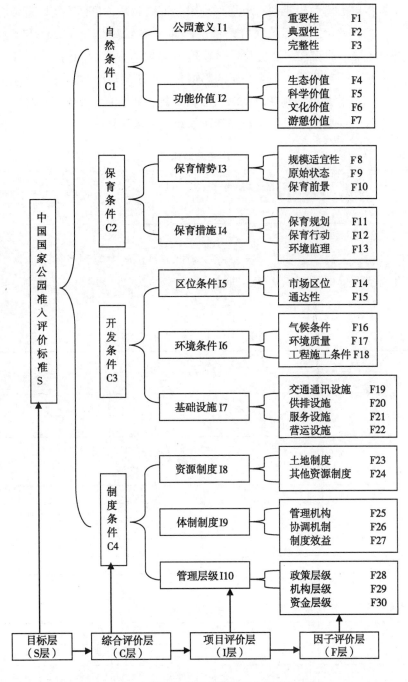

图4-7 中国国家公园设置标准评价指标模型

4. 中国国家公园设置指标模型的判断矩阵

根据以上模型构建判断矩阵，按照上下级关系，目标层支配着综合评价层，综合评价层支配着项目评价层，即 S 支配着 C_1、C_2、C_3 和 C_4。C 支配着 I 层，即综合评价层对项目评价层起到了重要的制约作用，I 层支配着 F 层，即项目层 I 受到 F 层的影响，同时 I 层最终将目标层信息传递给 F 层，通过 F 层来判断出国家公园设置评价指标的一致性和相应比例。判断矩阵的评估标准根据重要程度作如表 4 - 24 的划分。

表 4 - 24　　　　　　　　　判断矩阵的标准

项目	极其重要	非常重要	明显重要	重要	一般	不重要	稍微不重要	很不重要	极其不重要
分值	9	7	5	3	1	1/3	1/5	1/7	1/9

根据以上判断矩阵的标准，将专家打分显示的重要程度构造出从目标层到因子评价层的判断矩阵，即 I_n 到 F_n，C_n 到 I_n 和 S 到 C_n，其中 n = 1，2，3，4……n。

表 4 - 25　　　　　　　I_1 到 F_n（n = 1，2，3）的矩阵

I_1	F_1	F_2	F_3
F_1	1	3	6
F_2	1/3	1	4
F_3	1/6	1/4	1

表 4 - 26　　　　　　I_2 到 F_n（n = 4，5，6，7）的矩阵

I_2	F_4	F_5	F_6	F_7
F_4	1	7	1/4	1/3
F_5	1/7	1	1/6	2
F_6	4	6	1	5
F_7	3	1/2	1/5	1

表 4 - 27　　　　　　　I_3 到 F_n（n = 8，9，10）的矩阵

I_3	F_8	F_9	F_{10}
F_8	1	8	7
F_9	1/8	1	2
F_{10}	1/7	1/2	1

表 4 – 28　　　　　　　　I_4 到 F_n（$n=11$，12，13）的矩阵

I_4	F_{11}	F_{12}	F_{13}
F_{11}	1	7	1/6
F_{12}	1/7	1	5
F_{13}	6	1/5	1

表 4 – 29　　　　　　　　I_5 到 F_n（$n=14$，15）的矩阵

I_5	F_{14}	F_{15}
F_{14}	1	5
F_{15}	1/5	1

表 4 – 30　　　　　　　　I_6 到 F_n（$n=16$，17，18）的矩阵

I_6	F_{16}	F_{17}	F_{18}
F_{16}	1	8	5
F_{17}	1/8	1	1/6
F_{18}	1/5	6	1

表 4 – 31　　　　　　　　I_7 到 F_n（$n=19$，20，21，22）的矩阵

I_7	F_{19}	F_{20}	F_{21}	F_{22}
F_{19}	1	3	1/5	4
F_{20}	1/3	1	1/7	2
F_{21}	5	7	1	6
F_{22}	1/4	1/6	1/2	1

表 4 – 32　　　　　　　　I_8 到 F_n（$n=23$，24）的矩阵

I_8	F_{23}	F_{24}
F_{23}	1	1/3
F_{24}	3	1

表 4 – 33　　　　　　　I_9 到 F_n（$n = 25$，26，27）的矩阵

I_9	F_{25}	F_{26}	F_{27}
F_{25}	1	1/7	6
F_{26}	7	1	1/4
F_{27}	1/6	4	1

表 4 – 34　　　　　　　I_{10} 到 F_n（$n = 28$，29，30）的矩阵

I_{10}	F_{28}	F_{29}	F_{30}
F_{28}	1	1/8	1/7
F_{29}	8	1	6
F_{30}	7	1/6	1

表 4 – 35　　　　　　　C_1 到 I_n（$n = 1$，2）的矩阵

C_1	I_1	I_2
I_1	1	2
I_2	1/2	1

表 4 – 36　　　　　　　C_2 到 I_n（$n = 3$，4）的矩阵

C_2	I_3	I_4
I_3	1	3
I_4	1/3	1

表 4 – 37　　　　　　　C_3 到 I_n（$n = 5$，6，7）的矩阵

C_3	I_5	I_6	I_7
I_5	1	1/3	1/4
I_6	3	1	7
I_7	4	1/7	1

表 4 – 38　　　　　　　C_4 到 I_n（$n = 8$，9，10）的矩阵

C_4	I_8	I_9	I_{10}
I_8	1	4	1/5
I_9	1/4	1	1/8
I_{10}	5	8	1

表 4 –39   S 到 C_n （n =1，2，3，4）的矩阵

S	C_1	C_2	C_3	C_4
C_1	1	7	1/6	5
C_2	1/7	1	1/2	6
C_3	6	2	1	1/4
C_4	1/5	1/6	4	1

5. 评价指标模型判断矩阵计算结果

根据层次分析法原理，对上述判断矩阵进行一致性检验，并求出最大特征根和标准化的矩阵向量，标准化的矩阵向量即为不同层次的各要素权重。应用高等代数方法算出以上各判断矩阵的最大特征根和权重矩阵，获得不同要素是否符合国家公园设置要求的检验，并算出他们所占的比例。具体计算结果如表 4 –40。

表 4 –40   判断矩阵特征值结果

判断矩阵	特征向量	一致性检验
I_1 到 F_n （n =1，2，3）	$T_1 = 0.407$，$T_2 = 0.286$，$T_3 = 0.307$	CI = 0.139，CR = 0.034 < 0.1
I_2 到 F_n （n =4，5，6，7）	$T_4 = 0.293$，$T_5 = 0.208$，$T_6 = 0.181$ $T_7 = 0.318$	CI = 0.076，CR = 0.087 < 0.1
I_3 到 F_n （n =8，9，10）	$T_8 = 0.266$，$T_9 = 0.305$，$T_{10} = 0.429$	CI = 0.21，CR = 0.0063 < 0.1
I_4 到 F_n （n =11，12，13）	$T_{11} = 0.297$，$T_{12} = 0.311$，$T_{13} = 0.392$	CI = 0.0079，CR = 0.081 < 0.1
I_5 到 F_n （n =14，15）	$T_{14} = 0.486$，$T_{15} = 0.514$	CI = 0.306，CR = 0.093 < 0.1
I_6 到 F_n （n =16，17，18）	$T_{16} = 0.292$，$T_{17} = 0.273$，$T_{18} = 0.435$	CI = 0.017，CR = 0.071 < 0.1
I_7 到 F_n （n = 19，20，21，22）	$T_{19} = 0.251$，$T_{20} = 0.246$，$T_{21} = 0.265$，$T_{22} = 0.238$	CI = 0.034，CR = 0.059 < 0.1
I_8 到 F_n （n =23，24）	$T_{23} = 0.563$，$T_{24} = 0.437$	CI = 0.178，CR = 0.086 < 0.1
I_9 到 F_n （n =25，26，27）	$T_{25} = 0.281$，$T_{26} = 0.365$，$T_{27} = 0.354$	CI = 0.097，CR = 0.053 < 0.1
I_{10} 到 F_n （n =28，29，30）	$T_{28} = 0.322$，$T_{29} = 0.347$，$T_{30} = 0.331$	CI = 0.0075，CR = 0.029 < 0.1
C_1 到 I_n （n =1，2）	$TI_1 = 0.531$，$TI_2 = 0.469$	CI = 0.816，CR = 0.074 < 0.1
C_2 到 I_n （n =3，4）	$TI_3 = 0.476$，$TI_4 = 0.524$	CI = 0.727，CR = 0.035 < 0.1
C_3 到 I_n （n =5，6，7）	$TI_5 = 0.253$，$TI_6 = 0.276$，$TI_8 = 0.471$	CI = 0.0067，CR = 0.048 < 0.1

判断矩阵	特征向量	一致性检验
C_4 到 I_n （n＝8，9，10）	$TI_8 = 0.241$，$TI_9 = 0.372$，$TI_{10} = 0.387$	$CI = 0.016$，$CR = 0.009 < 0.1$
S 到 C_n （n＝1，2，3，4）	$TC_1 = 0.187$，$TC_2 = 0.249$，$TC_3 = 0.235$，$TC_4 = 0.329$	$CI = 0.022$，$CR = 0.042 < 0.1$

（六）指标模型评价层与评价因子的权重计算

1. 指标模型各评价层对应的权重

根据判断矩阵特征值结果可知，国家公园指标模型各评价层次之间对应的比重显示了不同因子的重要性。从最终结果来看，制度因素所占比重为 $TC_4 = 0.329$，可知在国家公园设置中制度条件比重最大，体现了国家公园作为一种管理模式的特征。根据以上特征向量，可以总结出不同评价层各要素所占的比重，以及这些要素最终在总评价体系所占的比重。具体结果如表 4－41、表 4－42（1）至表 4－42（4）以及表 4－43（1）至表 4－43（10）。

表 4－41　　　　　　　　　　C 层对应的 S 的权重

C_n	C_1	C_2	C_3	C_4
对应的 S 的权重	0.187	0.249	0.235	0.329

表 4－42（1）　　　　　　　　I_1，I_2 对应的 C_1 的权重

I_n	I_1	I_2
对应的 C_1 的权重	0.531	0.469

表 4－42（2）　　　　　　　　I_3，I_4 对应的 C_2 的权重

I_n	I_3	I_4
对应的 C_2 的权重	0.476	0.524

表 4－42（3）　　　　　　　I_5，I_6，I_7 对应的 C_3 的权重

I_n	I_5	I_6	I_7
对应的 C_3 的权重	0.253	0.276	0.471

表 4 – 42 （4）　　　　　　　　I_8，I_9，I_{10} 对应的 C_4 的权重

I_n	I_8	I_9	I_{10}
对应的 C_4 的权重	0.241	0.372	0.387

表 4 – 43 （1）　　　　　　　　F_1，F_2，F_3 对应的 I_1 的权重

F_n	F_1	F_2	F_3
对应的 I_1 的权重	0.407	0.286	0.307

表 4 – 43 （2）　　　　　　　　F_4，F_5，F_6，F_7 对应的 I_2 的权重

F_n	F_4	F_5	F_6	F_7
对应的 I_2 的权重	0.293	0.208	0.181	0.318

表 4 – 43 （3）　　　　　　　　F_8，F_9，F_{10} 对应的 I_3 的权重

F_n	F_8	F_9	F_{10}
对应的 I_3 的权重	0.266	0.305	0.429

表 4 – 43 （4）　　　　　　　　F_{11}，F_{12}，F_{13} 对应的 I_4 的权重

F_n	F_{11}	F_{12}	F_{13}
对应的 I_4 的权重	0.297	0.311	0.392

表 4 – 43 （5）　　　　　　　　F_{14}，F_{15} 对应的 I_5 的权重

F_n	F_{14}	F_{15}
对应的 I_5 的权重	0.486	0.514

表 4 – 43 （6）　　　　　　　　F_{16}，F_{17}，F_{18} 对应的 I_6 的权重

F_n	F_{16}	F_{17}	F_{18}
对应的 I_6 的权重	0.292	0.273	0.435

表 4 – 43 （7）　　　　　　　　F_{19}，F_{20}，F_{21}，F_{22} 对应的 I_7 的权重

F_n	F_{19}	F_{20}	F_{21}	F_{22}
对应的 I_7 的权重	0.251	0.246	0.265	0.238

表4 -43（8） F_{23}，F_{24}对应的I_8的权重

F_n	F_{23}	F_{24}
对应的I_8的权重	0.563	0.437

表4 -43（9） F_{25}，F_{26}，F_{27}对应的I_9的权重

F_n	F_{25}	F_{26}	F_{27}
对应的I_9的权重	0.281	0.365	0.354

表4 -43（10） F_{28}，F_{29}，F_{30}对应的I_{10}的权重

F_n	F_{28}	F_{29}	F_{30}
对应的I_{10}的权重	0.322	0.347	0.331

2. 国家公园各评价因子的权重

每个因子F_n对应上一层I_n，再由I_n对应上一层C_n，最终由C_n对应目标层S，形成了传递式的中国国家公园准入条件评价指标体系的权重。每个因子的最终权重由下一层的权重乘以上一层权重值，最终权重如表4 -44所示。

表4 -44 中国国家公园设置标准评价指标权重

目标层	综合评价层	权重	项目评价层（I层）	权重	项目评价层（F层）	权重
中国国家公园设置标准	自然条件	0.187	公园意义	0.09927	重要性	0.040413879
					典型性	0.028398942
					完整性	0.030484179
			功能价值	0.087703	生态价值	0.025696979
					科学价值	0.018242224
					文化价值	0.015874243
					游憩价值	0.027889554
	保育条件	0.249	保育情势	0.118524	规模适宜性	0.031527384
					原始状态	0.03614982
					保育前景	0.05086796
			保育措施	0.130476	保育规划	0.038751372
					保育行动	0.040578036
					环境监理	0.051146592

续表

目标层	综合评价层	权重	项目评价层（I层）	权重	项目评价层（F层）	权重
中国国家公园设置标准	开发条件	0.235	区位条件	0.059455	市场区位	0.02889513
					通达性	0.03055987
			环境条件	0.06486	气候条件	0.01893912
					环境质量	0.01770678
					工程施工条件	0.0282141
			基础设施	0.110685	交通通讯设施	0.027781935
					供排设施	0.02722851
					服务设施	0.029331525
					营运设施	0.02634303
	制度条件	0.329	资源制度	0.079289	土地制度	0.044639707
					其他资源制度	0.034649293
			体制制度	0.122388	管理机构	0.034391028
					协调机制	0.04467162
					制度效益	0.043325352
			管理层级	0.127323	政策层级	0.040998006
					机构层级	0.044181081
					资金层级	0.042143913

第三节　中国国家公园设置标准的评价体系

一　设置指标的设定与释义

（一）设置指标的设定

综合上述指标设计过程的分析，本研究提出，中国国家公园设置指标体系由自然条件、保育条件、开发条件和制度条件4个综合评价层，公园意义、功能价值、保育情势、保育措施、区位条件、环境条件、基础设施、资源制度、机制制度、管理层级10个项目评价层和重要性等30个评价因子构成（见表4－45）。

1. 自然条件：资源只是自然环境的一个组成部分，各种国家级遗产地现行评价标准中的资源是相对于人类利用而言的，因此倾向于资源及其价值和质量的评价，存在明显的局限和不足。国家公园以自然环境及其资源为物质载体，并以自然环境及其资源为保护对象，其目标和任务与各种国家级遗产地有明显的差别。将"自然条件"设为国家公园准入标准的综合评价层，较之"资源特征"或"资源价值"，更能体现国家公园的性质和以自然保护为首要目的的宗旨，更为准确地表达了国家公园的综合内涵。从保护与利用的角度上看，自然遗产地资源必须具备重要性、典型性和完整性的特性以及生态价值、科研价值、文化价值和游憩价值等功能价值，才具备列入国家公园加以保护和利用的资格。国家公园准入的自然条件，一方面必须完成对资源价值和质量的评价与等级评定，检验遗产地是否能够满足科研、公众游憩、环境教育的需求，另一方面必须体现国家公园的功能定位。这两方面所包含的要素实质上就构成了公园意义和功能价值。

2. 保育条件：生态保育反映人与生态系统之间"人地关系"的维护，是自然保护的重要内容，也是实现自然资源可持续发展的手段和保证。设置这一评价层旨在突出国家公园的生态保护功能，强调人类在利用自然的同时对自然万物所肩负的责任与义务，从而通过评价人类的环境经营模式，激发自然遗产地利益相关者从思想、制度、技术等多方面采取积极措施，做好生态保育规划，确保人类在保护的前提下适度开发和利用的行为，杜绝危险性的自然利用和管理方式，为遗产地规避人为破坏和自然性破坏风险提供体制和机制上的保障，落实自然生态的可持续发展。"保育条件"为其他公园评价标准所缺失，也较之一般的"环境保护"或"资源保护""原始状态维持"，更具长远的战略方向和行动意义，体现了国家公园生态管理的目标任务和先进性，更重要的是，标志着人类与自然的关系确实由征服自然向保育自然转变的进步。这一评价层由保育情势和保育措施两方面构成，保育情势包括现状和前景，指的是足以有效保护自然的面积规模、自然原始状态维护以及保育前景，评价该公园的保育价值和保育水平；保育措施从规划、行动、环境监理三个方面来评价保育规划是否科学、措施是否有效、环境监理是否到位，以检验生态管理工作的落实程度。

3. 开发条件：开发利用是人类作用于自然的行为表现，产生自然资源管理问题及其保护与利用冲突的根源，是人类与自然关系交集的中心环节。根据表 4 - 1 所列的 IUCN 和各国代表性国家公园的定义，国家公园承担着自然保护和公众游憩两大任务。如果不进行必要的开发，不提供必需的游憩和服务设置，国家公园是无法满足公众游憩需要的。世界自然保护联盟（IUCN）将国家公园列为六类保护地之一，不同于严格意义上的自然保护区，而且为了统一统计口径，将"开发标准"列为三类统计标准之一。美国黄石公园不仅是国家公园的始祖，而且被视为世界自然遗产管理的典范。1872 年美国国会将黄石地区设置为国家公园时定义为"公众的公园"，是一处"为了人民的利益和愉悦而建的游乐场地"，"为游览、公众使用、欣赏或科学研究提供最多的机会"被列为美国国家公园的标准之一。因此，为了满足公众娱乐和游客体验，黄石国家公园进行了游路、野营地等设施的有限制开发，开展适度的狩猎和垂钓等活动。再如英国《环境法案》将为公众提供娱乐机会及促进公园社区经济社会福利发展规定为国家公园管理机构的主要职责之一，视国家公园为国民娱乐场所或旅游地，自然旅游开发普遍，14 个国家公园每年接待约 1.5 亿人。[①]由此，可理解为国家公园不同于严格的自然保护区，国家公园不仅可以开发，而且必须进行开发，但应当是适度的限制性开发，以完成其承担的自然保护和公众游憩两大任务。

从人类具有趋利避害的秉性的角度看，公园开发利用必须用较低的经济成本以利于组织人类的游憩活动获取效益，用较低的生态成本以利于环境保护。因此，首先必须审视的是区位条件是否适宜，是否具备市场条件，景观空间组合如何，交通是否通达；其次要审视和评价气候、空气、噪声、土壤等环境条件以及工程施工过程中就地取材条件；第三要评价交通通讯、服务设施、运营管理设施等基础条件能否满足科研、公众游憩的需要，内部功能分区是否合理，进而评价资源整合管理的可行性及其整体保护工作水平。这些条件当属国家公园的硬件条件，包括先天自然所具备的和后天人工所建设的两类。

4. 制度条件：自然遗产地生态危机的根源，追根究底在于深层次的管理制度设计。制度是博弈的结果，是被社会所有成员同意的、在特定的反复出现的情况下规范行为的行为标准，[②] 因而体现着人们对一事物的理念和

---

① 程绍文、徐菲菲等：《中英风景名胜区/国家公园自然旅游规划管治模式比较——以中国九寨沟国家级风景名胜区和英国 New Forest（NF）国家公园为例》，《中国园林》2009 年第 7 期，第 43—48 页。

② ［美］安德鲁·肖特：《社会制度的经济理论》，陆铭、陈钊译，上海财经大学出版社 2003年版，第 15—19 页。

价值判断的选择性表达。① 自然遗产开发利用与保护之间的矛盾既是我国经济发展特征的一种现实反映，也是我国现行自然遗产资源管理理念、管理体制和机制安排错位或不当的体现，说明参与自然遗产利益博弈的主体在自然环境可持续发展的道德理念和价值判断上尚存在明显的缺陷。

从国外设立国家公园体现出的各种功能和达到的效果来看，设置国家公园能够将自然遗产纳入规范的管理制度之中，通过保持均衡的价值判断和价值选择改变因制度偏离导致的各种行为上的偏差，有效地协调和处理保护与开发之间的矛盾，特别是要用制度来约束开发利用之行为，并且将管理措施细化和落实在实体之中。黄石国家公园管理模式之所以成为世界自然遗产的管理典范，原因就在于它依据其资源的公益性质，建立与使命和功能定位相适应的管理、经营、监督和资金等制度，并在资源环境保护、科研开展、宣传教育、员工招募、资金运作五个方面均制定了可操作且有效的机制，以保证管理手段、管理能力与管理目标相适应。②

作为一种管理模式，如果不具备具体的管理指标和措施，遗产地即便建立了国家公园，该模式也难以成立，更难以运行。国家公园管理模式之所以被认可，主要表现在通过合理的制度设计能够达到管理的有效性和规范性，而它的有效性和规范性在于建立了与自然保护、资源公益性相适应的土地、资金、管理、经营、监督机制，体现人类对自然管理的思想理念，并赋予其法律地位的制度保障，从而较好地处理保护与利用的矛盾。土地权属、财政支持构成国家公园的管理基础，边界划定不清、土地权属纠纷以及保护资金缺乏是造成保护与利用矛盾、利益相关者冲突的根源。构建一套反映自上而下的管理制度，使土地、资金以及管理机构、管理人员等要素有了制度性的保障，辅之以健全的利益协调机制、运营管理机制，国家公园才能成为一种有效的自然管理模式。"制度条件"属于国家公园的软件条件，与"自然条件""开发条件"共同构成国家公园评价的软件和硬件两个方面。

中国国家公园的设置必须体现符合中国国情实际的制度创新，"制度条件"的设置应符合自然遗产管理制度创新的要求。"制度条件"列入评

---

① 邬大光：《21 世纪中国高等教育体制改革研究报告》，2004 年，第 80 页。

② 刘玉芝：《美国的国家公园治理模式特征及其启示》，《环境保护》2011 年第 5 期，第 68—70 页。

价指标较之其他公园评价标准是创新，也是国家公园作为一种自然管理模式的特质和制度要求，反映了国家对自然保护的战略意志和制度设计，体现了社会系统和自然资源系统之间的协同演化的互动过程，旨在从根本上解决自然遗产资源管理制度缺失和体制机制矛盾，为自然保护、国家公园管理与运营提供制度规范。

表 4 – 45　　　　　中国国家公园设置标准评价指标体系

综合评价层	项目评价层	评价因子	评价指标针对性
自然条件	公园意义	重要性	环境与资源对全国、世界的意义
		典型性	环境与资源的代表性或唯一性
		完整性	环境与资源的原真性、完好性、生态多样性
	功能价值	生态价值	自身生态品质、对所处区域的生态意义
		科学价值	开展科研、修学、教育、知识普及的价值
		文化价值	区域生态文化的品位及其传承价值
		游憩价值	审美价值，休闲、游乐、运动等活动的条件，旅游开发的经济和社会价值
保育条件	保育情势	规模适宜性	公园面积，满足保护需要的环境容量
		原始状态	环境自净能力、自然荒野状态、外来物种入侵状况、自然修复能力
		保育前景	生物多样性、群落演变趋势，公众支持程度
	保育措施	保育规划	保育管理目标、空间区划、保育项目
		保育行动	保育措施和行动的科学性和有效性，保育项目成效，社区居民参与力度
		环境监理	保育过程和环境演变的监管，环境责任追问
开发条件	区位条件	市场区位	客源地时空距离、客源市场的区位
		通达性	交通可进入性、旅途的安全性和舒适度
	环境条件	气候条件	气候舒适度、适游期
		环境质量	空气质量、水资源和水质，自然灾害
		工程施工条件	地质地貌、水文、生物的施工条件，就地取材条件
	基础设施	交通通讯设施	公园游路、步行道、交通工具、通讯设施的合理性、有效性
		供排设施	供水、供电、排水、排污的设施的合理性、有效性
		服务设施	咨询、出版物、解说系统、游客中心、志愿者中心及住宿饮食、娱乐保健、商务会议、修学科教等设施的合理性、有效性
		营运设施	行政办公室、职工住房以及开展安全管理、环境观测、火警瞭望、污水处理等设施的合理性、有效性

续表

综合评价层	项目评价层	评价因子	评价指标针对性
制度条件	资源制度	土地制度	土地获得性、土地权属和流转政策
		其他资源制度	资源使用运营政策，经济补偿和奖惩制度
	体制制度	管理机构	机构设置，管理职能和目标，管理、经营和解说队伍，自愿者服务队伍
		协调机制	游客、从业人员及部门、地区、社区利益的协调机制，社区参与度
		制度效益	管理有效性，开发运营的生态、社会、经济的效益及其增长前景
	管理层级	政策层级	执行资源管理政策的层级
		机构层级	机构设置级别，归属上级管理机构的层级
		资金层级	管理资金来源机构层级及其保障程度
一级 4 个	二级 10 个	三级 30 个	

（二）指标释义

1. 公园意义

自然资源是国家公园的物质载体，也是自然保护的对象，在国内外各种评价标准中，资源占据突出的地位。对资源的评价指标有许多表达（见表 4-16），但归纳起来，就是表达三个层面的含义，即重要性（全国或世界范围而言的影响力）、典型性和完整性，所表达的是自然遗产地资源所具备的重要意义。自然遗产地正因为具有这样的特性，才成为游客的必游地，如到美国的游客必游黄石公园，每年全美国家公园接待游客达 2.65 亿。

（1）重要性：自然遗产往往是影响一个特定区域的自然遗存，承载着地球上地质地貌和生态环境演化的历史以及人类与自然相互作用的文明发展关系，因此，国家公园所承载的遗产资源因具有代表国家形象的品质而具有国家或世界性的重要性。表 4-1 所列的各种定义和标准中均有对"重要性"的表述。所谓重要性就是自然遗产地能够集中展示人类与自然环境和谐共处与发展的例证，体现环境与资源对全国乃至世界的意义。

（2）典型性：典型性反映自然遗产地资源的本质属性和典型环境中诸关系的相互作用，足以通过个性特征反映某一自然区域的代表性和特殊价值，为资源和环境保护提供依据。典型性就是指环境与资源在全球或全国同类型自然景观或生物地理区中具有唯一性，代表性显著，或是杰出的范例。

（3）完整性：环境与资源具有原真性、完好性、生态多样性，意味着遗产地具备可持续的生态价值和保护意义，事关人类和自然的可持续发展。完整性是指人类的使用行为不能因改变原样而对自然造成伤害，既是对历史的人文肯定，也是对未来发展的测度，体现了丰富的生物多样性和自然遗产资源在正确的管理思想指导下，得到保护以及保护性利用，保持着原始性和高度完整性。

2. 功能价值

国家公园的功能通过其资源的品质和特征，满足其服务于自然环境演化和人类利用的需求，是国家公园属性的反映，且其功能价值是人类自我意识和对外在自然价值判断的直接反映，因此国家公园的功能价值就是公园的本质存在和发展定位的依据。随着现代生态文明观的建立，资源价值已经不仅仅是指传统的效用价值，而是赋予了生态功能的价值，因此要求通过实现资源可持续利用、代际利益均衡，协调生态效益、社会效益和经济效益的关系。上文中国内外各种评价标准对资源价值的表述和解析，虽然已经注意到了生态价值，但诸如"观赏游憩价值""历史文化科学艺术价值""珍稀奇特程度""资源影响力""知名度""适游期"等因子体现更多的还是经济、人文等方面的效用价值。本研究从生态、经济和社会三者关系，选择"生态价值""科研价值""文化价值""游憩价值"四个要素来评判，旨在更加全面地准确概括国家公园的性质和公共服务功能。诸如美国国家公园每年批准科研项目立项，开展旅游行业培训，开发公园的公共服务功能，发挥拉动旅游业的功能，促使黄石公园旅游业的占比从30%增至现在的80%。

（1）生态价值：自然遗产地在很大程度上保留了自然界最原始的地质地貌特征、最特别的稀有物种栖息地，以及生物多样性富集的自然环境面貌，[1] 所蕴涵的生态价值存在于自然物之间以及自然系统所具有的整体系统功能、自然生态系统对于人所具有的环境价值之中。这种价值不同于经济价值或资源价值，是关系人类生存和可持续发展的重要条件，因此，

---

① Mike Cappo, Peter Speare and Glenn De'ath, Comparison of baited remote underwater video stations (BRUVS) and prawn (shrimp) trawls for assessments of fish biodiversity in inter-reefal areas of the Great Barrier Reef Marine Park. *Journal of Experimental Marine Biology and Ecology.* No. 2, 2004, pp. 123—152.

是生态文明建设的基础，是国家公园建设的意义所在，也是国家公园设置标准评价指标设计遵循保护优先效益协同理论模型的重要依据之一。"生态价值"指标的评价就是遗产地的典型自然生态系统的经济价值、伦理价值和功能价值突出，对所处区域环境的生态意义重大。

（2）科研价值：自然遗产地是科学家研究地球生命历史的天然实验室，其特殊地貌类型、地质化石遗迹、生物多样性，往往为科研工作者研究地貌演化、动植物生境变化、区域环境变迁提供了第一手的自然素材，为年轻学生获取自然环境教育和学习提供自然地理背景。国家公园的主体公共服务功能之一就是满足公众的环境教育和学习需求。简而言之，科研价值指标描述的是遗产地具有重要的研究、修学和科学知识普及的价值。

（3）文化价值：自然界为人类的生息繁衍和发展提供了物质条件，人类的行为作用于自然且保留了人类文明发展的烙印，自然遗产中所积累的人地关系历史蕴含着大量的值得传承的文化价值，包括人类作用于自然的环境道德。传承和保护文化价值也是国家公园提供公共服务的重要内容。"文化价值"指标指的是遗产地区域文脉特征和品位鲜明，反映区域生态文明的发展过程，文化传承历史丰富鲜明，具备传承价值。

（4）游憩价值：游憩价值是具有审美价值的遗产资源作为旅游资源进行评价和利用的一项指标，从理论上说是现代旅游业发展过程中出现的一个跨经济学、旅游学、环境与资源学的概念。游憩价值不仅仅局限于现代旅游活动的门票价格问题，而更多地传达的是人们对资源景观审美和游憩服务的价值判断，因此，也就构成了遗产资源有别于生产性利用的旅游利用方式，并因此而产生旅游利用的新矛盾，成为国家公园管理必须面对的课题。"游憩价值"指标需要评价自然遗产景观审美性的高低，具备休闲、游乐、运动等游憩利用的条件，说明其旅游开发的经济和社会价值，能为公众游憩、欣赏、自然教育或科普活动提供最多机会。

3. 保育情势

自然遗产保育是解释"保护优先效益协调"理论模型的重要内容，是国家公园承担自然保护任务和人地关系和谐的重要体现，关系自然遗产的可持续发展，主要从面积规模、自然原始状态维护、环境容量控制、保育前景以及地方和公众支持程度等方面，反映人与生态系统之间的影响，评价公园生态监测、自然生态维护和野生动植物饲育，以及公园自然区域与原住民传统文化和生活习惯维持等工作的水平。

（1）规模适宜性：根据美国国家公园系统保护区规模随着保护区类型、建设时间和地区分布的不同而变化所反映的保护区规模主要影响因素，国家公园规模大小所反映的不只是一个自然遗产地外在物质空间的大小，而是某一国家或遗产地的内在自然保护思想，因为土地的可获得性则直接影响保护区面积，而用地的可获得性取决于这一思想。① 因此，面积标准列为世界自然保护联盟 IUCN 所规定的国家公园三类统计标准之一。世界遗产委员会也强调，为了落实具体遗产地的保护，必须划出明确的管理边界，并进一步划定保护缓冲。所谓规模适宜性，是指有足以满足国家公园保护优先需要并发挥其游憩、科研等多种功能的面积，即国家公园要有一定的规模，保证其与生态系统空间一致的环境容量。

根据对中国第一批至第四批 141 处国家级风景名胜区，以及国家森林公园、世界地质公园的调查，国家风景名胜区面积最小的后 10 名中只有重庆缙云山——钓鱼城、河南洛阳龙门、西藏雅砻河、江苏三山风景区四个景区不足 20 平方公里（见表 4－46）。660 个国家级森林公园中面积最小的是山东槎山国家森林公园（106.67 平方公里），中国 24 个世界地质公园面积最小的是四川兴文地质公园（156 平方公里）。参照 IUCN 对国家公园受保护面积不少于 10 平方公里的要求，中国绝大多数国家级遗产地均符合面积要求，因此，本研究设计的面积指标原则上不小于 20 平方公里，其中核心景观资源应予严格保护，不小于总面积的 50%。

表 4－46　　　　面积最大前 10 名和最小后 10 名国家风景名胜区名单（第 1—4 批 141 处）

景区名称	位列名次	总面积（平方公里）	旅游面积（平方公里）
云南三江并流	1	40000	
青海青海湖	2	4573	4573
广西桂平西山	3	4401	423
新疆博斯腾湖	4	3168	1663
河北承德避暑山庄外八庙	5	2394	2263
广西桂林漓江	6	2064	2000
四川黄龙寺——九寨沟	7	1991	978
新疆库木塔格沙漠	8	1880	24

① 董波：《美国国家公园系统保护区规模的变化特征及其原因分析》，《世界地理研究》1997 年第 2 期，第 98—105 页。

续表

景区名称	位列名次	总面积（平方公里）	旅游面积（平方公里）
重庆长江三峡	9	1534	359
四川邛山——螺髻山	10	1401	1401
广东惠州湖	132	23	
吉林仙景台	133	23	5
安徽太极洞	134	22	2
广东白云山	135	21	7
广东星湖—鼎湖山	136	20	13
广东西樵山	137	20	14
重庆缙云山——钓鱼城	138	18	10
河南洛阳龙门	139	9	4
西藏雅砻河	140	9	
江苏三山风景区	141	3	2

（2）原始状态：原始状态是原真性的另一表达。原真性（authenticity）和完整性（integirty）是《保护世界文化和自然遗产公约》中的两个非常重要的概念，为各国的世界遗产保护、利用实践提出了衡量标准，杜绝破坏遗产的原真性和完整性成为适当利用遗产的准绳，因为在全球范围内人类行为不适当地作用于脆弱的自然与文化遗产，给区域环境、经济和社会带来了严峻的威胁。维持自然遗产的原始状态或延缓其衰退的速度，有利于资源和环境的可持续发展。如美国的国家公园遵循"不规划自然、尊重自然规律"的指导思想，对发生在国家公园内的一切自然现象，哪怕是自然火灾、洪水和虫害，均顺其自然，只要不伤及游客、工作人员和文物古迹，不采取施救措施。保持"原始状态"还说明其环境自净能力强，整体风貌未因开发利用而发生变化，动植物种类及地质地貌得到充分保护，不乱建宾馆等人工设施，无自然和人为破坏现象，保持自然荒野状态。这是国家公园独有的要素之一，较好地体现了国家公园建设的必要性。

（3）保育前景：保育前景一方面解释自然遗产现有状态（或保持原始状态或遭一定程度破坏）维持或恢复的能力，环境容量控制；另一方面解释管理机构对于生态修复和反哺机制的重视程度、公众支持程度及其机制的健全程度。该项指标与可持续发展密切相关，用以评价该遗产地生态修复与反哺机制是否健全，保育管理水平高，生物多样性、群落演变趋势好。

4. 保育措施

科学合理的保育规划和到位的具体监理措施，是生态保育工作取得成效的保障。这些措施必须符合生态价值判断，是人类生态环境道德意识的具体体现，与生态修复和保育等生态管理目标、任务保持一致性，满足生态环境与资源保护的目的。保护措施包括制定保育规划、建立奖罚机制和告示警示系统、防止外来物种危害、确定开发与保护面积的比例，等等。

（1）保育规划：保育规划是人类环境道德意识转变为实际保护行为的具体化，是落实资源与环境管理的总纲和指南，规划目标定位是否准确，行动和措施合理与否，是否有前瞻性和可操作性，关系保育行动的有效性，影响遗产地的可持续发展，因此，"保育规划"着重评价其保育目标是否明确、空间区划是否合理、保育项目意义是否重大，以及保育管理体制机制是否符合自然保护要求。

（2）保育行动：保育规划思想、保育项目和整治措施通过具体的行为活动才能作用于自然保护，并将遗产保护和环境建设有机地结合起来。[1] 自然遗产的环境包括大气、水、土壤、生态乃至交通、社区人文环境等诸多内容，保育行动就是要将这些内容均作为生态管理任务付诸行动，使人类以正确的行为方式与大自然发生积极正面的联系，促进人地关系维持在和谐状态之中。"保育行动"指标评价的是保育措施的科学性和有效性，行动具体到位，符合生态安全和保育项目实施的要求，生态保育与恢复工程建设成效显著，得到社区居民的高度支持与配合。

（3）环境监理：监理活动是保证保育规划和保育行动有效性的必需。国务院在《国家环境保护"十二五"规划》中明确提出要加强矿产、水电、旅游资源开发和交通基础设施建设中的生态监管，落实相关企业在生态保护与恢复中的责任，因此，国家公园建设必须将生态监管能力建设作为一项具体而重要的任务加以着力推进和落实。环境监理就是从监管机制、手段、措施上构建全过程生态监管体系，依据环境保护的相关法规、标准和准则，采取公开透明的巡视、检查等方式，监督资源与环境保育各项措施的落实。环境监理评价的依据包括：建有专门的监理队伍；监管体系健全；依法开展常态化的保育和环境监管；执行环境责任追问制；处理违规行为及时；使用绿色环保的能源和设施；措施有效，监理水平高。

5. 区位条件

无论自然保护还是旅游开发利用，区位条件都是遗产地发展的重要因

---

[1]　王连勇：《世界遗产项目的全球环境问题透视》，《环境保护》2008 年第 18 期，第 31—34 页。

素之一，区位条件好才能使公园具备长远发展的优势和能力。其中，交通通达性最为主要，不仅决定着遗产地的地域特色和保护方向，而且决定着资源的空间布局和组合度，以及客源市场潜力。各国国家公园的发展无不得益于遗产地交通可进入性较好的区位条件，如美国国家公园的发展得益于铁道建设给予的区位优化和旅游发展推动，我国云南试点国家公园的评价标准中也提出了市场区位的要求。因此，中国国家公园设置要有园外交通规划的要求。

（1）市场区位：游憩活动以游客为主体，自然就需要有客源及其客源地，即使是面向科研和环境教育的群体，也产生客源地距离现象。根据中国的城市和人口分布情况，市场区位以客源地距离以半径 100 公里内有 100 万以上人口规模的城市，或 100 公里内有著名的旅游区点为宜，这样客源市场既有一定的保证，旅游产品的组合度也更好。

（2）通达性：指交通通达性好，进出交通设施完善便捷。在现代社会中，交通的可进入性，对外联系的便捷性十分重要。国家公园以满足公众游憩、科教活动为任务之一，并因其重要性和资源景观价值突出，每年吸引大量的游客或接受环境教育者，如果国家公园的交通工具落后，通达性不好，不仅无法满足公众的进出需求，而且还会对自然环境造成负面影响。如美国约塞米蒂国家公园每年有 340 万游客涌入，争睹半圆丘的奇观，但人潮拥挤造成交通堵塞，柴油、电力混合动力的免费巴士排放的刺鼻尾气不仅令游客难以忍受，也伤害自然环境。① 因此，"通达性"指国家公园或具有一级公路或高等级航道、航线直达，或具有充足的旅游专线交通工具。

6. 环境条件

自然环境既是生态保护的对象，也是旅游开发利用的重要资源，因为自然环境的特性和优良程度决定着游憩的适宜性、游客审美的满足程度以及资源开发建设过程中就地取材的条件，进而影响遗产地的功能分区、游憩项目设置、设施布局、建筑风格设计和生态安全保护，因此属于国家公园的基础性条件。

（1）气候条件：一方面了解气候条件是开展生态环境和资源保护的前提条件；另一方面气候舒适度高，适游期则长，能获得更好的经济效益

---

① ［美］迈克尔·梅尔福德、琳内·沃伦：《美国国家公园的危机》，《美国国家地理》2006 年第 10 期，第68—89 页。

和社会效益。适游期固然越长越好，但能达到一年中三分之二时间，即大于 250 天/年的气候条件适游，就是较好的气候条件。

（2）环境质量：环境质量是开展自然保护的风向标和核心内容，也是评价自然保护好坏程度的标尺，环境质量好说明动植物的生境处于良好的状态，适宜公众开展游憩和科教活动，自然遗产地的可持续发展水平较好，因此该项指标十分重要。环境质量指标评价设定为空气质量达到 GB 3095—2012 的一级标准，地面水环境质量达到 GB 3838—2002 的一类标准，土壤环境质量达到 GB15618—1995 的一级标准，噪声质量达到 GB 3096—2008 的规定，无自然灾害现象发生。

（3）工程施工条件：工程施工条件不仅仅是评价国家公园建设的便利条件，更为重要的是，良好的施工条件有利于防止外来物种入侵、防止大面积的施工，有利于建筑设施展示地方特色，与周围环境相协调。"工程施工条件"主要评价其地质地貌、水文、生物条件是否符合开展游憩、科研、环境教育的要求以及工程施工就地取材条件。

7. 基础设施

基础设施是国家公园借以提供公共服务、进行管理和运营的必要物质手段，其完善和便利程度影响公园游憩、科研、教育等功能的发挥，也影响着资源保护任务的实施。无论是作为保护地还是作为旅游区，公园服务系统用以满足人的需要的设施很多，参照美国国家公园的做法，主要包括咨询服务、演示服务、出版物旅游服务及解说系统、生态教育与探险、寄宿和修学、现场研讨会、野营和野餐等服务设施。本研究主要从满足游憩、科教服务、环境管理需求的角度，对拟建国家公园的外部环境和内部条件提出要求，但是基础设施的规划建设必须遵照自然保护为先的准则，以适度合理、项目小型化、不破坏环境、与周边环境相协调为原则。

（1）交通、通讯设施：交通、通讯设施不仅是现代社会与经济发展的重要基础，而且是国家公园完善空间分布形态、对接社会经济活动的助推器，先进完善的交通、通讯设施还有利于公园的生态修复、保育、防灾减灾等自然保护工作。区内参观游览道路或航道布局合理、顺畅，与观赏内容联结度高，具备符合环保要求的多种便捷交通工具，停车场规模适当、绿化好，通讯信号好，应是"交通、通讯设施"评价的基本要求。

（2）供排设施：能源供应和污水垃圾处理是维护公园正常运行、环境保护工作处于高水平的重要方面，因此，完成供排任务的基础设施建设具有先行性，是公园建设的重要组成。"供排设施"评价包括完备的供水、供电、排水、排污设施，按照国家环境保护的标准，污水排放必须达到 GB 8978—2002 的规定。

（3）服务设施：主要以满足游憩、科教、会议等活动的基本要求为目的，是国家公园提供公共服务的物质手段，也是公众利用自然、享用自然的必要条件。各国国家公园在满足公众游憩需求方面均提供便捷舒适且不与自然保护相违背的必要服务设施，并从中获得一定的经济收入，用于公园的管理和维护，如美国国家公园采取特许经营的方式，提供商业性的游客服务项目。"服务设施"主要包括提供咨询服务、出版物旅游服务、解说系统、游客中心、志愿者中心及住宿饮食、娱乐保健、商务会议、科教修学、野营野餐活动等设施，总的要求是布局合理、设施完备、服务有效性高。

（4）营运设施：营运设施侧重于公园管理和经营设施，是公园管理的后勤服务保障，主要包括行政办公室、职工住房以及开展安全管理、环境观测、火警瞭望、污水处理等设施。

8. 资源制度

资源作为获取物质利益的基础，是利益相关者矛盾冲突的焦点，因为除了自然资源使用权所产生的利益问题外，往往还产生资源与环境保护的责任与公平问题。党的十八大报告中明确表示："保护生态环境必须依靠制度。要把资源消耗、环境损害、生态效益纳入经济社会发展评价体系，建立体现生态文明要求的目标体系、考核办法、奖惩机制"，并提出了"深化资源性产品价格和税费改革，建立反映市场供求和资源稀缺程度、体现生态价值和代际补偿的资源有偿使用制度和生态补偿制度"等具体措施。可见制度建设是解决资源利用和自然保护问题的根本出路。目前我国处于社会转型期，不少新旧管理制度交织，自然遗产资源权属复杂，激烈的权益之争造成自然遗产资源保护与利用的矛盾。中国设置国家公园并采取国家公园模式进行自然遗产管理，首要目的就是建立一套管理制度，从制度上确立资源权属关系，为资源开发、利用、配置、保护和管理做好合理的制度安排，为自然遗产资源高效利用和有效保护提供制度保障。中国自然保护工作已经开展半个多世纪，并已建立"国家级遗产地"体系，虽然存在亟待解决的问题，但为国家公园的建设奠定了基础。中国国家公园系统是一个以现有"国家级遗产地"体系为基础并高于该体系，以更高的模式形态管理控制的系统。设置"制度条件"对现有"国家级遗产地"进行评价：一是对现行管理状态进行反思，总结和学习先进的管理经验；二是在现有条件下，促使遗产地在权限范围内自主出台有利于规范管理的规章；三是促进国家自然遗产管理制度改革。

（1）土地制度：土地所有权是国家公园管理的首要问题，也是产生利益矛盾与冲突的重要原因，如前文所述，土地的获得性大小反映了自然保护思想的高低。因此，土地所有权有规范的制度保障至关重要，建立国家公园管理的土地制度并且科学有效，说明国家和遗产地的自然保护思想及其战略方针正确，且得到落实。土地流转政策完备，无土地权属和资源权属争议，资源权属结构合理，划入国家公园的土地利用类型适合于资源的保护和合理利用，国有土地、林地面积占总面积的60%以上。

（2）其他资源制度：包括涉及其他资源如水、矿产、生物等的使用政策安排，具体涉及如资源使用的补偿与惩罚制度、资源破坏责任追问制度等。由于自然遗产具有跨区域的特点，为了保护公共环境而牺牲了自己的经济利益的地区、企业和个人，得到经济补偿是十分必要的，而这种补偿政策的制定往往需要上级政府牵头，而非遗产地所在地。从资源管理的执行角度来看，美国国家公园设立资源运营和保护部、警务部门，以及明确资源管理者不是业主，而是服务员和管家的角色，帮助国家和公众照看和维护资源义务等做法，也值得借鉴。政策安排合理，保护与利用矛盾少是该因子评价的核心。

9. 体制制度

杜绝自然遗产资源的过度开发和生态环境的破坏，关键在于健全的制度和制度的有效实施。在厘清资源权属的条件下，国家公园有效管理必须进一步建立和完善管理体制和机制，采取先进的管理方法和手段，强化管理制度和责任的落实，对公园的人、财、物进行从制度层面上的监管和协调。美国国家公园管理体制的先进性，体现在科研开展、宣传教育、员工招募、资金运作以及服务经营、狩猎垂钓、露营等商业服务的特许经营、私企及私人捐款等多方面，为促进中国自然遗产管理改革、丰富管理体制的内容提供了借鉴。

（1）管理机构：管理机构是国家公园管理的执行主体，机构设置是否合理、人员队伍是否充足、管理人员执行力高低，直接影响国家公园管理的有效性。因此，从管理的角度看，管理机构设置合理健全，自然管理目标明确，职能明晰，运行有效；有一支稳定、专业的环境管理、解说和经营管理队伍，且专业技术人员在管理中发挥主导作用；开展自然遗产保护志愿者工作，建立一支长期稳定的志愿者服务队伍，是构成该因子的评价依据。

（2）协调机制：自然遗产地的利益群体众多，参与利益博弈者包括了游客、从业人员以及部门、地区、社区等，各方资源之争、利益分配不公以及滥用权力造成对自然生态的破坏，利益矛盾伴随利益分化而激化。联合国世界遗产中心指出，遗产保护是循环经济、节约型社会或环境友好型社会可持续发展的重要基础和动因，要使各类遗产得到有效的保护，一定要强化遗产社区居民的积极参与。只有当地社区认识到，并且做到遗产保育和社区发展的和谐共存，遗产的价值才能得以再生和派生。[①] 由于历史和地理分布上的原因，中国自然遗产地社区的成分复杂，是遗产地利益冲突较之美国等国家更为突出的原因之一。因此，只有重视社区的参与，建立协调机制，赋予各方利益表达、获取和分配以制度的保障，明确各方权利、责任和利益，均衡人与人、人与自然之间的利益，才能化解矛盾，落实自然遗产保护的职责。

（3）制度效益：主要评价遗产地现行制度条件下的开发运营方式是否科学合理，管理制度是否有效，是否达到生态、社会、经济效益协调一致，效益增长前景是否良好，为其进入国家公园管理系统提供管理现状说明。

10. 管理层级

"低层次""条块分割"的管理体制往往造成扯皮推责、效率低下等管理问题，国家公园模式是国家自然资源管理战略以及人与社会系统各要素在环境管理中相互关系的体现，因此，需要建立真正体现国家战略意图层面的政策规范和权威管理组织及管理运行机制，才能有效组织和监控自然遗产资源管理的健康运行，提高资源配置效率。参照国外国家公园管理经验，在法律方面，公园的管理强调法制理念，如美国国会为国家公园立法、英国也出台国家公园法；在经营方面，强调非经营性质，公园执行低门票或免费，政府拨款占管理维护经费的大部分、经营收入用于维持公园运转和保护；公园设立基金会，接受私企和个人的捐助；在规划建设方面，如美国建立丹佛规划设计中心，汇集地理、地质、气象、农业、病虫类、园林、建筑、人类学、美学、经济学、社会学、管理学等多学科专

---

① UNESCO World Heritage Centre. Operational Guidelines for the Implementation of the World Heritage Convention, 2008.

家，垄断全国国家公园的规划工作，保证规划建设质量。这些管理行为均属于高层级的国家行为。

（1）政策层级：主要评价遗产地管理是否有法可依，是否严格执行上级出台特别是由国务院出台的土地、水、矿产、生物等资源管理的政策。

（2）机构层级：主要评价遗产地管理机构的设置级别和归属层级，特别是是否归属由国务院设立的统一管理机构。

（3）资金层级：主要评价遗产地管理资金的来源，国家财政提供专项资金支持，为各类资源规范管理提供制度性的充足资金保障。

二　指标分值的设定

评价指标体系采用百分制，总分值设为 100 分，各因子的分值依据国家公园设置标准评价指标权重表（见表 4－44）乘以总分值来设定。根据设置标准可操作性原则，为了计算便利，各评价层及其因子的分值按照"四舍五入"取整数，同时为了避免因"四舍五入"造成因子层相加大于100 总分值，个别项目做一定微调，即"开发条件"中的 0.5 和"制度条件"的 0.9 调整给"自然条件"，使该项分值由 19 分增为 20 分，因为"自然条件"中 F4—F7 因子小数点后的值大于"制度条件"中 F25—F30因子，"自然价值"I2 小数点后的值大于自然环境 I6，因子 F18 和 F22 不执行"四舍五入"。评价指标分值设定如表 4－47。

三　评价表的设计

综合上述已经确定的评价因子和指标权重，设计成国家公园设置评价表（见表 4－48）。采取定性与定量相结合的办法，依照指标释义的内涵，对每个评价因子按照"高中低"三级做定性判断，再给予等级赋值。根据人们对优良等级的习惯性判断，"高"赋值 $1 \geqslant X \geqslant 0.8$，"中"赋值 $0.8 > X \geqslant 0.6$，"低"赋值 $0.6 > X \geqslant 0$，总分值按式（1）计算，获得某一遗产地准入国家公园的评估分值：

$$W = \sum_{i=1}^{30} F_i X_i \tag{1}$$

式中：W——国家公园的评估分值；F_i——各项评估因子的权重分值；X_i——各项评估因子的评估赋值。

表 4 –47　　　　　　　中国国家公园设置标准评价指标分值设定

目标层	综合评价层	分值	项目评价层	权重	评价因子	分值
中国国家公园设置标准	自然条件	20	公园意义	10	重要性	4
					典型性	3
					完整性	3
			功能价值	10	生态价值	3
					科学价值	2
					文化价值	2
					游憩价值	3
	保育条件	25	保育情势	12	规模适宜性	3
					原始状态	4
					保育前景	5
			保育措施	13	保育规划	4
					保育行动	4
					环境监理	5
	开发条件	23	区位条件	6	市场区位	3
					通达性	3
			环境条件	6	气候条件	2
					环境质量	2
					工程施工条件	2
			基础设施	11	交通通讯设施	3
					供排设施	3
					服务设施	3
					营运设施	2
	制度条件	32	资源制度	8	土地制度	4
					其他资源制度	4
			体制制度	12	管理机构	3
					协调机制	5
					制度效益	4
			管理层级	12	政策层级	4
					机构层级	4
					资金层级	4
100 分	4 项	100 分	10 项	100	30 个	100 分

表 4-48　　　　　　　　　中国国家公园设置标准评分表

综合层	项目层	因子层	程度	权重	评价依据	评价
自然条件	公园意义	重要性	高	1≥X≥0.8	环境与资源具有全国乃至世界意义	
			中	0.8＞X≥0.6	环境与资源的全国乃至世界意义较大	
			低	0.6＞X≥0	环境与资源的全国乃至世界意义一般	
		典型性	高	1≥X≥0.8	环境与资源在全球或全国同类型自然景观或生物地理区中具有唯一性，代表性显著	
			中	0.8＞X≥0.6	环境与资源在全球或全国同类型自然景观或生物地理区中的代表性较为显著	
			低	0.6＞X≥0	环境与资源在全球或全国同类型自然景观或生物地理区中不具有唯一性，代表性一般	
		完整性	高	1≥X≥0.8	环境与资源具有原真性、完好性、生态多样性	
			中	0.8＞X≥0.6	环境与资源的原真性、完好性、生态多样性较好	
			低	0.6＞X≥0	环境与资源的原真性、完好性、生态多样性一般	
	功能价值	生态价值	高	1≥X≥0.8	自然系统的生态品质高，对所处区域环境的生态意义重大	
			中	0.8＞X≥0.6	自然系统的生态品质较高，对所处区域环境的生态意义较为重要	
			低	0.6＞X≥0	自然系统的生态品质一般，对所处区域环境的生态意义一般	
		科学价值	高	1≥X≥0.8	具有重要的科研、修学教育意义	
			中	0.8＞X≥0.6	具有较为重要的科研、修学教育意义	
			低	0.6＞X≥0	具有一般的科研、修学教育意义	
		文化价值	高	1≥X≥0.8	能够反映区域生态文化发展过程，文化传承历史丰富鲜明	
			中	0.8＞X≥0.6	基本反映区域生态文化发展过程，文化传承历史较为丰富鲜明	
			低	0.6＞X≥0	反映区域生态文化发展过程不够充分，文化传承历史的丰富性一般	
		游憩价值	高	1≥X≥0.8	景观审美性高，具备休闲、游乐、运动等旅游利用条件，经济和社会价值高	
			中	0.8＞X≥0.6	景观审美性较高，具备较为充分的休闲、游乐、运动等旅游利用条件，经济和社会价值较高	
			低	0.6＞X≥0	景观审美性一般，具备休闲、游乐、运动等旅游利用的条件一般，经济和社会价值一般	

续表

综合层	项目层	因子层	程度	权重	评价依据	评价
保育条件	保育情势	规模适宜性	高	$1 \geqslant X \geqslant 0.8$	有足以保护和利用的面积。总面积 $20km^2$ 以上，其中核心景观资源有严格保护，不小于总面积的50%	
			中	$0.8 > X \geqslant 0.6$	总面积小于 $20km^2$，其中核心景观资源应予严格保护，小于总面积的50%	
			低	$0.6 > X \geqslant 0$	总面积小于 $10km^2$，其中核心景观资源小于总面积的50%	
		原始状态	高	$1 \geqslant X \geqslant 0.8$	整体风貌未因开发利用而变化，动植物种类及地质地貌得到充分保护，无人为破坏和外来物种入侵现象，自然修复能力强	
			中	$0.8 > X \geqslant 0.6$	整体风貌基本未因开发利用而变化，动植物种类及地质地貌得到较好保护，无严重的人为破坏和外来物种入侵现象，自然修复能力较强	
			低	$0.6 > X \geqslant 0$	整体风貌因开发利用发生一定变化，动植物种类及地质地貌得到一定保护，有局部人为破坏和外来物种入侵现象，自然修复能力一般	
		保育前景	高	$1 \geqslant X \geqslant 0.8$	生态修复与反哺机制健全，保育管理水平和公众支持程度高，生物多样性、群落演变趋势好	
			中	$0.8 > X \geqslant 0.6$	生态修复与反哺机制较健全，保育管理水平和公众支持程度较高，生物多样性、群落演变趋势较好	
			低	$0.6 > X \geqslant 0$	未建立生态修复与反哺机制，保育管理水平和公众支持程度一般，生物多样性、群落演变趋势不容乐观	
	保育措施	保育规划	高	$1 \geqslant X \geqslant 0.8$	保育目标明确，空间区划合理，保育项目符合自然保护要求	
			中	$0.8 > X \geqslant 0.6$	保育目标较明确，空间区划较合理，保育项目基本符合自然保护要求	
			低	$0.6 > X \geqslant 0$	保育目标明确性和空间区划合理性一般，保育项目不够符合自然保护要求	
		保育行动	高	$1 \geqslant X \geqslant 0.8$	措施科学有效，行动具体到位，保育与恢复工程成效显著，社区配合度高	
			中	$0.8 > X \geqslant 0.6$	措施有效性较好，行动基本到位，保育与恢复工程成效较显著，社区配合度较高	
			低	$0.6 > X \geqslant 0$	措施有效性一般，行动不够到位，保育与恢复工程成效一般，社区配合度一般	

综合层	项目层	因子层	程度	权重	评价依据	评价
保育条件	保育措施	环境监理	高	1≥X≥0.8	建有专门的监理队伍,保育过程和环境监管常态化,措施有效,使用清洁能源的设施,违规行为处理及时,监理水平高	
			中	0.8>X≥0.6	建有专门的监理队伍,保育过程和环境监管较为常态化,措施得当,基本使用清洁能源的设施,违规行为处理较为及时,监理水平较高	
			低	0.6>X≥0	监理队伍不够健全,保育过程和环境监管常态化不够,措施有效性一般,未使用清洁能源的设施,违规行为处理不够及时,监理水平一般	
开发条件	区位条件	市场区位	高	1≥X≥0.8	半径100公里内有100万以上人口规模的城市,或100公里内有著名的旅游区点,组合度好	
			中	0.8>X≥0.6	半径100公里内有50万以上人口规模的城市,或100公里内有较著名的旅游区点,组合度较好	
			低	0.6>X≥0	半径100公里内有低于50万人口规模的城市,或100公里内旅游区点著名度一般,组合度一般	
		通达性	高	1≥X≥0.8	可进入性高,旅途安全性和舒适度高。具有一级公路或高等级航道、航线直达;或具有充足的旅游专线交通工具	
			中	0.8>X≥0.6	可进入性较高,旅途安全性和舒适度较高。具有较高等级公路或航道、中转航线;或具有较多的旅游专线交通工具	
			低	0.6>X≥0	可进入性不高,旅途舒适度不高。具有一般等级公路或航道、无直达或中转航线;无旅游专线交通工具	
	环境条件	气候条件	高	1≥X≥0.8	气候舒适度高,适游期长,大于250天/年	
			中	0.8>X≥0.6	气候舒适度较高,适游期较长,大于150天/年	
			低	0.6>X≥0	气候舒适度一般,适游期较短,小于150天/年	

综合层	项目层	因子层	程度	权重	评价依据	评价
开发条件	环境条件	环境质量	高	1≥X≥0.8	空气质量达 GB 3095—2012 的一级标准；地面水环境质量达到 GB 3838—2002 的一类标准；土壤环境质量达到 GB15618—1995 的一级标准；噪声质量达到 GB 3096—2008 的规定；无发生自然灾害现象（国家环保部）	
			中	0.8＞X≥0.6	空气质量、噪声质量、地面水环境质量、土壤环境质量基本达到上述标准或规定；无严重发生自然灾害现象	
			低	0.6＞X≥0	空气质量、噪声质量、地面水环境质量、土壤环境质量与上述标准或规定尚有较大距离；偶发自然灾害现象	
		工程施工条件	高	1≥X≥0.8	地质地貌、水文、生物符合游憩、科研、环境教育条件，工程设施就地取材条件好	
			中	0.8＞X≥0.6	地质地貌、水文、生物基本符合游憩、科研、环境教育条件，工程设施就地取材条件较好	
			低	0.6＞X≥0	地质地貌、水文、生物符合游憩、科研、环境教育的适宜条件一般，工程设施就地取材条件一般	
	基础设施	交通通讯设施	高	1≥X≥0.8	游览道路、步行道或航道布局合理、顺畅，与观赏内容联结度高，具备符合环保要求的多种便捷交通工具，通讯信号好	
			中	0.8＞X≥0.6	游览道路、步行道或航道布局基本合理、顺畅，与观赏内容联结度较高，具备符合环保要求的若干便捷交通工具，通讯信号较好	
			低	0.6＞X≥0	游览道路、步行道或航道布局合理性一般，与观赏内容联结度一般，具备符合环保要求的便捷交通工具少，通讯信号偏弱	
		供排设施	高	1≥X≥0.8	供水、供电、排水、排污的设施完备，污水排放达到 GB 8978—2002 的规定	
			中	0.8＞X≥0.6	供水、供电、排水、排污的设施较为完备，污水排放基本达到 GB 8978—2002 的规定	
			低	0.6＞X≥0	供水、供电、排水、排污的设施不够完备，污水排放尚未达到 GB 8978—2002 的规定	
		服务设施	高	1≥X≥0.8	咨询、出版物、解说系统、游客中心、志愿者中心及住宿饮食、娱乐保健、商务会议、修学科教等设施完备，布局合理、服务有效性高	
			中	0.8＞X≥0.6	咨询、出版物、解说系统、游客中心、志愿者中心及住宿饮食、娱乐保健、商务会议、修学科教等设施较完备，布局较为合理、服务有效性较高	
			低	0.6＞X≥0	咨询、出版物、解说系统、游客中心、志愿者中心及住宿饮食、娱乐保健、商务会议、修学科教等设施不完备，布局不够合理、服务有效性一般	

综合层	项目层	因子层	程度	权重	评价依据	评价
开发条件	基础设施	营运设施	高	1≥X≥0.8	行政、职工住房及开展安全管理、环境观测、火警瞭望、污水处理等设施完善	
			中	0.8>X≥0.6	行政、职工住房及开展安全管理、环境观测、火警瞭望、污水处理等设施较完善	
			低	0.6>X≥0	行政、职工住房及开展安全管理、环境观测、火警瞭望、污水处理等设施不够齐全	
制度条件	资源制度	土地制度	高	1≥X≥0.8	土地获得性高，土地流转政策完备，无土地权属和资源权属争议，国有土地、林地面积占总面积的60%以上	
			中	0.8>X≥0.6	土地获得性较高，土地流转政策较为完备，无土地权属和资源权属争议，国有土地、林地面积占总面积40%—60%	
			低	0.6>X≥0	土地获得性不高，土地流转政策不够完备，土地权属和资源权属存在争议，国有土地、林地面积不足总面积40%	
		其他资源制度	高	1≥X≥0.8	资源使用运营政策和经济补偿、奖惩制度合理有效，保护与利用矛盾少	
			中	0.8>X≥0.6	资源使用运营政策和经济补偿、奖惩制度较为合理有效，保护与利用矛盾较少	
			低	0.6>X≥0	资源使用运营政策和经济补偿、奖惩制度不尽合理，保护与利用矛盾明显	
	体制制度	管理机构	高	1≥X≥0.8	机构设置合理健全，职能和目标明确，管理、经营、解说和志愿者队伍稳定、专业	
			中	0.8>X≥0.6	机构设置较合理健全，职能和目标基本明确，管理、经营、解说和志愿者队伍基本稳定，有一定专业化	
			低	0.6>X≥0	机构设置不够合理健全，职能和目标不够明确，管理、经营、解说和志愿者队伍不够稳定和专业	

续表

综合层	项目层	因子层	程度	权重	评价依据	评价
制度条件	体制制度	协调机制	高	1≥X≥0.8	建立科学有效的部门、地区、社区、从业人员和游客利益的协调机制,社区参与度高,相关者利益均衡,无矛盾冲突	
			中	0.8>X≥0.6	部门、地区、社区、从业人员和游客利益的协调机制较完善有效,社区参与度较高,相关者利益较均衡,矛盾冲突不明显	
			低	0.6>X≥0	部门、地区、社区、从业人员和游客利益的协调机制不够完善有效,社区参与度不高,相关者利益不够均衡,矛盾冲突明显	
		制度效益	高	1≥X≥0.8	运营管理方式科学有效,生态、社会和经济效益协调,效益增长前景良好	
			中	0.8>X≥0.6	运营管理方式有效性一般,生态、社会和经济效益协调性较好,效益增长前景较好	
			低	0.6>X≥0	运营管理方式有效性不够,生态、社会和经济效益不够协调,效益增长前景一般	
	管理层级	政策层级	高	1≥X≥0.8	执行由国务院出台的土地、水、矿产、森林、湿地、草场等资源管理政策,取得良好的社会、经济和生态效益	
			中	0.8>X≥0.6	执行由国务院部门或省级政府出台的土地、水、矿产、森林、湿地、草场等资源管理政策,取得较好的社会、经济和生态效益	
			低	0.6>X≥0	执行由地方政府出台的土地、水、矿产、森林、湿地、草场等资源管理政策,社会、经济和生态效益一般	
		机构层级	高	1≥X≥0.8	机构设置级别高,归属国务院设立的统一管理机构	
			中	0.8>X≥0.6	机构设置级别较高,归属国务院部门或省级政府设立的管理机构	
			低	0.6>X≥0	机构设置级别不高,归属地方政府设立的管理机构	
		资金层级	高	1≥X≥0.8	获得国家财政提供的专项资金,资源与环境管理有制度性的充足资金保障	
			中	0.8>X≥0.6	获得省级财政提供的专项资金,资源与环境管理有较为充足的资金保障	
			低	0.6>X≥0	获得地方财政提供的专项资金,资源与环境管理资金保障不足	

四　分等定级分值的设定

分等定级一直是国内外资源管理的一种有效手段，如国外国家公园多以资源的代表性和所处地域关系为依据设立国家级或地方级，美国国家公园实行内政部国家公园管理局、地区管理局和基层管理局三级管理机构的垂直领导和统一管理，加拿大国家公园则分为国家级、省级、地区级和市级四个级别。目前中国风景名胜区、森林公园等各类遗产地公园也执行分级管理制度，因此，在中国现行条件下，有必要对国家公园实施分级管理。

本研究提出的国家公园评价标准 30 个因子包括了硬件和软件两个方面的条件，侧重于自然遗产资源和管理的普遍性。但是自然遗产资源的综合性和复杂性特点非常明显，存在许多特殊的情况，国家公园评价体系的内容理应兼顾一般普遍性和特殊性两种情况，而作为一种基于统一规范管理目的而建立的标准，兼顾两种情况难度非常大，因此以体现普遍性作为本标准的首要任务。依据评价总分，将国家公园分为国家级和省级两级管理，保留了标准的差异性，可以弥补这一不足。对于评价总分达到设定的要求，具有典型性、代表性的国家公园，设定为国家级，由国家级的权威管理机构统一管理；对于评价总分未达到设定的要求，但具有一定特殊性、唯一性和地域文化性，且只要通过建设整改与努力就可达到的，可以设定为省级，由省级地方政府执行管理职能。这也是基于中国自然遗产资源管理现实和已经建立了由风景名胜区、地质公园、森林公园等组成的国家级遗产地系统，且重点在于提升管理水平、解决管理问题。

根据人们对优良等级的习惯性判断，百分制中 80 分以上可以视为优良级，60 分为及格线，因此，本研究认为达到优良级的可以评为国家级的国家公园，而及格线至优良级区间的则定为省级国家公园，即：

——总得分 80 分以上，且单一综合项目层得分占该项目总分不小于60%，评为"国家级"；

——总得分 60 分—80 分，且单一综合项目层得分占该项目总分不小于60%，评为"省级"；

——总得分小于 60 分，且单一综合项目层得分占该项目总分 60% 以下，不列入国家公园范畴。

综上所述，我国现有的自然保护区、风景名胜区、森林公园、湿地公

园、地质公园、水利风景区、旅游区等遗产地与国外以及本研究所提出的
国家公园尚有较大的差别，评价标准不一致，且评价条件较为笼统和概念
化，难以准确表达国家公园的设置宗旨和性质。国家公园属于优先保护自
然生态完整性，兼具保护区和旅游景区两种功能的保护地，且作为自然遗
产资源管理的模式，传达了先进的自然管理理念和制度，并非单一的自然
遗产资源物质载体。美国建立国家公园必须满足"全国性意义""适宜
性"和"可行性"的标准，具有借鉴意义，我国现有各类国家级遗产地
的评价标准也有许多可以继承和发展的优点。因此，本研究基于社会生态
经济协同发展理论假说，提出保护优先的效益协同假设，构建了保护优先
效益协同的评价模型，在设置条件标准的设定上努力吸纳国外现有国家公
园和国内各类遗产地评价标准的可利用元素，试图设计一套高于各类遗产
地现行评价标准的准入标准，评价指标更为全面、规范，而且更为宏观，
既体现自然条件和资源特征，又体现人与自然关系的处理和管理规范的制
度条件。本章所设计的标准及其评价因子的确定，均遵循这一目标和要
求，但尚需在第五章中进行验证和修正。在实际操作中，还需把握如下三
个问题：

1. 以现有各类国家级遗产地为基础。国家公园自然环境及其资源具
备全国性意义、适宜性和可行性等条件，说明自然生态和资源本身的稀缺
性、科学价值、生态价值等。我国现有大多数国家级遗产地均具备这样的
品质，是建设国家公园的重要依托，且以这些高等级的遗产地为基础来建
设，能够更好地体现国家公园的管理功能，发挥国家公园的统摄地位和
"领导职能"，使这些公园在一个更高的权威机构管理下规范起来，提高
我国遗产管理整体水平。因此，在分等定级中，本标准设立了优良级作为
准入条件，把徒有虚名的公园区分开来。当然，新发现的尚未建立某种公
园的自然保护地，符合本标准的条件，也可以直接建成国家公园。

2. 本标准不是一般的建设规划。本标准只是一道准入的门槛，公园
区划标准不在本研究范围内，因此，未对区划提出评价要求。针对生态完
整性保护和科学、教育、游憩的任务，可以将国家公园划分为特别保护
区、自然区、科学实验区、缓冲区、参观游览区、公益服务区等不同功能
区域。游览区和公益服务区内强调与自然环境和谐一致，突出自然本色。
这些内容有待今后进行专题研究。

3. 综合定性与定量的评价方法。国内外旅游资源评价经历了定性评

价、技术性的单要素定量评价和旅游资源综合评价的历程，国家公园的准入条件也在不断发展中，评价指标不仅包含对资源的评价，还包含对区域空间、管理过程、管理制度和管理方法的评价，内容和过程均更为复杂，其中不乏主观的判断，往往难以准确定性，也难以科学定量，两者兼顾使用才是科学的评价方法，因此在实际打分操作过程中对具体操作者有一定的挑战，要注意把握好分寸。

第五章　中国国家公园设置
标准的实证研究

为了验证中国设置国家公园的必要性和本研究提出的设置标准的可行性，本研究选择福建省三明市泰宁世界自然遗产地（世界地质公园）为实证地进行实证研究。所选的实证地极具代表性，充分地反映了中国自然遗产管理的现实情况和存在问题，验证结果能够解释中国建立新型自然遗产管理模式的必要性以及本研究所提出的国家公园设置标准的可行性。

第一节　实证地典型性评析

一　设置国家公园的代表性和可行性

泰宁丹霞世界自然遗产地位于福建省西北部，武夷山脉中段的杉岭支脉东南侧，遗产资源类型丰富，生物多样性完整。按照《中国旅游资源普查规范》（2003 年版）的分类，泰宁世界自然遗产地资源涵盖了地文景观、水域风光、生物景观、遗址遗迹、建筑与设施、旅游商品、人文活动七个基本类型，尤其是地文景观类资源数量众多①（见表 5 - 1、表 5 - 2）。经地质学家考证，泰宁丹霞地貌属于典型的青年期丹霞地貌，具有中国唯一、世界少有的突出普遍价值，观赏性强，科研价值高，是其他丹霞景区无法替代的。目前泰宁不仅是世界自然遗产、世界地质公园，而且有国家重点风景名胜区、国家森林公园、5A 级旅游区、峨眉峰中国生物圈网络成员等 16 种国家级保护地、公园或旅游地等称号，金湖还是省级

---

① 泰宁县旅游管委会、北京大衍致用旅游规划设计院：《福建省泰宁县旅游产业发展总体规划》，2010 年 3 月。

旅游经济开发区、省级旅游度假区。

表 5-1 　　　　　　　　　　　**泰宁自然遗产资源单体构成情况表**

序号	资源类型	数量	所占比例
A	地文景观	44	38.3%
B	水域风光	9	7.8%
C	生物景观	4	3.5%
E	遗址遗迹	5	4.3%
F	景观建筑	26	22.6%
G	旅游商品	12	10.4%
H	人文活动	15	13%
合计		115	100%

表 5-2 　　　　　　　　　　　**泰宁自然遗产资源类型占全国的比例**

	主　类	亚　类	基 本 类 型
全　国	8	31	155
泰宁县	7	16	33
比例（%）	100%	51.6%	21.3%

　　泰宁世界自然遗产地资源等级高，一地多牌，是中国自然遗产地管理现状的缩影。资源等级高说明该自然遗产地具有了一定的代表性或国家意义，具备进入国家高等级管理体系的条件；"一地多牌"表明此地经历了不同主管部门出台的不同评价标准的检验，能够集中反映不同标准评价的差异和问题，较为充分地展示了"多头管理"体制对自然遗产地管理产生的影响。因此，泰宁世界自然遗产地作为实证地，具备了设置国家公园必要性的代表性以及验证设置标准的可行性。

二　未设置国家公园而存在的问题和矛盾

　　泰宁世界自然遗产地旅游资源丰富，且拥有一定知名度，因此在旅游业快速发展背景下的旅游利用取得一定成效，旅游经济在泰宁县域经济和社会发展中占有突出的地位。然而，自然遗产资源的旅游利用激发和暴露了中国现行自然遗产管理体制下的困境。对照国家公园管理模式，泰宁世界自然遗产地现行管理所遵循的管理理念、管理方式和所执行的各类遗产地评价标准均与真正意义上的国家公园有很大的差距，旅游利用与资源保护矛盾集中、管理制度缺失、管理效率低下等现实问题和矛盾集中反映了因未设置国家公园而存在。

（一）旅游利用与资源保护矛盾集中

泰宁县因其丰富且科学价值极高的地质遗迹、历史文化价值极高的人文资源及其自然景观具有稀有性、多样性、独特性、生态环境优良等优势，确立了把旅游业培育成为全县国民经济的支柱产业和建成中国旅游强县的目标。经过 20 多年的开发，泰宁县突出"生态旅游""水上丹霞"和泰宁古城文化的特色，旅游经济取得较大规模的发展，而且"泰宁路径"成为中国县域旅游经济发展的一种新模式。2011 年泰宁自然遗产地接待游客 176.31 万人次，比上年增长 37.7%；实现旅游收入15.07 亿元，同比增长 40.3%，占全县生产总值的 25.88%；全县星级饭店 8 家，星级饭店客房总数 1030 间，各类风景区和文物保护区 9个。① 2014 年泰宁收回大金湖经营权，全年接待游客 300 万人次，旅游总收入 25 亿元。②

然而，泰宁世界自然遗产地虽然坚持"有效保护地质地貌、自然生态与文化遗产，恢复生态系统自身功能、增进系统内部自然调节和发展能力"的原则，在思想上重视协调旅游开发、生产开发与地质地貌景观保护的关系，努力实现经济、社会、自然环境的良性循环和可持续发展，但实践中，发展旅游经济仍然是当地政府的重要任务，泰宁县政府将旅游业视为其县域经济的生命产业，资源保护与经济发展之间的矛盾在所难免。"十五"期间，泰宁县政府将金湖景区推向市场，实行了旅游经营权转让等经营方式，造成企业经济利益与遗产资源保护和环境责任的冲突、企业利益与社区居民利益的冲突、低水平观光旅游产品与高品质环境教育和游憩产品创新的冲突，甚至造成国有资产流失。

（二）管理制度缺失，效率低下

在中国现行自然遗产资源管理体制的大背景之下，泰宁世界自然遗产

---

① 泰宁县统计局：《泰宁县 2011 年国民经济和社会发展统计公报》，2012 年 5 月 23 日。

② 三明市旅游局：《2014 年泰宁旅游发展取得新突破、新亮点》，三明旅游网，2015 年1 月 7 日。

地虽然成立了副处级的管理委员会，负责资源保护和开发管理工作，并以当地政府名义出台相关管理规章，但是其管理体制和机制在处理资源开发利用与保护的矛盾方面依然力不从心，相关管理规章法律效力微弱，协调乏力，管理效率低下。对比美国国家公园，以风景名胜区为例，实证地验证了中国遗产地的人、财、物保障状况（见表5-3）。人方面，人事管理比较落后，缺乏应有的人才引进机制和竞争机制，管理人员整体素质和管理水平较低，缺乏专业人才，人员定位不清，人才培训少甚至没有培训。财方面，政府拨款少，有政策但无实施细则，资金投入非法定化，需要"跑部跑省"争取，日常运行经费和生态保护经费不能保证，经费来源依赖景区的经营性收入。开发建设方面，基础设施建设滞后，无法满足游客需要，经营单位重视风景旅游资源的开发和眼前经济利益，忽视对资源和环境的保护，加上管理水平低下、缺乏对遗产地生态和物种观测及定向抚育，因此，生态环境堪忧。

作为高度重视保护工作且管理机构级别相对其他遗产地较高的地方，实证地所反映的管理问题不仅更具说服力，而且更反映出从管理体制上解决政策不健全、管理机构层级低、人财物不足等问题的紧迫性。

表5-3　　　　　　　中美遗产资源管理的人、财、物保障比较

	美国国家公园	中国风景名胜区
人	（1）总局任命和调配； （2）管理人员由固定职员和临时职员、志愿人员组成，临时职员满足旅游旺季之需； （3）管理者按职责分为法律实施、导游讲解说明、一般工作人员和公园管理者4个系列； （4）定位于管家的角色，不是业主，无权将资源转化为商品牟利； （5）职员本科以上学历，并进行上岗培训； （6）学习国家公园历史、生态学、考古学、景观资源保护、法律法规、游客心理、导游讲解和救生等知识； （7）户外工作人员统一制服，佩戴统一的臂章和徽章。	（1）工作人员一般由公务员、风景区雇佣员工、企业经营者等组成； （2）管理人员不多，缺乏专业管理人员； （3）人员配置不合理，旺季工作人员不足，淡季工作人员闲置； （4）无硬性学历要求，素质不高，管理水平低，参差不齐； （5）忽视员工专业知识和业务培训，无培训或很少培训； （6）工作人员服务意识不强； （7）工作人员无统一服装，无佩戴徽章。

续表

	美国国家公园	中国风景名胜区
财	(1) 非营利性单位，首要任务是资源保护，不能将遗产资源作为生产要素投入； (2) 经费主要依靠政府拨款，部分来自私人或财团捐赠和门票； (3) 管理者收益只有工资； (4) 住宿、餐饮和娱乐等商业设施通过特许商业经营处批准，由特许承租人经营，财务收支两条线，与公园管理机构无关，但处于公园管理范围内。	(1) 政府派出机构，事业性质单位； (2) 国家投入侧重基本管理设施，地方政府投资不足； (3) 缺乏必要的保护、维修、养护和建设资金； (4) 景区门票收入划作企业收益，日常运行经费主要来源于门票、餐饮、住宿、土地转让、开发项目及少量政府拨款； (5) 建设营利性项目，重视风景旅游资源开发和眼前经济利益，保护补助资金使用范围不包括资源保护管理设施建设； (6) 地方政府参与经济利益分配，景区成政府"摇钱树"。
物	(1) 采取分区技术规划建设，由国家公园管理局下设的丹佛规划设计中心全权负责； (2) 建设必要的风景资源保护设施和必要的旅游设施，不许建造高层旅馆、餐馆、商店、度假村、别墅，严格控制床位数； (3) 建筑形式多采用地方风格，力求与当地自然环境和当地风俗民情相协调，与当地的自然环境融为一体； (4) 生活服务设施远离重点景观保护地； (5) 人为控制游客，申请获准后进入； (6) 公园内有很好的环境保护设施，没有任何的工业、农业生产厂房或仓库； (7) 公园内有污水处理厂和垃圾转运站； (8) 不许建造索道缆车； (9) 野生动物来去自由，游人不能喂食，不能追捕猎杀。	(1) 规划设计缺乏国家宏观的规范管理，规划设计单位五花八门，质量参差不齐； (2) 对生物多样性保护规划重视不够； (3) 对野生动植物保护不力，重开发、轻保护，破坏景区资源现象严重； (4) 大兴土木，开发过度，景区内高档别墅、高级宾馆、索道比比皆是，与当地自然环境不协调； (5) 景区保护管理设施的投资主体不明，投资主体往往又是经营单位； (6) 所有权与经营权的分离，为企业拥有经营权提供了可能； (7) 景区经营者常游离于政府管理之外。

资料来源：根据相关文献和调查结果整理。

第二节　实证过程与结果分析

一　实证过程

（一）实证专家构成

本研究实证专家由泰宁县旅游管理委员会所属各部门的具体业务和管

理人员组成，分别由规划建设局、经济发展局、资源保护局、旅游局、自然遗产申报办、监察大队等六个部门直接参与世界地质公园、世界遗产申报和国家重点风景名胜、国家地质公园、国家森林公园、国家5A级旅游区评定工作的七位当地专家组成。七位当地专家长期在泰宁从事旅游资源管理工作，对实证地非常了解，且直接参与了上述项目的申报或评定工作，熟悉各种评价标准和评价流程，理解标准内涵，把握尺度准确，因此，他们的验证评价具有一定的权威性和可靠性。

（二）实证地评分结果

经泰宁当地七位专家应用本研究提出的《中国国家公园评价标准评分表》（表4-50）进行打分评价，泰宁自然遗产地总得分为74.09分。根据第四章的研究设定，80分以上达到优良级，即可评为国家级的国家公园，表明依据这一评价标准，泰宁虽然拥有世界级或国家级的品牌，却只能达到省级国家公园的条件。

表5-4、表5-5和图5-1显示：（1）自然因素的因子得分较高，得分率88.15%，真实反映了泰宁自然遗产地优越的自然资源条件；（2）制度条件和涉及人为作用的因子得分低，失分严重，制度条件得分率为60.41%，是造成总分低于80分的主要原因；（3）保育条件和开发条件得分率分别为75.44%和78.3%，表明实证地自然保护和管理尚有不足。验证结果准确地评价了实证地以及当前中国自然遗产管理的薄弱环节。

表5-4　　　　　　　　实证地项目层评价得分与得分率统计

综合层	得分	得分率	项目层	得分	得分率
自然条件	17.63	88.15	公园意义	9.04	90.4
			功能价值	8.57	85.7
保育条件	18.86	75.44	保育情势	9.87	82.25
			保育措施	8.99	69.15
开发条件	18.01	78.3	区位条件	4.37	72.83
			环境条件	4.96	82.67
			基础设施	8.68	78.91
制度条件	19.33	60.41	资源制度	4.53	56.63
			体制制度	7.65	63.75
			管理层级	7.15	59.58

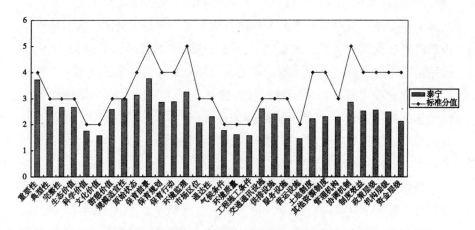

图 5 - 1   国家公园标准分值与实证地评价结果对比

表 5 - 5   实证地因子层评价得分与得分率统计

因子	标准分	得分	得分率	因子	标准分	得分	得分率
重要性	4	3.71	92.75	气候条件	2	1.77	88.5
典型性	3	2.67	89	环境质量	2	1.61	80.5
完整性	3	2.66	88.67	工程施工条件	2	1.58	79
生态价值	3	2.66	88.67	交通通讯设施	3	2.6	86.67
科学价值	2	1.76	88	供排设施	3	2.4	80
文化价值	2	1.57	78.5	服务设施	3	2.23	74.33
游憩价值	3	2.58	86	营运设施	2	1.45	72.5
规模适宜性	3	3	100	土地制度	4	2.22	55.5
原始状态	4	3.12	78	其他资源制度	4	2.31	57.75
保育前景	5	3.75	75	管理机构	3	2.28	76
保育规划	4	2.86	71.5	协调机制	5	2.86	57.2
保育行动	4	2.88	72	制度效益	4	2.51	50.2
环境监理	5	3.25	65	政策层级	4	2.55	63.75
市场区位	3	2.07	69	机构层级	4	2.47	61.75
通达性	3	2.3	76.67	资金层级	4	2.13	53.25
总分	100	74.09		总分	100	74.09	

二 实证结果分析

(一) 自然条件: 客观评价资源的意义和价值

1. 公园意义

泰宁自然遗产地"重要性""典型性"和"完整性"因子的平均得

分率高达90.4%，准确地反映了该遗产地的自然特性，表明充分具备进入国家公园的自然条件。泰宁自然遗产地大地构造位置属于欧亚大陆板块东南边缘，处于白垩纪西太平洋大陆边缘活动带的西部、华夏古陆武夷隆起的西南部，崇安—石城北东向裂陷带与泰宁—龙岩南北向断裂带交汇部位，这里中生代地层遗迹出露齐全，动、植物化石遗迹，岩石矿物遗迹，地质构造遗迹典型清晰，沉积构造遗迹极具特色等，保存有较完整的岩浆及构造活动记录，这在中国东部地区都是极为罕见的。[①] 国内外专家给予泰宁自然遗产地高度评价，认为泰宁拥有"最密集的网状谷地、最发育的崖壁洞穴、最完好的古夷平面、最丰富的岩穴文化、最宏大的水上丹霞"等，具有在"中国丹霞"系列成员中不可缺失和不可取代的遗产价值，具有中国唯一、世界少有的突出普遍价值。丹霞地貌在国内外并不罕见，但泰宁丹霞地貌是青年期丹霞地貌的代表（见表5－6），具有其他地区丹霞地貌不可替代的优势。与同地域的丹霞地貌景区相比（见表5－7），泰宁丹霞地貌除了在地质年代上所具有的科学价值之外，还具有开发历史短、成就高、与游客集散中心距离近、"碧水"环绕、面积大的优势，泰宁碧水丹山特色明显且具有垄断性。泰宁丰富的地质遗迹代表了地球的重要演变过程和独特、稀有的自然地貌。联合国教科文组织的专家保罗·丁沃认为："如果少了泰宁丹霞，那丹霞地貌就不完整，就没有一整套的演变过程。"克里斯·伍德、弗朗士·休顿等评价泰宁："自然和文化资源丰富、让人难以置信，其丹霞地貌的独特在于迷人的青年期丹霞地貌景观、大范围的完整与统一、高品位的自然景观、白垩纪红层岩床和周围重要地质特征的关系、生物多样性特征以及丰富的公园教育价值。"泰宁丹霞作为青年期丹霞地貌，具有典型性，其保存完好的古夷面、球状风化、峡谷、洞穴等相当独特，生物多样性丰富。[②]

表5－6　　　　　　　　　中国主要丹霞地貌景区年代表

景区名称	所在地域	丹霞时期
丹霞山	广东省韶关市	壮年期
龙虎山	江西省鹰潭市	老年期

---

① 泰宁县旅游管委会：《泰宁世界地质公园规划》，2004年3月。

② 泰宁县旅游管委会、北京大衍致用旅游规划设计院：《福建省泰宁县旅游产业发展总体规划》，2010年3月。

续表

景区名称	所在地域	丹霞时期
崀山	湖南省新宁县	壮年期
八角寨	广西回族自治区资源县	壮年期
泰宁	福建省泰宁县	青年期

资料来源：泰宁县旅游管委会，北京大衍致用旅游规划设计院：《福建省泰宁县旅游产业发展总体规划》，2010年3月。

表5-7   福建四个丹霞旅游地基本概况对比

旅游地名称	丹霞景区面积（km²）	与市区的距离（km）	旅游开发情况
武夷山	70	15	1979年开始旅游开发。世界双遗产
泰宁	130	9	1986年开始旅游开发。世界地质公园
永安桃源洞	27.6	8	1980年开始旅游开发
连城冠豸山	123	1.5	1984年开始旅游开发

资料来源：同表5-7。

2. 功能价值

泰宁自然遗产地的"自然价值"评价得分率达到85.7%。泰宁丹霞在同类地质地貌中相当出色，自然价值、景观价值、科学研究和保护价值非常高，是研究西太平洋大陆边缘活动带地质历史及构造演化的理想场所。

生态价值方面，泰宁自然遗产地生物资源丰富，景区90%的面积被森林覆盖，森林物种多样，有许多种世界级和国家级保护动物。该遗产地是福建省生物多样性最为丰富的地区之一，物种的典型性、珍稀性、多样性和系统性明显。区内已定名的维管束植物种类有229科906属2271种。动物区系属东洋界，含有古北界的成分，有哺乳类、鸟类、爬行及两栖类、鱼类和昆虫类，具有典型的亚热带特性，陆生脊椎动物有338种。区内栖息有大量珍贵稀有野生动物，属国家和省级重点保护的动植物达88种，是我国小区域单位面积上野生动物资源最为丰富的区域之一。常绿阔叶林，随着海拔的递增、气温的递减和降水量的增多，依次分布有常绿针叶林、常绿针阔叶混交林、中山苔藓矮曲林、中山草甸四个垂直带谱，植被垂直带谱较为明显。这种分布规律在我国东南大陆乃至中亚热带均具有典型性和代表性。泰宁地处闽江的上游地区，承担着生态保护的功能。

　　科学价值方面，地质遗迹丰富，且类型齐全，包括地质地貌遗迹、地层遗迹、岩石遗迹、古生物遗迹、矿物遗迹、地质构造遗迹、沉积遗迹、水文地质遗迹（河流、湖泊、瀑布）、典型矿产及采矿遗迹等。公园内保存完好及丰富的地质遗迹记录了地球发展历史及主要地质事件，使其成为中生代西太平洋大陆边缘活动带、崇安—石城裂陷带、大陆边缘活动带拉张裂陷的沉积盆地、青年期丹霞地貌的典型代表，是集地层学、地貌学、构造学、大地构造学、岩石学、沉积学、矿物学、旅游学、水文地质学等知识的地史全书，具有极为特殊的科学研究意义。

　　文化价值方面，泰宁素有"汉唐古镇，两宋名城"之誉，古城及园区附近，文化积淀深厚，人文景观资源丰富，古建筑、摩崖石刻、碑碣和石雕、古遗址、遗迹、地方文艺等具有较高的美学欣赏价值和历史文化价值。

　　游憩价值方面，泰宁丹霞资源分布范围广、类型多样，"水上丹霞"资源独具特色，不仅具有极高的科学价值和美学价值，而且具有开展各种特色差异性观光休闲旅游活动的价值。有青年期丹霞地貌景观赤壁丹崖1104处、石墙49处、孤峰84座和线谷（一线天）86条、巷谷150条、峡谷240条。赤壁、峡谷、丹霞洞穴特别发达。洞穴的可观赏性十分罕见，较大规模的洞穴多为寺、庙、观、庵之处所，蕴藏着深厚的宗教文化。宽窄不一、动静不同的水体景观与丹霞地貌相结合，峡谷的密度、窄度、可观赏性和生态原始的程度，深切曲流的曲度乃世所罕见。火山岩地貌景观雄伟壮观，山峰高耸，峭壁林立，奇峰异石众多，生态环境优良，风景秀美独特。公园西南部金铙山花岗岩石蛋地貌独特，石蛋、石柱、石堡、石笋、风动石等各种景观奇特；是华东地区最高的花岗岩景观区之一。

　　对比上述分析和评价得分，结果趋于一致，本标准能够反映实证地的自然条件，评价因子和分值标准适用性好，评价准确。

　　（二）保育条件：准确评估保育的成效和情势

　　1. 保育情势

　　面积适宜性方面，泰宁世界地质公园由石网、大金湖、八仙崖、金铙山四大园区及泰宁古城游览区组成，覆盖了国家重点风景名胜区、国家5A级旅游区、猫儿山国家森林公园、"尚书第建筑群"等一系列高品位旅游资源，东西宽5—35km，南北长65km，总面积492.5km²，其中丹霞地貌景区 252.74km², 占 51.3%, 花岗岩地貌景区 14.44km², 占 2.9%。金湖风景区总面积 140km², 游览面积 56km²。泰宁县是中国东南沿海诸省丹霞地貌面积最大的一个县, 与其他地区的丹霞地貌相比, 泰宁丹霞地貌具有分布面积大、类型全、奇峰异石多的特点。实证地具有足以保护和利用的面积, 得分率 100%。

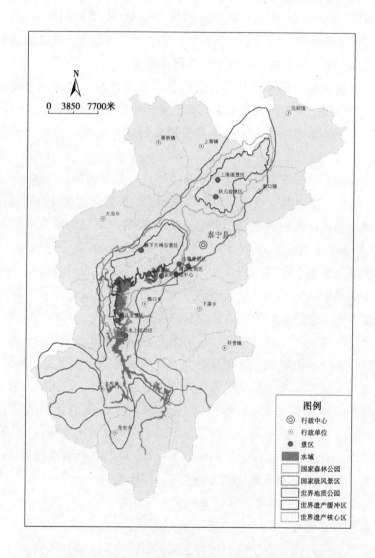

图 5-2　泰宁丹霞世界遗产地与其他保护区关系图

资料来源:《泰宁世界自然遗产提名地保护管理规划》绘制。

泰宁遗产地的环境优美清静, 环境净化能力较强。遗产资源虽有一定程度的开发，但较之旅游发达地区，总体开发利用程度滞后，且规划工作开展较早，核心景观较好地维护了原始状态，生物多样性、群落演变趋势较好。泰宁国家级风景名胜区 1997 年编制了总体规划，2002 年国务院正式批准实施该规划。2009 年配合"中国丹霞"申遗，泰宁县旅游管委会修编了风景名胜区总体规划，并制定了《泰宁世界自然遗产提名地保护管理规划》，对资源保护、保育管理发挥了积极的作用。泰宁遗产地的保育状况项目评价得分率达到 82.25%。但是，遗产地自然风化侵蚀、水灾、风灾、坍塌等自然灾害偶有发生，由于受复杂的自然环境和人为因素的影响，水土流失也较为严重，生态修复和反哺机制尚不够健全。

2. 保育措施

近年来，泰宁自然遗产地恪守《世界遗产公约》，坚持保护第一、保护为重、保护为先的原则，对丹霞景区实施全方位、立体化、最严格的保护和管理，先后编制了《泰宁世界自然遗产提名地保护管理规划》《水土保持生态环境建设规划》等，采取了设置遗产地监测点、保护点以及分级保护模式等措施进行保育、防治水土流失等工作，并取得了较大成就。如 2003 年编制的《福建省泰宁县国家级生态示范区建设总体规划》对生态经济、风景名胜区、生物多样性保护、生态旅游、生态林业、生态工业、生态农业、人居环境、安全食品基地建设、杉城古镇建设、水土保持、环境质量控制进行了科学合理的规划。根据福建省生态功能区划中泰宁所属生态功能区定位和泰宁县的生态环境特点，按区划原则，将泰宁划分为八个生态功能小区，并确定出小区的主导功能。2005 年编制的《泰宁世界地质公园总体规划》对公园环境容量、旅游发展规划和人口发展规划进行了科学预测，分类形成了地质遗迹科考、科普规划、地质遗迹景观游赏规划、保护工程规划、旅游服务设施工程规划、基础设施工程规划及专项规划等。但由于人口的增多、城乡建设发展较快、人们的水土保持意识淡薄，特别是资金投入和监理人员队伍不足等原因，在生态培育的具体行动方面，如生态修复、保持原有风貌等明显不足，存在因不合理利用森林资源和耕作而导致水土流失的现象。泰宁自然遗产地该项得分率仅为69.15%，反映了目前该地制定保育规划等静态工作方面尚好，但在保育措施及其具体行动落实等动态工作方面与自然保护的目标相差甚远。泰宁自然遗产地的环境监察工作人员只有 6 人，其中 2 位领导，另 4 位工作人员中正式工 1 人、临时聘用工 2 人、1 人为外单位借用，因此，根本无法完成保育规划目标和采取必要的保育行动。

分析表明，本标准准确地反映了实证地的保育状况，既评价了实证地所取得的保育成就，也充分暴露了存在的问题和不足，说明所设置的评价因子具有保育现状和保护前景的概括和描述能力，评价客观。

（三）开发条件：清晰描述区位、环境和设施的状态

1. 区位条件

泰宁地处二省三地市交界（即福建的三明、南平、江西的抚州），与五个县市毗邻（邵武、将乐、明溪、建宁、黎川），县城至鹰厦铁路枢纽站邵武76公里，至武夷山机场150公里，至地区中心城市三明176公里，距南平184公里；至省会城市福州330公里，距南昌360公里。从区域经济来看，泰宁地处中国的东南地区西部边缘，对于东部沿海省份来说，是沿海省份的内陆地区，发展较为滞后。从全国客源市场来讲，泰宁地处长三角、珠三角的边缘地带，远离两个主体客源市场，客源容易被截流，京津塘地区基本很难辐射。从福建省内旅游市场来看，泰宁可以说地处"闽北坍塌区"。从县域内部看，泰宁丹霞景区与县城的距离虽然不是最近，但各景区之间的交通比较便利，通达性好，金湖、寨下大峡谷、猫儿山、上清溪、状元岩、泰宁古城等到县城的距离，远约半小时车程，近约十分钟车程，也比较易于游客的集散。地域组合度较好，金湖以平面游览为主，上清溪移步易景，寨下大峡谷有地下游览之感，可以通过线路设计达到动静搭配合理、资源特色互补的效果。

泰宁自然遗产地的"区位条件"项目层得分率78.3%，评价较为准确，反映了该地区位条件、通达性等现实情况。

2. 环境条件

实证地的自然环境评价均较好，项目层评价得分为82.67%，气候、环境和工程三个因子的得分率也在79%—88.5%之间。

气候条件方面，泰宁属于中亚热带季风性湿润气候，四季分明，光照充足，平均日照时数为1738.7小时，年平均气温17℃，无霜期270天左右，雨量充沛，年平均降水为1788毫米，属福建省丰水湿润区。境内山地面积较大，形成了局地小气候，属于中亚热带季风性山地气候。夏季无酷热、冬季无严寒、四季温和湿润，全年可旅游的时间长达300天以上。

环境条件方面，泰宁自然遗产地森林茂密，森林覆盖率为76.8%，工业文明侵蚀很少，大气质量、水质优，各项指标都达到国家规定的一级

标准，环境质量优良。

综合自然环境和资源状况的分析，实证地的地质地貌、水文、生物多样性等条件，无论从丰富性还是美感度，以及科考价值等方面，均符合游憩、科研和开展环境教育等活动的要求，从工程施工条件方面看，具备了可开发利用的物质特质，且其山地地形地貌、气候条件和生态环境使其物产丰富，可资就地取材的工程建设材料和旅游商品开发原料种类较多、数量足，有利于建筑和商品的开发建设与当地自然环境融合，反映地域特色。但就地取材必须以维持自然生态环境、不造成建设性破坏为尺度，且地质地貌是构景的重要物质载体，不宜作为工程材料使用。

3. 基础设施

随着城市化进程的推进，实证地的城市基础设施如水、电、气、通讯较发达，该项目层平均得分率为78.91%，交通通讯、供排、服务和运营设施四个因子的得分率在86.67%—72.5%之间，说明泰宁城市基础设施建设不平衡，服务设施和运营设施建设还不能完全满足自然管理和游客游憩的需求。

泰宁自然遗产地因受限于区位和地貌复杂的丘陵地区，交通不是很便利。从我国主要客源地和国外客源地到达泰宁的空中交通和陆地交通需要周边城市如南昌、福州、厦门等地的交通支持。虽然泰宁全年基本都适宜旅游，但由于旅游产品的设计和市场定位等原因，淡旺季明显，存在淡季时宾馆和景区客少、设施闲置，而旺季交通拥挤、住宿困难、管理跟不上、旅游质量难以保证等问题，暴露出泰宁遗产地的服务设施尚不够完善，大部分城镇基础设施建设较为薄弱，其功能以为当地居民提供服务为主，缺乏对旅游产业的支撑能力。

分析表明，本标准真实地反映实证地的开发条件，得分与实证地的实际情况相符，评价客观。

（四）制度条件：真实反映管理制度和机制的缺失

评价结果显示，"制度条件"失分是实证地不能达到国家级国家公园标准的重要原因，泰宁自然遗产地的得分率仅60.41%（图5-3）。

实证地的制度条件缺失、管理效率低下是当前中国自然遗产地管理状态的缩影，无论是打分评价还是现场访谈调查，当地专家纷纷认可将"制度条件"作为国家公园评价内容，并结合他们的管理实践，对自然遗产资源管理现实提出了中肯的批评。

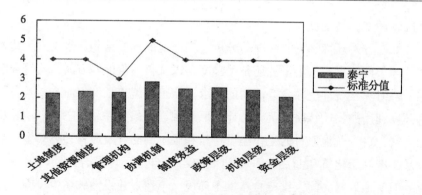

图 5 - 3　实证地制度条件评价结果对比图

1. 资源制度

资源制度方面，"土地制度""其他资源制度"两个因子，得分率在55.5%—57.75%之间。土地权属难题在全国风景名胜区中普遍存在，90%以上的土地为集体土地，非国有，土地权属（山权）、林权的所有权与使用权之间交织了各种利益关系，项目用地既要考虑景区保护，又要照顾新农村建设，矛盾重重。土地权属是自然遗产资源保护与利用矛盾的症结所在，土地的获得性低也表明我国的自然保护思想还未得到真正落实。泰宁自然遗产地的土地权属问题随着旅游业的快速发展在资源利用和利益分配中表现得尤为突出，土地权属交织者政府利益、部门利益、开发经营者利益、村财利益和农民利益的多方博弈，多年来缺乏有效解决问题的制度。国务院或行政部门虽然对水、矿产、森林等资源管理做出政策规定，但因权属不清或多主体交叉，面对利益选择，往往执行不好。加之目前我国执行的各种资源管理办法，如《风景名胜区条例》等，权限有限，不仅资源管理载体设置重叠，而且法律条文上也设置重叠。

2. 体制制度

体制制度方面，实证地的"管理机构"因子得分率76%，而"利益协调制度"因子 和"运营管理现状"因子分别为57.2%和50.2%。泰宁县旅游管委会是泰宁县政府的派出机构，副处级级别，下设旅游事业局、古城管理处、经济发展局、规划建设局、资源保护局、党政办、监察室等有关职能部门，实行的是泰宁世界地质公园管委会、国家级风景名胜区管委会、省级旅游经济开发区、度假区管委会与泰宁旅游管委会一套人马、五块牌子的管理模式。因此，实证地的管理机构较为健全，且作为县级行政区，泰宁县的资源管理机构相对于其他县高出半级，拥有更多的职权。

但是现实中管委会无资源保护的执法权，只能接受委托执法，而且牌多人少，地方政府的人员编制依据地方财力来安排，而非依据资源保护面积和管理内容的需要，科学性不够，随意性大，管理人员大多非公务员而执行参公的事业编制，人员队伍专业水平和管理水平不高，面对各部门的利益诉求和多部门交叉执法，管委会协调手段不多，力不从心。在协调方面，管委会多从工作角度做协调，而非从利益这一根本问题上开展协调的制度和机制，参与利益博弈的政府、部门、开发经营者、社区等各方总是从各自的立场表达诉求，旧矛盾未解决又产生新矛盾，社区利益往往受损，伤害百姓保护自然的自觉性和积极性。为了改变区域经济发展滞后的局面，县政府立足资源优势，加快资源开发利用和基础设施建设，采取转让风景资源经营权的方式吸引资金，弥补资金不足，但是接受许可经营单位的社会责任和环境责任较弱，往往追求经济利益最大化，仅负责收取门票，而未能履行资源保护责任，更无配置专职保护人员，在市场开发和宣传促销中也采取与管委会不同的经营策略，因此，运营管理过程中生态效益、社会效益和经济效益并未能协同发展。

3. 管理层级

管理层级方面，实证地的"政策层级""机构层级"和"资金来源层级"三个因子得分率分别是 63.75%、61.75% 和 53.25%，集中反映出国家对自然遗产地管理的政策层级低或缺失的现状。（1）国家对自然遗产地的管理没有统一的归属，各地的管理机构设置不一，致使一个遗产地多个品牌，多个管理部门，执行多个评价标准，但是现实中各个部门往往没有给予实际的管理，或解决实际的问题，因为自然遗产地管理不是住建部、国土部或林业局等各部门的主要业务，管理人员少、职权小，面对全国范围的自然遗产地往往鞭长莫及，造成国家委托部门管、部门丢给地方管、地方低层级机构低水平管理国家资源的局面。（2）虽然国务院或其直属部门出台有土地、水、矿、森林等资源管理的政策，但政策较为宏观，往往不具备针对性和可操作性，实证地对资源的管理主要依靠地方政府或管委会制定的管理规章，但是权威性和效率低下。如《风景名胜区条例》对资源有偿使用费并未做统一的规定，实施细则迟迟未出，条例的实用性大打折扣，各地或者不执行或者参照自拟标准，造成执行标准不一，而且无法定的保障。泰宁自然遗产地按照国家公益生态林补偿费 11 元/亩和资源有偿使用费 6 元/亩，合计 17 元/亩的标准从门票收取，而武夷山风景区执行的是 20 元/亩的标准，而且资源保护费以契约的方式收取，法规虽然许可，但不是法定的。随着开发利用和人流量的加大，景观保护和管理的难度增大，一方面是依照这样的补偿标准收取的资源使用补偿费远远不够资源保护所需，另一方面非法定的标准执行起来或需要调整，难度很大。(3) 资源保护与利用矛盾的处理往往突出地方利益，而非国家整体利益。作为一个县域的组织机构既无权也无能力制定发挥大区域生态保护作用的政策或区域利益协调制度和机制，执行没有统一标准细则的某项国家管理政策时，本能地从当地利益角度考虑，所制定的规章全面性和权威性不足。因无法从周边区域或下游地区获得因克制发展、保护生态所造成的经济利益损失的补偿，处于上游的泰宁遗产地只有大力开发利用资源，以满足区域经济发展的需要，即使上级制定了严格的控制政策，也容易产生"上有政策、下有对策"的执行不力等情况。(4) 国家对资源管理的资金投入严重不足，影响生态保护与治理的进度和质量。资源规范管理、生态保育、水土流失治理、基础设施建设等需要充足且制度性的资金保障，但"资金来源层级"因子的评价表明，两个实证地的资金来源不稳定，且量少，主要靠地方政府按照国家公益生态林补偿费和资源有偿使用费的规定自筹。据统计，泰宁世界地质公园 2005 年成立以来 7 年间共得到国土资源部给予的项目建设、宣传、人才培训等补助资金仅 2000 万元，其他十余品牌如风景名胜区、森林公园的管理部门从来没有给予资金投入，而且国家行政管理部门的资金多以"跑部"形式争取，而非法定。可见，国家在自然遗产资源和生态环境管理上只有点上的补助，而无区域性或高级别的反哺资金安排，致使遗产地生态恢复和保育反哺工作严重滞后。因此，该项目层的低分评价与现实的低层次、低水平管理相互印证，很能说明问题。

"制度条件"评价因子基本概括了实证地以及中国自然遗产资源管理的现实问题，得分结果较为准确地反映了实证地的管理水平以及制度缺失状况，说明本评价标准具有现实的适用性，对于从制度层面上解决中国自然遗产管理问题，创新并建立中国国家公园管理模式具有指导意义。

第三节　中国国家公园管理体制和机制的构想

实证地验证结果充分说明了目前中国自然遗产地管理的薄弱环节在

"制度"，也进一步论证了中国设置国家公园管理模式的必要性。要实现自然遗产地可持续发展的目标，必须提高遗产地保护、建设、管理、规划的整体水平，将诸环节作为一个整体系统予以协同推进，既要进一步加强基础研究，增强科研力量，为自然遗产资源管理提供技术支撑，更要理顺管理机制，设计科学合理的制度，正确处理好保护、管理与利用的博弈关系，尤其要依据重复博弈理论，协同盈利性经营活动与保护活动之间的关系。作为一种管理模式，国家公园设置关键在管理体制、利益协调机制设置，使国家公园管理在人财物上得到保障。根据上述研究成果，本研究就实证地设置中国国家公园以及创新中国自然遗产资源管理模式提出构想。

一　统一集中的管理体制

管理因子是国家公园设置标准的重要组成。作为一种先进的自然地管理模式，其管理思想、管理内容和管理手段均通过对自然遗产地的管控得以体现，实行政府高度集中的控制体制和协调机制，为自然地的保护与利用提供制度性保障，避免产生掣肘资源管理的限制因素。当前，自然遗产地管理实行条块分割的体制，遗产单位不仅受上级主管部门的管理，还要受到地方政府和部门的控制，即所谓的条条管理和块块管理。主管部门作为政府规制机构，行使行业规划、负责颁布行业法规和管理条例并负责监督执行等职责，而地方政府的主要目标是发展地方经济，因此，条管与块控的目标不同、任务不同，政出多门且容易出现扯皮打架的现象，不仅妨碍了管理效能，增加了管理成本，增大了保护漏洞，而且当遗产地管理涉及不同层级、不同部门、不同地域时，当局部利益诉求膨胀时，更会加剧过度开发、破坏性开发，加剧遗产资源的破碎化。由此造成这样的局面：一是管理的调子高，但管理组织机构层级低；二是部门权限有限，出台管理条例交叉重叠、多头管理，导致资源空间重叠，设置重叠，边界混乱，核心功能不明确；三是管理决策和运行机制不健全，遗产地实行事业性管理，企业化经营。这些问题的解决有赖于建立中央政府直属的专门管理机构，实行高度集中的自然遗产地管理体制。

实践证明，国家公园管理模式是一个由政府主导并具有灵活性的重要自然区域的保护模式，也是世界各地广泛采用的一种有效管理体制，主要是通过政府高度集中、部门分工协作的管理制度，较好地优化政府与部门及各部门之间的系统，进而使国家公园建设管理、监管机制得到制度性落实。采用国家公园管理模式，就是将分属于国家林业局、环保部、海洋局、农业部、建设部、水利部等不同部门的自然保护区、风景名胜区、地质公园等自然保护地集中由中央政府直属的一个专门机构统一管理。理由有三：其一，国家公园不是私利产品，需要国家投入资金来支持；其二，中央政府专门机构统一垂直化管理，有利于提高国家公园建设和监督的效率；其三，国家公园建设与管理过程应该分工，规划和设计、建设与维护等项目必须专业化，需要独立的部门来监管，为全体公众和下一代负责。

（一）权属安排

国家公园的管理实质上就是将管理权、财务权和人事分配权进行合理的安排。依据国家公园保护的自然性、管理的统一规范性以及资金筹集的社会性等特征，国家公园的权属应做如下安排。

1. 管理权的安排

（1）行政管理权

管理权主要包括国家公园的行政管理和经营管理权限。行政管理实行中央直属、地方配合监管并行的直线型管理方式，提高国家公园面临紧急状况时相关问题的处理效率。行政管理权主要基于对国家公园外部管理的环境和外部管理的流程做出的安排，行政管理权的设定和归属主要取决于中央政府的安排。与公共产品类似，中央政府管理机构对国家公园进行系统的流程管理，主要包括国家公园的法律规范制定、法律程序执行、认定标准制定、国家公园申报程序制定和执行、国家公园经营管理和监管措施的设定等。国家公园的资金投入以及后续资金的筹集运作也是国家公园管理中不能或缺的部分。

（2）流程管理

主要指国家公园行政管理以外的建立、发展和规范的全过程。国家公园建立的具体过程，主要包括：国家公园在达到认定标准后，准备申报材料，组织向管理机构申报；获得认定后，建立公园内部管理机构和职能以及管理流程安排；协调发展过程中出现的问题，并通过对国家公园管理的有效控制，维护国家公园的基本功能。

2. 财权的归属与处理

国家公园作为政府保护环境和人类福利的公共产品，盈利不是其设置的终极目标，但是国家公园的维护离不开资金的有效支持。在诸多建立国家公园的西方国家中，资金来源主要通过政府投入或者公益组织筹集而来。国家公园的财权归属既包括运行中的各项资金的使用和安排，也包括各种有价值资产的认定和归属权确定等。作为集权制的国家，我国应当将国家公园的各项财产纳入国有财产之中，但是由于政府本身在管理国家公园时存在着较长的委托代理链，会造成国有财产流失，因此，应该在公园管理机构中成立财产管理委员会并建立相应的监管和盘查制度。国有资产的具体变化情况应定期向国家公园的专属机构汇报，国家机构也需要定期进行审计与核查，降低国有资产损失的可能性。

除了国家注入专项资金以外，国家公园也可以通过社会集资以及自身经营来获得更多的用于国家公园的发展基金。这些基金需要通过特定部门的管理和发放来发挥效用。除了每年国家拨付的计划内资金，其他用途资金必须通过中央专属机构的批准。遇到紧急状况，国家公园需要及时上报使用的资金额，报告使用原因和用途，并及时提供证据。

（二）管理体制

针对当前自然遗产地管理中出现的供给矛盾，中国自然遗产管理有必要借鉴美国国家公园中央集权的管理体制，由中央政府对国家公园管理进行必要的干预。本研究认为，这符合中国社会和经济发展环境以及自然遗产地管理特性的要求，也是一种体现人地关系和谐的自然管理价值判断的制度选择，符合制度伦理的要求。

1. 直属中央的管理机构

中央政府成立一个专属部门，负责全国国家公园的建设和发展。中央统一集中的管理体制有利于改变多部门多重管理的局面。从管理层次上看，该层次为第一层次，是国家公园的最高管理机构，赋有实行统一管理的独立权限。国家级的国家公园直属该机构，直接服从该中央管理机构的指令，享有高层级的政策和资金支持。

参照国外的国家公园管理体制，德国组建有国家公园管理处，日本由国家环境署管理，韩国由环境部成立国家公园管理局来管理，澳大利亚的国家公园由保护部管理，而美国根据国会法案成立直属内政部的国家公园管理局（National Park Service）（根据国家公园为公众提供公共服务的功能上理解，National Park Service 译为"国家公园服务局"更为贴切），直接管理全国的国家公园，包括国家历史遗迹、历史公园等自然及历史保护遗产。目前，中国分别由国家环保部、旅游局、林业局等部门开展国家公园试点工作，力度不够，也不具备权威性，且已显示出部门之间步调不一的端倪。由此，借鉴各国的经验和做法，中国国家公园的中央管理机构可以称为"中国国家公园管理局"，直属国务院，负责全国国家公园管理工作。

2. 地方政府机构

包括自然遗产地所在地省级和县级政府。从管理层次上看，该层次为第二层次，主要负责省级国家公园的统一管理，该地方政府机构具有一定的属地独立权利，但不得随意干预国家级国家公园。

3. 国家公园管护单位

该层次为国家公园管理的第三层次，负责实施对国家公园的保护与开发利用，直属中央国家公园管理机构，服从专家和社会志愿者组成的监管机构的监督，按照中央管理机构的要求设置内设机构，联络和协调属地及区域生态保护，有关情况向地方政府机构报备，争取地方支持。

4. 监管组织

中央和省级政府成立由专家和社会志愿者组成的监管机构，分别对国家级和省级国家公园从建立、规划到具体实施进行定期或者不定期的检查。

二　均衡利益的协调机制

利益既是管理的重要对象，也是管理混乱的源头。利益分配不均引发利益争夺，导致资源过度或不当开发，进而引发生态危机。根据上文对我国自然遗产地管理存在问题的调查，无论是管理理念还是管理体制和管理机制上，均显示出在市场经济条件下，我国自然遗产资源管理只有争夺利益之驱动，却没有利益协调的机制，更没有做到利益共享，甚至出现了地方政府联合旅游部门向遗产管理部门争夺遗产旅游的经营权问题。[①] 平衡各方利益是解决问题的根本，构建多利益主体的协作机制和平台十分重要，而且这种协调机制必须将自然资源本身以及后代人纳入利益主体。利益协调与共享机制的建立不仅仅是关注内部的协调和共享，尤其要重视外部利益的协调与共享。

（一）多种资源投入的协调机制

依据系统论和协同演进理论，只有将人类活动与自然界演化过程有机

---

① 徐嵩龄：《中国文化与自然遗产的管理体制改革》，《管理世界》2003 年第 6 期，第 70 页。

结合起来，将各利益主体统筹起来，才能实现全局性的协同发展。建立国家公园的目标就是要实现某一区域不同资源从保护到开发以及生态、社会、经济效益之间均衡，化解利益纠纷，实现自然遗产地社会福利的公平共享。遗产地的保护不仅仅是一地的事情，而是关乎多地的区域性课题，关乎后代利益的可持续发展问题，因此，必须从国家层面上制定法规来协调区域间的各方利益，使区域之间的利益保障和生态保护得到制度化、法制化的保证，这样才能促进自然遗产资源的保护和利用进入制度化和法制化的协同演进轨迹。国家公园的设立、运行和监督还需要不同的职能部门的协作与配合，在高级别组织机构的有力领导下，不同职能部门没有部门利益，而只有按照生态分配效率对本部门在承担生态系统均衡和有序发展方面的责任，只有在生态保护中积极发挥各自部门优势的责任，以及通过提高自身效率实现国家公园健康发展的责任。

（二）多方利益分享的协调机制

国家公园的稳定性与其利益主体之间是否能够依照各自的利益关系形成合理的发展态势有密切的关系。国家公园的利益主体包括外部主体和内部主体。外部主体主要是中央政府、地方政府以及公众。内部主体主要是国家公园具体的管理者和国家公园内部的各个部门和岗位的各级人员。国家公园管理状况的好坏取决于不同主体在国家公园发展和建设中的利益分割是否得到公平的处置。依据重复博弈论的分析，在信息获得充分分布后，各个利益主体都完全能够按照自身的状况做出符合群体之间利益均衡的决策，因此，获得真实和完整的信息成为利益主体与关系整合的实质问题，需要建立一个多方参与利益分享的协调机制。这个机制可以通过以下方式来满足各方对信息完整性和充足性的要求：

第一，建立国家公园定期信息公开机制。管理机构将国家公园的发展信息和动态信息通过公开的媒介告知不同的利益主体。为了保证公布信息的可靠性，中央政府专属管理机构可建立定期检查制度，确保信息的质量。

第二，建立国家公园财务信息公开制度。委派审计机构定期检查并将检查的结果公布于众。由于政府和公众是出资建设国家公园的主要群体，因此通过这种方法能够维护他们对国家公园的自主权益。

第三，中央政府建立国家公园监督和沟通机制。为了减少不同群体之间的摩擦，中央政府应该依据国家公园的类型和主要参与者建立监督和沟通的程序和相应的制度。通过中央政府专属部门的直接干预和裁决，解决各个群体之间各种纠纷和利益不均引起的冲突，合理分配利益。

三　人财物与技术保障机制

国家公园的管理运行一方面与外部环境对国家公园的发展和要求有关，另一方面与国家公园内部执行方法和流程有关。国家公园的运行机制、经营机制和资金投入的持续性保证机制以及技术和人员保障，成为国家公园健康发展的核心保障。国家公园的管理与企业管理有类似之处，即国家公园应该有管理核心层，在管理核心层的基础上安排相关的部门。但是，国家公园既不能搞股份制亦不能搞合伙制，因为国家公园的管理主体仍然是中央政府专属机构通过特定的方式遴选出、与政府部门相关的领导作为主要管理者，选取管理者时要注意非相容原则，即不能够将具有排斥或者需要内部控制的岗位交由不同的管理者承担，以防止同谋现象的发生。国家公园具体运行程序如下：

第一，管理者制定国家公园维护和保持的各项制度督促其他部门执行；

第二，管理部门拟定部门设置方案，由国家公园的管理者上报中央专属机构审核并报批；

第三，各个部门按照国家公园的总体规划和职能，依据本部门的责任制定出本部门年度计划、季度计划和月计划，并将计划提交至管理部门审核、备案。各部门之间的协调应当由管理部门主导，以管理部门提高效率为基础，合理统筹各个部门的工作流程并要求各个部门做好协调、配合，以使国家公园运行有序。

借鉴美国国家公园的经验，中国建立国家公园管理模式及其运行机制，必须结合人财物的调配机制而建立。

1. 自然保护的政策保障

政策法律体系是落实国家公园保护的根本基础，借鉴国外的经验，国家公园保护政策体系需要专门的法律和法规体系，以及政策执行规范、违法行为的惩戒措施，唯有赋予国家公园保护以法律地位，才能真正实现国家公园的最终保护。因此，首先，需要人大机关和政府研究制定，并要求不同类型的国家公园严格依照标准执行。其次，要将自然遗产资源保护视为一种特定的资产投资，保障制度性资金投入生态保育，为建立健全生态修复与反哺机制、落实生态保育的目标和具体措施提供政策保障。

2. 资金投入保障机制

国家公园资金投入主要来源于国家投入，中央政府依据国家公园的类型和规模分配相应的资金。为了使资金投入持续，应建立健全政府投入机制。

（1）中央政府国家公园专项资金

中央政府根据本国国家公园的总体发展规划设置该项基金，按照国家公园的类型和资金投入计划，每年从政府财政资金中拨付。如果需要地方政府配合投入资金，中央政府可以通过对地方政府实施优惠政策，如财税减免、地方和中央财税分成比例调整等，促使地方财政向本地的国家公园投入适当资金。

（2）社会公益组织的资金投入

中央政府应积极鼓励社会公益组织参与国家公园发展的意识，带动社会各界的自然遗产资源保护责任感，使国家公园建设和保护资金获取渠道更加丰富。

（3）企业和其他盈利组织的资金投入

企业组织作为社会发展的细胞应该为社会发展提供切实的帮助，国家公园的发展和维护需要企业和其他盈利组织的支持。虽然国家公园不能显著提高企业的经济效益，但是企业应该尽到保护公共产品的社会责任。目前，可要求企业联合会建立社会公益基金，设立国家公园发展专项资金。

3. 人才与技术保障机制

国家公园需要一定的技术人才和才能卓越的管理人才以及讲解、服务等相关专项人才作为保障。吸纳人才投身自然遗产地管护事业，需要人才引进和培养机制。

（1）管理人才的选拔和聘用机制

国家公园环境较为复杂，专业性较强，因此，一是将管理人员确定为国家公务员，稳定管理队伍，引进科技和专业人员，提升管理队伍的专业素质，管理人员能够对国家公园进行有效规划和高效管理，为游客提供环境教育服务，并能在突发事件中找到应对的方法。二是建立管理人才的任职资格和选拔制度，吸引优秀人才加入管理团队。三是建立人才考察流程制度，根据岗位建立人才评价标准、考核方式和聘用流程，发挥人才特质和专长，为管理人才发挥才能提供平台。四是学习国外国家公园的做法，建立志愿者服务队伍，补充应急之需和人才不足。

（2）技术保障和支持机制

国家公园环境多样性，注定了其技术的深度和广度，因此，必须建立完善的技术保障机制，保障国家公园发展的合理性和效率性。一是建立稳定的专家和技术人员队伍，保证为国家公园建设科学研究基地、维护国家公园环境、基础设施规划建设以及为社会各阶层游憩需求提供技术支持。二是建立技术攻关部门，承担国家公园发展的技术难题攻关，并建立跨区域跨部门的技术联络和沟通互助机制，形成稳定而有效的技术支持机制。三是组织使用绿色新能源，应用科学的方法管护环境与资源的完整性和原始状态。

综上所述，实证地泰宁世界自然遗产地极具作为遗产管理和研究的代表性和典型性。本研究所提出的中国国家公园设置评价标准经实地验证，具有显著的现实意义：一是具有全面性，能够全面地反映自然遗产地的自然、环境、文化、社会、经济的整体概貌；二是具有合理性，真实地反映自然遗产地管理的现实状态和问题；三是具有针对性，准确地体现了国家公园作为一种先进的资源管理模式的制度内涵，所设置的"制度条件"为中国自然遗产地管理改革及其评价提出了新内容。

本研究提出的评价标准在得到充分肯定的同时，还有三点需要说明：

（1）"制度条件"失分是实证地不能达到国家公园标准的重要原因，而非其原始的自然资源条件。作为国家公园，履行自然遗产地资源管理的任务，首要的问题就是建立有效的管理制度和体制，依据法律法规履行对自然资源保护、开发利用、游客和社区实行有效的管理。评价标准中增加"制度条件"值得肯定。

（2）管理实践中，制定规则的机构若无管理规则的实际行动，不能很好地监督这些规则的有效实施，即使有行动，也是监管不能到位，这是管理效率低下的重要原因之一，因此，"制度条件"中须增加"监督"评价因素，须加以修正和补充使之完善。

（3）建立标准体系是国家公园制度规范的基础，严格申请流程也是为了保障国家公园在受理过程中的合法性和合理性不会受到损害。为此，还需补充相应的流程规范，以使国家公园设置标准的唯一性和法律效力性得到保证。

第六章　研究结论与建议

本书在可持续发展、系统学等理论的指导下，综合文献研究、社会调查、实证研究等多种方法，对比分析了国内外自然保护经验、管理规章，尤其是借鉴以美国国家公园为代表的管理模式，依据调查数据和实证研究得出结论：设置具有中国特色的国家公园不仅可行而且必要。为了使自然遗产资源管理模式创新符合中国实际，更好地处理自然遗产保护与利用矛盾，在此就中国国家公园制度建设提出四条建议。

第一节　研究结论

本研究除设计了一套较有操作性的中国国家公园设置标准外，再从理论的角度归纳如下五点结论：

1. 建立国家公园是国家自然遗产资源管理的战略选择

自然遗产是国家可持续发展的重要资源依托，可持续利用遗产资源既是一种理念，也是国家可持续发展战略的一种策略。面对环境危机日益严重和人们游憩需求日益增长的形势，有必要从国家发展战略的角度来思考，并努力解决目前我国自然遗产地设置标准和管理实践混乱的局面，以及错位开发和超容量开发等问题。世界国家公园运动发展历史证明，国家公园对人类科学规划、规范建设、依法管理和开发经营自然资源、优化自然遗产空间格局、转变生产生活方式、解决自然资源保护与旅游利用的矛盾，有着深刻的现实意义。国家公园是人类生态文明发展的成果，已经成为世界各国普遍采用的一种自然保护形式和管理模式，为保留地球完整的生态系统和生物多样性做出了贡献。国家公园不仅是保留着原生状态的自然处所，还是体现人与自然关系的社会空间，肩负着引导全社会保护自然完整性与多样性、满足公众游憩和社区发展需求的双重使命，更是一种管理和平衡人与自然、人与人、国家与地方之间诸多利益、可持续利用资源的制度模式。中国采取国家公园的模式来管理自然遗产，符合国家生态与资源安全的战略部署，是资源可持续利用技术方法的具体体现，兼具可持续发展模式和制度化规范管理的意义。建立国家公园，不仅有利于为人们享受游憩与休闲提供自然空间，为后代保留优良的生态环境和自然资源，而且有利于构建国家的政治价值观和文化价值观，体现国家可持续发展的意志和软实力。

2. 自然遗产地管理必须实行国家统一管理体制

中国自然遗产地体系包括了自然保护区、风景名胜区、森林公园、地质公园、矿山公园、湿地公园等类型，但属于不同的管理系统，非完全意义上的"国家公园"。多个国家政府部门分别管理，所建立的标准和设置功能也不尽相同，是造成自然遗产资源管理低效等问题的原因，亟待解决。建立国家公园管理模式，并由中央政府批建，实行统一的权威管理、统一利益分配和协调监督，由国家权威机构代表广大公众行使法定的高级别政策和资金保障等管理职责，才能体现国家资源国家管理的意志，体现全体国民福祉，发挥自然遗产资源的利益最大化和管理效率最优化，从根本上解决现行自然遗产地管理中诸如土地权属矛盾、制度政策缺失、多头管理、利益冲突、效率低下等问题。

3. 自然遗产地管理必须建立统一规范的评价标准

统一现有的各类公园，从规划到监管一统化，实行标准化的统一管理，不仅有助于全面提高资源的地域利用价值和效率，减少因公园设置不统一造成的资源浪费和效率低下问题，而且可以使现行的自然遗产资源管理与发展模式由粗放型和低水平向精细化和高水平转变，为维护区域生态系统和谐提供重要保证。国家公园不仅是高等级资源的物质载体，还是一种体现自然保护理念的管理模式，因此必须打通现有各类遗产公园的评价标准，融入并建立统一、规范、全面的准入评价标准，提高整体管理水准。评价标准必须包括硬件和软件两个方面的特质。硬件方面，国家公园除应具备高等级的自然资源条件和必需的基础设施外，还应有与一般公园不同的要求，即突出的重要性、典型性、完整性、自然价值和保育条件；软件方面，不仅要体现环境保护的理念和优秀的服务品质，更为重要的是要有一套自上而下的管理体制、制度和政策规范。

4. 利益博弈协调是解决保护与利用矛盾的关键

自然遗产地涉及自然和社会两个系统现时和未来的众多利益相关者，

保护与利用之间的矛盾本质上就是利益相关者之间的博弈。以重复博弈理论为指导，建立一个协调人与人、人与地之间利益的机制，使各博弈参与人着眼于总体利益和长期利益进行有效合作，是化解各利益主体之间矛盾的关键。国家公园建设体现了社会系统和自然资源系统之间的适应性演化的互动过程，强调代际和代内利益相关者享有自然遗产资源的福利公平，与可持续发展理论的公平原则相同。因此，国家公园设置标准必须重视利益协调机制的建立，视为自然遗产管理的一个重要因素，以促进人与自然、人与人之间的关系与生态文明价值观、伦理观、道德规范和行为准则相适应，通过利益的协调达到诸关系的和谐，保持自然资源质量和持续供应能力。

5. 自然遗产地管理必须体现中国特色

自然遗产地管理必须符合国情，服从国家宏观发展战略需要，并与政治体制相一致。作为发展中国家，中国自然遗产管理模式既要汲取美国以及其他国家的国家公园模式的先进做法，又不能照抄照搬，不墨守成规，更要认真研究本国实际，在吸纳国际管理经验和继承原有管理优点的基础上，提出符合中国实际的管理目标和特色模式，使之科学而有效。当前中国处在社会主义建设的初级阶段，法律体系、政体制度和文化背景不同于他国，且经济的快速发展和人们日益增长的物质文化需求面临生态安全问题，资源保护与利用矛盾突出，且原有的自然保护区、风景名胜区、地质公园、森林公园、湿地公园、矿山公园、水利风景区的建设也积累了一定积极有益的经验，因此，中国国家公园设置标准的制定和国家公园的建设管理必须将这些因素考虑在内，落实党的十八大提出的关于加强生态文明建设的总要求以及建立国土空间开发保护制度的具体部署。

第二节 国家公园管理制度建设的建议

人类社会在经济利益的驱动下如果没有科学的管理制度加以约束和控制，采取的往往不是可持续的利用方式。自然遗产地管理包括了自然生态环境的管理和对人类作用于自然形成的社会行为规范管理和制度规范管理。一个科学有效的管理模式的建立，关键要有一套自上而下的管理制度和政策规范，一套有利于协调人与人、人与地之间利益的体制和机制，落实自然遗产资源权利、义务和福利的公平。为此，本书着眼于总体利益和长期利益的有效合作，化解各利益主体之间矛盾的目的，就国家公园管理制度建设重点提出四条的建议，旨在保障管理的有效性和规范性。

1. 管理制度必须具有高度的制度伦理

制度伦理是指制度的合理性，是对制度的正当与否、合理与否的认识与评判。[①] 从制度伦理的角度来看，自然遗产管理制度的有效性总体体现在资源利用过程中人与自然之间、人与人之间以及社会诸关系之间处于和谐的理想状态，具体体现在两个方面的公正：一是环境公正，尊重自然权利，人类的持续发展必须避免因自身利益追求而与自然界的平衡系统发生矛盾，不因人类发展而招致其他物种毁灭；二是社会公正，利益公平分享，人与人之间诸多利益主体关系和谐。国家公园制度伦理的核心精神就是体现人与自然关系的和谐，制度的有效性在于解决各利益主体为追逐自身利益而造成的关系冲突。

参与国家公园利益重复博弈的管理主体主要包括中央政府机构、地方政府机构、社会公众群体、主管部门。不同主体的利益主张差异为国家公园的管理体制和机制提出了较高的要求。因为中央政府机构在国家管理格局中居于主导地位，如果中央政府成为国家公园资源保护的主体，政府主流群体则有可能在维护本国公众利益中自身利益受到制衡并获得优先利益。与中央政府相比，地方政府更注重自身利益的追求。虽然地方政府没有独立的立法权、自主产权以及其他与中央政府职能类似的权利，但是地方政府基于对当地经济行为和社会利益的主张，可能谋取更符合地方政府业绩的行为，获得中央政府不易监控的额外利益，造成对自然遗产地的不利影响。从资源的公共产品性质来看，资源管理资金源于社会公众创造的财富，公众有权了解自然遗产资源管理和国家公园建设规划，可以通过特定机构来表达资源保护目标，参与决策和博弈，获得主张的权益。公园主管部门处于国家公园建设一线，如果过于主张经济利益，就会更倾向于开发利用资源，这种倾向未必符合设置国家公园保护生态和开展科学研究的初衷。

为此，管理体制要体现中央政府直接参与和直线垂直型管理的要求。自然遗产资源保护与利用矛盾的协调需要中央政府采取政策性和强制性措施来解决，防止因管理部门过多而造成的管理不力和效率低下。管理机制

---

① 施惠玲：《制度伦理研究论纲》，北京师范大学出版社 2003 年版，第 25 页。

方面，要体现非营利性为主、部门协同、监督完整的要求。生态保护、科学研究、环境教育等公益性活动必须是无成本或低成本的。部门联动建立在统一的国家公园建设流程和控制过程之中，避免多头管理和部门摩擦。监督机构自上而下建立，监督内容包括监督过程、监督措施和处理结果。

2. 建立科学的自然遗产分类分区管理制度

分等、分类、分区是自然遗产资源规划与管理的常用方法，也是实现管理科学化的基础。由于各国对自然遗产资源的分类分区不尽相同，我国要完全与国际接轨而舍弃现有的分类分区有相当难度。中国国家公园的分类和分区规划必须进行专题的研究，既可参照国外国家公园体系分类，更应当以我国自然遗产地管理现状、发展规律为依据，以自然地貌和景观特征为主线，根据不同的景物特点和区域，按不同的功能等要素做深入细致的研究，保留自身特色，为国家公园的规划建设提供重要依据。

3. 推进遗产地管理生态化和系统化

自然遗产地作为一个自然系统，有其自身的发展演化历史，即使没有人类行为的作用，其自身也在消长。国家公园必须视为一个典型的社会—经济—自然生态系统，服务于自然保护、科学研究和公民游憩权利。因此，必须使自然遗产地的自然环境和社会要素共同构建成一个完整的生态管理系统，遵循生态学规律，借鉴自然生态系统中的物质流、能量流、信息流的复杂控制与反馈机制，生态化管理公园系统，调动全社会共同参与生态区建设，建立多元的投融资机制和生态环境保护补偿机制，化解生态危机，实现系统的自组织和最优化，促进"天人合一"的环境友好型社会建设和生态文明建设。

4. 强化社区广泛参与的利益协调机制

社区参与是国家公园可持续发展的重要力量。随着公众生活水平和教育水平的提高，他们的环境保护意识日益觉醒，因此，社区参与作为国家公园保护与开发管理的新范式，已为研究者和管理者所重视。社区参与及其不同群体的利益协调虽已纳入本研究提出的设置标准，但管理实践中有关社区利益分配、土地使用权和利益协调机制构建等具体问题，尚需进一步研究和落实，确保社区广泛参与的利益协调机制得到真正落实。

附录 1 中国自然遗产地管理存在问题和国家公园设置必要性调查问卷

尊敬的专家、领导，您好！

我们正在进行关于我国设置国家公园的专题研究，您的意见对我们的学习和研究非常宝贵，真诚希望得到您的支持与帮助。问卷所获数据仅供学术研究之用，欢迎提出宝贵的意见。

衷心感谢您在百忙之中回答我们的问题！

请在适当的位置勾选√，表达您的意见。

项　　目	非常赞同	赞同	无所谓	不赞同	很不赞同
一、目前中国遗产地管理存在如下问题：					
缺乏整体性意识，偏重经济效益而忽视生态价值（LZ）					
地方政府和部门设置公园主要受经济利益驱动，常因地方和本部门经济利益而忽视生态效益（LZ1）					
部门与开发商合作，容易片面追求经济效益，常常无视规划的法律效用和严肃性，存在盲目性、掠夺式开发行为（LZ2）					
《风景名胜区条例》的"科学规划、统一管理、严格保护、永续利用"原则只是一个部门提出的，实践中没有得到很好执行（LZ3）					
在经济转型期单一部门难以实现资源保护的意图，现实中也未做到（LZ4）					
缺乏全局性意识，视遗产资源为行业和部门资源（LQ）					
各部门设立公园存在变国家资源为部门资源之嫌，目标单一，未能充分发挥公园的全部功能（LQ1）					
自然保护区只强调自然保护，风景名胜区只强调保护景观，忽视了其他的任务（LQ2）					

续表

项　　目	非常赞同	赞同	无所谓	不赞同	很不赞同
森林公园偏重森林景观保护，未重视地质遗迹保护（LQ3）					
地质公园仅限于地质科普活动，忽视地方文化对于地质地貌开发的作用（LQ4）					
缺乏协调意识，忽视社区参与和监督（LB）					
当前资源管理理念尚不是全民信念的表达（LB1）					
当前资源开发利用没有充分考虑社区居民的利益（LB2）					
遗产资源开发单位常忽视社会整体利益（LB3）					
当前遗产资源利用缺乏社会力量监督（LB4）					
缺乏可持续意识，因眼前利益而忽视长远利益（LC）					
管理部门和开发商代际公平意识薄弱，放任短期经济行为（LC1）					
政府部门或干部直接参与商业性活动，官商合作掠夺式经营（LC2）					
获得经营权的开发公司急于回收投资，违反规划掠夺式开发（LC3）					
建设索道、娱乐化等赚钱的人工项目，就是为了短期收益，破坏了遗产资源的潜在价值（LC4）					
机构层次低（TJ）					
各种公园管理机构属于事业性质，无行政执法权，管理力不从心（TJ1）					
遗产管理不是各业务主管部门的主要业务，内设科室人手少，协调能力弱，管理水平低（TJ2）					
专家对部门管理的批评意见没有得到制度化的重视（TJ3）					
利益冲突没有从法律和制度上根本解决，部门低层次协调只是缓解表面上的矛盾（TJ4）					
多头管理（TT）					
主管部门和地方政府共同管理造成管理目标不同，管理效率低（TT1）					
业务主管部门无法监督由地方政府控制的公园人财物，条块结合管理模式形成"两张皮"，造成资源配置效率低（TT2）					
一个遗产地多个品牌，由多个部门管理，政出多门，资源配置效率低（TT3）					
多个遗产地同属一个品牌，由单一主管部门管理，缺乏综合管理和协调能力（TT4）					
多重目标（TC）					
遗产地肩负维持运行经费任务，不得不以开发经营为目标（TC1）					

项　　目	非常赞同	赞同	无所谓	不赞同	很不赞同
遗产地追求经营利润就会偏离保护目标（TC2）					
资源主管部门开发旅游产品和经营管理游憩活动不专业（TC3）					
旅游部门负责资源生态环境管理不专业（TC4）					
事业单位企业化经营（TD）					
遗产资源被作为地方财政主要收入来源，造成企业化经营（TD1）					
公园的门票价格由地方政府掌握，维护地方利益是门票价格高的原因之一（TD2）					
参与市场竞争造成不能共享信息和资源控制权，增加了运营管理成本（TD3）					
修建人工设施和游览项目，实行企业化经营，影响了自然生态环境（TD4）					
评价与准入机制（JP）					
现行的资源评价反映的是部门利益，未反映社会和生态价值，造成建设性破坏（JP1）					
部门自设标准为挤占公众遗产资源提供了便利（JP2）					
目前资源评价、准入和分等定级标准不一，规范性不够（JP3）					
一地多品设置方式造成评价交叉，地理空间重叠，公园宗旨和功能不一（JP4）					
评价和准入标准不一造成建设和管理水平参差不齐（JP5）					
经营机制（JJ）					
公园拥有经营权与管理权，自负盈亏，导致景区门票上涨，商业性娱乐项目太多（JJ1）					
经营权与管理权分离，现行经营权承租公司受益最大，损害其他利益相关者（JJ2）					
目前景区土地所有者的代表不是国家，而是地方政府或农民（JJ3）					
目前遗产资源管理缺失中央政府权威监控，地方政府监控不到位（JJ4）					
遗产保护开发缺少社会监督，社区居民没有参与决策（JJ5）					
监控机制（JK）					
国家资金投入不足，公园依赖高门票增加收入（JK1）					
资源管理资金投入渠道狭小（JK2）					
资产和门票收入捆绑上市，损害了遗产的生态价值（JK3）					
遗产景区门票太高，损害社会福利共享原则（JK4）					

续表

项　目	非常赞同	赞同	无所谓	不赞同	很不赞同
门票收入被作为公司的营业收入，不能保证投入资源保护（JK5）					
二、关于设置国家公园的必要性					
中国很有必要设置国家公园，规范遗产地的管理模式					
如果您认为中国有必要设置国家公园，请继续勾选下列选项：					
三、您是否认为设置国家公园有下列好处：					
生态为先、保护第一（LS）					
有利于正确解读遗产真实性、完整性的概念（LS1）					
有利于体现遗产资源的公益性、传承价值和生态价值（LS2）					
有利于从国家社会与经济发展的全局角度确立遗产战略地位（LS3）					
有利于彰显遗产地资源国家所有、世代共享的属性（LS4）					
有利于实现保护和利用的双重目标（LS5）					
可持续利用（LX）					
有利于推动人与自然协同和可持续发展（LX1）					
有利于提高保护利用规划与决策的科学性（LX2）					
有利于杜绝急功近利、掠夺式开发（LX3）					
有利于保证遗产资源不以营利为目的的利用方式（LX4）					
有利于扭转片面追求经济效益的错误（LX5）					
建立中央集权管理机构（TG）					
能够增强资源管理机构的权威和职能（TG1）					
能够统一遗产管理使命和目标，强化国家统一管理职能（TG2）					
能够强化资源国家所有，有效配置资源（TG3）					
能够明确土地权属，避免利益纷争（TG4）					
能够推行公务员制度，稳定较高水平的专业管理人才队伍（TG5）					
能够提高遗产地保护利用规划与决策科学化（TG6）					
建立统一规范的管理体制（TS）					
能够统一遗产地资源管理行为，提高管理效率（TS1）					
能够规范管理政策，有效监控资源经营活动（TS2）					
能够推进遗产保护和开发资金的政府财政预算制度化（TS3）					
能够保障公众和社区参与决策（TS4）					
能够有效地将遗产资源保护利用纳入社会监督（TS5）					

续表

项　　目	非常赞同	赞同	无所谓	不赞同	很不赞同
评价与准入机制（JR）					
能够规范各种公园的评价，体现资源的真正价值（JR1）					
能够统一准入标准，保证保护目标和管理任务的一致性（JR2）					
能够提高评价标准的科学性（JR3）					
能够提高规范管理水平，杜绝建设性破坏（JR4）					
能够提高规划的科学性（JR5）					
经营与监控机制（JY）					
能够以追求生态效益为目标有效控制公园的经营权（JY1）					
能够建立完善的生态保育制度，规范游客游憩行为（JY2）					
能够建立生态效益优先的制度安排，履行资源保护目标（JY3）					
能够增加科普教育项目，减少商业性娱乐项目（JY4）					
能够保证更多的社区居民参与，接受更广泛的社会监督（JY5）					
资金投入机制（JA）					
能够保证国家的资金投入，遗产地告别门票经济（JA1）					
能够保证资源保护管理经费的多渠道来源（JA2）					
能够落实不以营利为目的的制度安排（JA3）					
能够降低景区门票，体现全民福利（JA4）					
能够保障保护、维修、养护和建设的资金投入（JA5）					

请继续回答下列关于您的一些基本情况，请在您相符合的答案前打√，谢谢！

您的性别：（　）男　　　　（　）女

您的年龄：（　）30 岁以下（　）31—40 岁（　）41—50 岁

　　　　　（　）51—60 岁　　（　）61 岁以上

您的学历：（　）大专（　）本科（　）硕士研究生

　　　　　（　）博士研究生

您的职称：（　）教授（　）副教授（　）讲师　　（　）助教

　　　　　（　）教授级工程师　　（　）高级工程师

　　　　　（　）工程师　　（　）研究员　　（　）副研究员
　　　　　（　）助理研究员
您的职务：＿＿＿＿＿＿＿＿＿＿＿＿＿＿＿＿＿＿＿＿
您从事研究或管理工作的领域：＿＿＿＿＿＿＿＿＿＿＿＿
您对本研究的其他宝贵意见：＿＿＿＿＿＿＿＿＿＿＿＿＿
再次真诚感谢您的合作与支持！

附录2 中国国家公园设置评价标准的公众调查问卷

尊敬的领导、专家、游客，您好！

本人正在进行中国国家公园设置方面的研究，此份问卷调查的内容是设置准入标准的评价因子。您的意见对本人的学习和研究非常宝贵，真诚希望得到您的支持与帮助。问卷所获数据仅供学习研究之用，敬请放心填写，并欢迎提出其他宝贵意见和建议。衷心感谢您在百忙之中回答问题！

请根据您对问题重要性的判断，在相应空格填√。

如您认为有其他补充的，请填在补充栏中。

项　　目	非常重要	重要	一般	不重要	非常不重要
目前中国遗产地管理存在如下问题：					
缺乏整体性意识，偏重经济效益而忽视生态价值（LZ）					
一、综合评价层					
自然条件：含公园意义和功能价值 C1					
保育条件：含保育情势、保育措施 C2					
开发条件：含区位条件、环境条件、基础设施 C3					
制度条件：含资源制度、体制制度、管理层级 C4					
请补充：					
二、项目评价层与评价因子					
公园意义 I1					
重要性：环境与资源具有全国乃至世界意义 F1					
典型性：环境与资源在全球或全国同类型自然景观或生物地理区中具有唯一性，代表性显著 F2					
完整性：环境与资源具有原真性、完好性、生态多样性 F3					

续表

项　　目	非常重要	重要	一般	不重要	非常不重要
请补充：					
功能价值 I2					
生态价值：自然系统的生态品质高，对所处大环境的生态意义重大 F4					
科学价值：具有重要的研究、修学、普及的意义 F5					
文化价值：反映区域生态文化发展过程，文化传承历史丰富鲜明 F6					
游憩价值：景观审美性高，具备休闲、游乐、运动等旅游利用条件，经济和社会价值高 F7					
请补充：					
自然保育 I3					
规模适宜性：有足以发挥国家公园多种功能的面积。总面积原则上不小于 20 平方公里，其中核心景观资源应予严格保护，不小于总面积的 50%。F8					
原始状态：环境自净能力强，整体风貌未因开发利用而发生变化，动植物种类及地质地貌得到充分保护，无自然和人为破坏现象 F9					
保育前景：生态修复与反哺机制健全，保育管理水平高，生物多样性、群落演变趋势好 F10					
保育规划：保育目标明确，空间区划合理，保育管理体制和机制符合自然保护要求 F11					
保育行动：措施科学有效，行动具体到位，符合生态安全要求，生态保育与恢复工程成效显著，社区居民配合度高 F12					
环境监理：建有专门的监理队伍，依法开展环境监测和保育管理常态化，措施有效，使用清洁能源的设施，违规行为处理及时，监理水平高 F13					
请补充：					
资源区位 I4					
市场区位：半径 100 公里内有 100 万以上人口规模的城市，或 100 公里内有著名的旅游区点，组合度好 F14					
通达性：进出交通设施完善便捷。或具有一级公路或高等级航道、航线直达；或具有充足的旅游专线交通工具 F15					
请补充：					
自然环境 I5					
气候条件：气候舒适度高，适游期长，大于 250 天/年 F16					
环境质量：空气质量达到 GB 3095—2012 的一级标准；地面水环境质量达到 GB 3838—2002 的一类标准；土壤环境质量达到 GB15618—1995 的一级标准；噪声质量达到 GB 3096—2008 的规定；无发生自然灾害现象 F17					

续表

项　目	非常重要	重要	一般	不重要	非常不重要
工程施工条件：地质地貌、水文、生物符合游憩、科研、环境教育条件，工程设施就地取材条件好 F18					
基础设施 I6					
交通通讯设施：区内游览（参观）路线或航道布局合理、顺畅，与观赏内容联结度高，具备符合环保要求的多种便捷交通工具，通讯信号好 F19					
供排设施：供水、供电、排水、排污的设施完备，污水排放达到 GB 8978—2002 的规定 F20					
服务设施：住宿、饮食、娱乐、保健、商务、会展、商业、修学等设施完备，布局合理、服务有效性高 F21					
营运设施：有先进完善的游客中心、志愿者中心、电子商务、安全管理等办公和运营设施 F22					
管理与制度 I7					
土地制度：土地流转政策完备，无土地权属和资源权属争议，国有土地、林地面积占总面积的 60% 以上 F23					
其他资源制度：水、矿产、森林、湿地、草场等使用政策安排合理，保护与利用矛盾少 F24					
管理机构：内部管理机构合理健全，运行有效，有一支稳定、专业的环境管理、解说和经营管理队伍 F25					
协调机制：建立科学有效的部门利益、地区利益、社区利益、从业人员利益的协调制度，相关者利益均衡，无矛盾冲突 F26					
制度效益：运营管理方式科学有效，生态、社会和经济效益协调，效益增长前景良好 F27					
政策层级：所执行的土地、水、矿产、森林、湿地、草场等资源管理政策由国务院出台 F28					
机构层级：国务院设立统一的管理机构，并归属该机构 F29					
资金层级：国家财政提供专项资金支持，为各类资源规范管理提供制度性的充足资金保障 F30					
您认为需补充的其他评价因子：					

以下是您的个人基本情况，请在您相符合的答案前打√，谢谢！

您的性别：（　）男　　　　　（　）女

您的年龄：（　）30 岁以下（　）31—40 岁（　）41—50 岁

　　　　　（　）51—60 岁　　（　）61 岁以上

您的职称：（　）教授（　）副教授（　）讲师　（　）助教

　　　　　　（　）教授级工程师　（　）高级工程师

　　　　　　（　）工程师　（　）研究员　（　）副研究员

　　　　　　（　）助理研究员

您的学历：（　）大专（　）本科（　）硕士研究生

　　　　　　（　）博士研究生

您的研究方向：_____

您对研究的其他宝贵意见：_____

_____

再次真诚感谢您的合作与支持！

附录3 中国国家公园设置评价标准的 专家调查问卷

尊敬的专家，您好！

本人正在进行中国国家公园设置方面的研究，此份问卷调查的内容是设置准入标准的评价因子。您的意见对本人的学习和研究非常宝贵，真诚希望得到您的支持与帮助。问卷所获数据仅供学习研究之用，敬请放心填写，并欢迎提出其他宝贵意见和建议。回复电子邮箱：jinhualuo@163.com 衷心感谢您在百忙之中回答问题！

请根据您对问题重要性的判断，在相应空格填√。

如您认为有其他补充的，请填在补充栏中。

项　　目	极其重要	非常重要	明显重要	重要	一般	不重要	稍微不重要	很不重要	极其不重要
一、综合评价层								
自然条件：含公园意义和功能价值								
保育条件：含保育情势、保育措施								
开发条件：含区位条件、环境条件、基础设施								
制度条件：含资源制度、体制制度、管理层级								
请补充								
二、项目评价层与评价因子								
公园意义								
重要性：环境与资源具有全国乃至世界意义								
典型性：环境与资源在全球或全国同类型自然景观或生物地理区中具有唯一性，代表性显著								

续表

项　　目	极其重要	非常重要	明显重要	重要	一般	不重要	稍微不重要	很不重要	极其不重要
完整性：环境与资源具有原真性、完好性、生态多样性									
请补充：									
功能价值									
生态价值：自然系统的生态品质高，对所处大环境的生态意义重大									
科学价值：具有重要的研究、修学、普及的意义									
文化价值：反映区域生态文化发展过程，文化传承历史丰富鲜明									
游憩价值：景观审美性高，具备休闲、游乐、运动等旅游利用条件，经济和社会价值高									
请补充：									
保育情势									
面积适宜性：有足以发挥国家公园多种功能的面积。总面积原则上不小于 20 平方公里，其中核心景观资源应予严格保护，不小于总面积的 50%。									
原始状态：环境自净能力强，整体风貌未因开发利用而发生变化，动植物种类及地质地貌得到充分保护，无自然和人为破坏现象									
保育前景：生态修复与反哺机制健全，保育管理水平高，生物多样性、群落演变趋势好									
请补充：									
保育措施									
保育规划：保育目标明确，空间区划合理，保育管理体制和机制符合自然保护要求									
保育举措：措施科学有效，行动具体到位，符合生态安全要求，生态保育与恢复工程成效显著，社区居民配合度高									
环境监理：建有专门的监理队伍，依法开展环境监测和保育管理常态化，措施有效，使用清洁能源的设施，违规行为处理及时，监理水平高									
请补充：									
区位条件									

续表

项　　目	极其重要	非常重要	明显重要	重要	一般	不重要	稍微不重要	很不重要	极其不重要
市场区位：半径 100 公里内有 100 万以上人口规模的城市，或 100 公里内有著名的旅游区点，组合度好									
通达性：进出交通设施完善便捷。或具有一级公路或高等级航道、航线直达；或具有充足的旅游专线交通工具									
请补充：									
环境条件									
气候条件：气候舒适度高，适游期长，大于 250 天/年									
环境质量：空气质量达到 GB 3095—2012 的一级标准；地面水环境质量达到 GB 3838—2002 的一类标准；土壤环境质量达到 GB15618—1995 的一级标准；噪声质量达到 GB 3096—2008 的规定；无发生自然灾害现象									
工程条件：地质地貌、水文、生物符合游憩、科研、环境教育条件，工程设施就地取材条件好									
基础设施									
交通通讯设施：区内游览（参观）路线或航道布局合理、顺畅，与观赏内容联结度高，具备符合环保要求的多种便捷交通工具，通讯信号好									
供排设施：供水、供电、排水、排污的设施完备，污水排放达到 GB 8978—2002 的规定									
服务设施：住宿、饮食、娱乐、保健、商务、会展、商业、修学等设施完备，布局合理、服务有效性高									
营运设施：有先进完善的游客中心、志愿者中心、电子商务、安全管理等办公和运营设施									
资源制度									
土地制度：土地流转政策完备，无土地权属和资源权属争议，国有土地、林地面积占总面积的 60％以上									
其他资源制度：水、矿产、森林、湿地、草场等使用政策安排合理，保护与利用矛盾少									
体制制度									

续表

项　　目	极其重要	非常重要	明显重要	重要	一般	不重要	稍微不重要	很不重要	极其不重要
管理机构：内部管理机构合理健全，运行有效，有一支稳定、专业的环境管理、解说和经营管理队伍									
协调机制：建立科学有效的部门利益、地区利益、社区利益、从业人员利益的协调制度，相关者利益均衡，无矛盾冲突									
制度效益：运营管理方式科学有效，生态、社会、经济效益协调，效益增长前景良好									
请补充：									
管理层级									
政策层级：所执行的土地、水、矿产、森林、湿地、草场等资源管理政策由国务院出台									
机构层级：国务院设立统一的管理机构，并归属该机构									
资金层级：国家财政提供专项资金支持，为各类资源规范管理提供制度性的充足资金保障									
您认为需补充的其他评价因子：									

以下是您的个人基本情况，请在您相符合的答案前打√，谢谢！

您的性别：（　）男　　　　　（　）女

您的年龄：（　）30 岁以下（　）31—40 岁（　）41—50 岁

　　　　　（　）51—60 岁　（　）61 岁以上

您的职称：（　）教授（　）副教授（　）讲师　（　）助教

　　　　　（　）教授级工程师　（　）高级工程师

　　　　　（　）工程师（　）研究员　（　）副研究员

　　　　　（　）助理研究员

您的学历：（　）大专（　）本科（　）硕士研究生

　　　　　（　）博士研究生

您的研究方向：_____

您对研究的其他宝贵意见：_____

_____

再次真诚感谢您的合作与支持！

参 考 文 献

[1] 蔡立力：《我国风景名胜区规划和管理的问题与对策》，《城市规划》2004 年第
　　10 期。

[2] 蔡晴等：《可接受的改变极限理论的概念和方法》，《安徽农业科学》2009 年第
　　31 期。

[3] 曹志娟等：《中国为什么要建国家公园》，《中国绿色时报》2008 年 9 月 24 日第
　　4 版。

[4] 陈九年：《系统方法及其实践意义》，《理论探讨》1989 年第 3 期。

[5] 陈苹苹：《美国国家公园的经验及其启示》，《合肥学院学报》2004 年第 2 期。

[6] 陈涛等：《风景名胜体系探索》，《四川建筑》2005 年第 9 期。

[7] 陈鑫峰：《美国国家公园体系及其资源标准和评审程序》，《世界林业研究》2002
　　年第 5 期。

[8] 陈鹰：《旅游资源评价体系、方法与实证研究—以浙江省为例》，博士学位论文，
　　复旦大学，2006 年。

[9] 程绍文等：《中英风景名胜区/国家公园自然旅游规划管治模式比较——以中国
　　九寨沟国家级风景名胜区和英国 New Forest（NF）国家公园为例》，《中国园林》
　　2009 年第 7 期。

[10] 崔丽娟等：《国家湿地公园建设规范探讨》，《林业资源管理》2009 年第 2 期。

[11] 董波：《美国国家公园系统保护区规模的变化特征及其原因分析》，《世界地理
　　　研究》1997 年第 2 期。

[12] 董险峰：《持续生态与环境》，中国环境科学出版社 2006 年版。

[13] 房仕钢：《国内外森林公园规划建设的对比研究》，《防护林科技》2008 年第
　　　4 期。

[14] 费宝仓：《中美国家重点风景名胜资源管理体制若干问题探讨》，《地理与地理
　　　信息科学》2003 年第 6 期。

[15] 国家环境保护总局：《国家级自然保护区评审标准》，1999 年 4 月 15 日发布。

[16] 国家林业局：《森林公园管理办法》，1993 年 12 月 11 日公布。

[17] 国家林业部：《森林公园总体设计规范（LY/T5132—95）》，1996 年 1 月 21 日
　　　发布。

［18］国家林业局：《国家级森林公园设立、撤销、合并、改变经营范围或者变更隶属关系审批管理办法》，2005 年 6 月 16 日发布。

［19］国家林业局：《国家级森林公园管理办法》，2011 年 4 月 12 日发布。

［20］国家林业局：《2010 年暨"十一五"全国森林公园建设经营情况》，2011 年 4 月 7 日，中国林业网（http：//www.forestry.gov.cn）。

［21］国家林业局华东林业调查规划设计院：《泰宁县旅游资源普查报告》，2005 年 4 月。

［22］国家旅游局：《旅游景区质量等级评定管理办法》，2005 年 7 月 6 日发布。

［23］国家环境保护总局：《国家级自然保护区评审标准》，1999 年 4 月 15 日发布。

［24］国家环境保护总局：《国家级自然保护区规范化建设和管理导则》，2009 年 8 月 13 日发布。

［25］国家水利部：《水利风景区管理办法》，2004 年 5 年 10 日发布。

［26］国家水利部：《水利风景区评价标准（SL300—2004）》，2004 年 4 月 20 日发布。

［27］国家质量技术监督局：《中国森林公园风景资源质量等级评定标准（GB/T18005—1999）》，1999 年 11 月 10 日发布。

［28］国家质量监督检验检疫总局：《旅游景区质量等级的划分与评定（GB/T17775—2003）》，2004 年 10 月 28 日发布。

［29］国家质量监督检验检疫总局：《国家湿地公园评估标准（LY/T1754—2008）》，2008 年 7 月 1 日发布。

［30］国土资源部：《国家地质公园评审标准（试行）》，见《关于申报国家地质公园工作的通知》，2000 年 9 月 21 日发布。

［31］国务院《中华人民共和国自然保护区条例》，1994 年 9 月 2 日发布。

［32］国务院：《风景名胜区管理暂行条例》，1985 年 6 月 7 日发布。

［33］国务院：《关于加快发展旅游业的意见》，2009 年 12 月 1 日发布。

［34］国务院：《国家环境保护"十二五"规划》，2011 年 12 月 15 日发布。

［35］国务院：《风景名胜区条例》，2006 年 9 月 19 日发布。

［36］郭育任：《解说规划与步道设置之准则与方法》，台湾行政院农业委员会林务局国家步道设置发展研讨会，2004 年。

［37］侯深：《寒云路几层——环保运动的根源与发展》，《中国社会科学报》2010 年 6 月 3 日第 7 版。

［38］黄丽玲等：《国外自然保护地分区模式比较及启示》，《旅游学刊》2007 年第 3 期。

［39］黄金火：《中国国家地质公园空间结构与若干地理因素的关系》，《山地学报》2005 年第 5 期。

［40］黄向：《旅游资源标准的理论盲点与解决方法》，《旅游学刊》2006 年第 1 期。

［41］ 环境保护部：《2010 年中国环境状况公报》，2011 年 6 月 3 日，http://www.
mep. gov. cn.

［42］ 环境保护部等：《环境空气质量标准（GB 3095—2012）》，2012 年 2 月 29 日
发布。

［43］ 环境保护部等：《地表水环境质量标准（GB3838—2002）》，2002 年 4 月 28 日
发布。

［44］ 环境保护部等：《声环境质量标准（GB3096—2008）》，2008 年 8 月 19 日发布。

［45］ 环境保护局等：《土壤环境质量标准（GB15618—1995）》，1995 年 1 月 1 日
发布。

［46］ 环境保护部等：《国家污水综合排放标准（GB8978—2002）》，2002 年 12 月 27
日发布。

［47］ 韩年勇：《中国自然保护区可持续管理政策研究》，《自然资源学报》2000 年第
3 期。

［48］ 何云核等：《中国森林生态网络体系建设的现状、目标与发展对策》，《生物学
杂志》1998 年第 5 期。

［49］ 胡宏友：《台湾地区的国家公园景观区划与管理》，《云南地理环境研究》2001
年第 1 期。

［50］ 胡锦涛：《坚定不移沿着中国特色社会主义道路前进为全面建成小康社会而奋
斗——中国 共产党第十八次全国代表大会报告》，2012 年 11 月 8 日发布。

［51］ 黄德林等：《国家地质公园管理制度研究》，科学出版社 2009 年版。

［52］ 建设部：《风景名胜区规划规范（GB 50298—1999）》，1999 年 11 月 10 日发布。

［53］ 姜建军：《中国国家矿山公园建设工作指南》，中国大地出版社 2007 年版。

［54］ 江泽慧：《澳大利亚、新西兰保护和利用天然林的基本政策》，《世界林业研究》
1999 年第 1 期。

［55］ 江泽慧：《构建中国森林生态网络体系的系统思考》，《林业经济》2001 年第
1 期。

［56］ 金泓汛：《人、自然、社会三位一体的可持续发展理论》，《福建论坛》2005 年
第 10 期。

［57］ 孔令锋等：《可持续发展思想的演进与理论构建面临的挑战》，《中国发展》
2007 年第 3 期。

［58］ 李亮等：《社会生态学的谱系比较及发展前瞻》，《南京林业大学学报（人文社
会科学版）》2008 年第 3 期。

［59］ 李金路等：《我国风景名胜区分类的基本思路》，《城市规划》2009 年第 6 期。

［60］ 李景奇等：《中国风景名胜区与美国国家公园比较研究》，《科学导报》1998 年
第 12 期。

[61] 李如生：《美国国家公园管理体制》，中国建筑工业出版社 2005 年版。

[62] 李如生等：《美国国家公园规划体系概述》，《风景园林》2005 年第 5 期。

[63] 李文华等：《中国的自然保护区》，商务印书馆出版 1984 年版。

[64] 李永忠等：《自然保护区综合评价标准初探》，《甘肃林业》2010 年第 5 期。

[65] 赖启福：《美国国家公园系统发展及旅游服务研究》，《林业经济问题》2009 年第 5 期。

[66] 联合国教科文组织：《发展的新战略》，中国对外翻译出版公司 1990 年版。

[67] 林洪岱：《国家公园制度在我国的战略可行性（一）》，《中国旅游报》2009 年 2 月 2 日第 7 版。

[68] 刘海龙等：《对构建中国自然文化遗产地整合保护网络的思考》，《中国园林》2009 年第 1 期。

[69] 刘鸿雁：《加拿大国家公园的建设与管理及其对中国的启示》，《生态学杂志》2001 年第 6 期。

[70] 刘亮亮：《中国国家公园评价体系研究》，硕士学位论文，福建师范大学，2010 年。

[71] 刘诗才：《"地学美学"的名词术语诠释》，姜建军等《旅游地学与地质公园建设》，中国林业出版社 2007 年版。

[72] 刘益：《从旅游规划角度论〈旅游资源分类、调查与评价〉的实践意义》，《旅游学刊》2006 年第 1 期。

[73] 刘玉芝：《美国的国家公园治理模式特征及其启示》，《环境保护》2011 年第 5 期。

[74] 罗佳明：《中国世界遗产管理体系研究》，复旦大学出版社 2004 年版。

[75] 罗金华：《基于绿色营销理论的森林旅游产品开发方法》，《林业经济问题》2008 年第 4 期。

[76] 罗金华：《人地关系协调视角的森林旅游产品绿色开发》，《林业经济问题》2009 年第 5 期。

[77] 马建章：《自然保护区学》，东北林业大学出版社 1992 年版。

[78] 马建忠等：《梅里雪山国家公园生物多样性保护规划方法研究》，《林业调查规划》2010 年第 3 期。

[79] 马吉山：《我国风景名胜区管理制度及法律对策分析》，《青岛科技大学学报（社会科学版）》2006 年第 1 期。

[80] 马永立等：《风景名胜区管理学》，中国旅行出版社 2003 年版。

[81] 牛文元：《可持续发展：21 世纪中国发展战略的必然选择》，《中国科技论坛》1999 年第 5 期。

[82] 牛文元：《可持续发展理论的基本认知》，《地理科学进展》2008 年第 3 期。

［83］彭少春：《中国风景名胜区和美国国家公园开发与保护比较》，《安徽广播电视大学学报》2009 年第 2 期。

［84］彭镇华等：《中国森林生态网络系统工程》，《应用生态学报》1999 年第 2 期。

［85］钱薏红：《韩国国家公园的管理现状》，张晓等《中国自然文化遗产资源管理》，社会科学文献出版社 2001 年版。

［86］世界自然保护联盟（IUCN）：《世界自然保护大纲》，1980 年 3 月发布。

［87］世界自然保护联盟等：《保护地球：可持续生存战略》，1991 年发布。

［88］世界资源研究所等：《世界资源报告 1992—1993》，中国环境科学出版社 1993 年版。

［89］施惠玲：《制度伦理研究论纲》，北京师范大学出版社 2003 年版。

［90］数学辞海编辑委员会：《数学辞海（第四卷）》，中国科学技术出版社 2002 年版。

［91］苏杨：《美国自然文化遗产管理经验及对我国的启示》，《决策咨询通讯》2006 年第 6 期。

［92］泰宁县旅游管委会等：《福建省泰宁县旅游产业发展总体规划》，2010 年 3 月。

［93］泰宁县统计局：《泰宁县 2011 年国民经济和社会发展统计公报》，2012 年 5 月 23 日发布。

［94］泰宁县旅游管委会：《泰宁世界地质公园规划》，2004 年 3 月。

［95］唐芳林等：《我国建立国家公园的探讨》，《林业建设》2009 年第 3 期。

［96］唐小平：《中国自然保护区网络现状分析与优化设想》，《生物多样性》2005 年第 1 期。

［97］田喜洲等：《论我国国家公园旅游产品的供给与价格》，《思想战线》2004 年第 6 期。

［98］王连勇：《世界遗产项目的全球环境问题透视》，《环境保护》2008 年第 18 期。

［99］王克敏：《经济伦理与可持续发展》，社会科学文献出版社 2000 年版。

［100］王文举：《经济博弈论基础》，高等教育出版社 2010 年版。

［101］王献溥等：《自然保护区的理论与实践》，中国环境科学出版社 1989 年版。

［102］王献溥等：《保护区分类和分级的动态管理》，《植物资源与环境学报》2000 年第 3 期。

［103］王兴斌：《中国自然文化遗产管理模式的改革》，《旅游学刊》2002 年第 5 期。

［104］王雅林：《中国社会转型研究的理论维度》，《社会科学研究》2003 年第 1 期。

［105］王钰：《人居环境视野中的游憩理论与发展战略研究》，中国建筑工业出版社 2009 年版。

［106］王玉山等：《中国自然保护区的布局问题》，《环境保护》2003 年第 5 期。

［107］王维正：《国家公园》，中国林业出版社 2000 年版。

［108］王智等：《IUCN 保护区分类系统与中国自然保护区分类标准的比较》，《农村生态环境》2004 年第 2 期。

［109］韦夏禅：《美国国家公园制度现状研究与思考》，《桂林旅游高等专科学校学报》2003 年第 6 期。

［110］温战强等：《澳大利亚保护地管理及其对中国的启示》，《林业资源管理》2008 年第 6 期。

［111］邬大光：《21 世纪中国高等教育体制改革研究报告》，2004 年。

［112］薛达元等：《中国自然保护区类型划分标准的研究》，《中国环境科学》1994 年第 4 期。

［113］邢乐澄：《略论地质遗迹资源与自然文化遗产保护》，《合肥工业大学学报（社会科学版）》2004 年第 3 期。

［114］谢识予：《经济博弈论》，复旦大学出版社 2002 年版。

［115］徐嵩龄：《中国文化与自然遗产的管理体制改革》，《管理世界》2003 年第 6 期。

［116］徐嵩龄：《中国的世界遗产管理之路——黄山模式评价及其更新（上中下）》，《旅游学刊》2002 年第 6 期，2003 年第 1 期，2003 年第 2 期。

［117］杨建美等：《国家公园模式：生态与开发并重》，《旅游时代》2009 年第 6 期。

［118］杨锐：《试论世界国家运动的发展趋势》，《中国园林》2003 年第 7 期。

［119］杨锐：《借鉴美国国家公园经验探索自然文化遗产管理之路》，《科学中国人》2003 年第 6 期。

［120］杨锐：《改进中国自然文化遗产资源管理的四项战略》，《中国园林》2003 年第 10 期。

［121］杨锐：《从游客环境容量到 LAC 理论－环境容量概念的新发展》，《旅游学刊》2003 年第 5 期。

［122］杨士龙：《国家公园理念和发展模式辨析》，生态文明与环境资源法—2009 年全国环境资源法学研讨会论文，昆明，2009 年 8 月。

［123］叶峻：《社会生态经济协同发展论-可持续发的战略创新》，安徽大学出版社 1999 年版。

［124］喻泓等：《自然保护区类型划分研究评述》，《西北农业学报》2006 年第 1 期。

［125］袁朱：《国外有关主体功能区划分及其分类政策的研究与启示》，《中国发展观察》2007 年第 2 期。

［126］云南省质量技术监督局：《国家公园基本条件（DB53/T298—2009）》，2010 年 3 月 1 日发布。

［127］云南省质量技术监督局：《国家公园总体规划技术规程（DB53/T300—2009）》，2010 年 3 月 1 日发布。

[128] 云南省质量技术监督局：《国家公园建设规范（DB53/T301—2009）》，2010 年 3 月 1 日发布。

[129] 张朝枝等：《旅游发展与遗产管理研究：公共选择与制度分析的视角——兼遗产资源管理研究评述》，《旅游学刊》2004 年第 5 期。

[130] 张海霞：《国家公园的旅游规制研究》，博士学位论文，华东师范大学，2010 年。

[131] 张晓：《挪威国家公园——国家遗产的重要组成部分》，张晓等《中国自然文化遗产资源管理》，社会科学文献出版社 2001 年版。

[132] 张晓：《法国地方自然公园：促进改善环境质量和保护自然文化遗产》，张晓等《中国自然文化遗产资源管理》，社会科学文献出版社 2001 年版。

[133] 张晓：《自然文化遗产的内涵和资源特殊性》，张晓等《中国自然文化遗产资源管理》，社会科学文献出版社 2001 年版。

[134] 张晓：《遗产资源所有与占有—从出让风景区开发经营权谈起》，《中国园林》2002 年第 2 期。

[135] 张晓：《世界遗产和国家重点风景名胜区分权化（属地）管理体制的制度缺陷》，《中国园林》2005 年第 7 期。

[136] 张昕竹：《自然文化遗产资源的管理体制与改革》，《数量经济技术经济研究》2000 年第 9 期。

[137] 张文彤：《SPSS 统计分析高级教程》，高等教育出版社 2004 年版。

[138] 赵义廷：《我国森林公园建设标准化初探》，《林业资源管理》1997 年第 1 期。

[139] 郑石桥等：《管理制度设计理论与方法》，经济科学出版社 2004 年版。

[140] 郑淑玲：《当前风景名胜区保护和管理的一些问题》，《中国园林》2000 年第 3 期。

[141] 郑易生：《转型期是强化公共性遗产资源管理的重要时期》，张晓等：《中国自然文化遗产资源管理》，社会科学文献出版社 2001 年版。

[142] 郑易生：《坚持保护民族资源的基本使命——兼评"中国不能照搬美国国家公园制度"》，《中国园林》2006 年第 4 期。

[143] 周珍等：《基于供需视角的国家公园与生态旅游关系研究》，《旅游研究》2009 年第 5 期。

[144] 朱靖等：《自然保护区的类型》，金鉴明《自然环境保护文集》，中国环境科学出版社 1992 年版。

[145] 宗诚等：《中国自然保护区建设 50 年——成就与展望》，《林业资源管理》2007 年第 2 期。

[146] ［美］安德鲁·肖特：《社会制度的经济理论》，陆铭等译，上海财经大学出版社 2003 年版。

［147］［美］巴里·麦金托什:《美国国家公园的建立和发展》,刘述成译,《绵阳师范高等专科学校学报》2001 年第 6 期。

［148］［俄］俄罗斯联邦政府:《特别保护自然区域法》,1995 年 3 月 14 日,http://zh. wikipedia. org/wiki。

［149］［英］菲利普斯·A.:《IUCN 保护区类型 V——陆地/海洋景观保护区管理指南》,刘成林等译,中国环境科学出版社 2005 年版。

［150］［美］冯·贝塔郎菲:《一般系统论:基础、发展、应用》,清华大学出版社1987 年版。

［151］联合国教科文组织:《保护世界文化与自然遗产公约》,1972 年 11 月 16 日发布。

［152］［美］约翰·缪尔:《我们的国家公园》,郭名惊译,吉林人民出版社 1999年版。

［153］［美］约翰·皮格拉姆等:《户外游憩管理》,高峻等译,重庆大学出版社 2011年版。

［154］［美］迈克尔·梅尔福德等:《美国国家公园的危机》,《美国国家地理》2006年第 10 期。

［155］Alan Durning, *How much is enough: the consumer society and the future of the Earth.* New York: W. W. Norton and Company, 1992, p. 60—61.

［156］Barker A and Stockdale A, *Out of the wilderness? Achieving sustainable development within Scottish national parks*, Journal of Environmental Management. 2008, Vol. 88, No. 1, p. 181—193.

［157］Bookchin Murray, *Society and Ecology*, Feb. 22, 2009, http://www. spunk. org/texts/writers/bookchin/spoo0514. txt. P7.

［158］Bookchin Murray, *Post-Scarcity Anarchism*, Feb. 22, 2009, http://en. wikipedia. org/wiki/Murray-Boochin. 24—25.

［159］Brown D, OmotayoKwansa and FrancisA, *Using IRR and NPV Models to Ealuate Societal Cost of Tourism Projects in Developing Countries*, Hospitality Management, 1999, No. 18, p. 31—43.

［160］Carson R T. *Valuation of tropical rainforests: philosophical and practical issues in the use of Contingent valuation.* Ecological Economics, 1998, No. 24, p. 15—29.

［161］Cernea M. M and Soltau K. S, *Poverty risks and national parks: Policy issues in conservation and resettlement*, World Development, 2006, Vol. 34, No. 10, p. 1808—1830.

［162］CNPPA/WCMC, *Guidelines for Protected Area Management Categories.* IUCN, Gland, Switzerland, 1994.

［163］Ehrlich P Rand Raven P H, *Butterflies and plants: A study in co-evolution*, Evolu-

tion, 1964, Vol. 18, No. 4, p. 586—608.

[164] Faasen H and Watts S, *Local community reaction to the 'no—take' policy on fishing in the Tsitsikamma National Park, South Africa*, Ecological Economics, 2007, Vol. 64, No. 1, p. 36—46.

[165] Forman RTT, *Ecologically Sustainable Landscape: the Role of Spatial Configuration*, in: Zonneveld ISand Forman RTT, eds, *Changing Landscapes: An Ecological Perspectives*, New York: Springer Verlag, 1990.

[166] Gbadegesin A and Ayileka O, *Avoiding the mistakes of the past: towards a community oriented management strategy for the proposed national park in Abuja—Nigeria*, Land Use Policy, 2000, Vol. 17, No. 2, p. 89—100.

[167] Hodgson G. M, *Darwinism in economics: from analogy to ontology*, Journal of Evolutionary Economics, 2002, No. 12, p. 59.

[168] Hvenegaard GT, *Ecotourism: A Status Report and Conceptual Framework*, The Journals of Tourism Studies, 1994, Vol. 5, No. 2, p. 24—35.

[169] IUCN/CNPPA, *Objectives, Criteria and Categories for Protected Areas*, IUCN. Gland, Switzerland, 1978.

[170] John Tillman Lyle, *Regenerative Design for Sustainable Development*, New York: John Wiley. 1994, p. 10.

[171] Lutz J, Englin J and Shonkwiler J S, *On the Aggregate Value of Recreational Activities*, Environmental and Resource Economics, 2000, No. 15, p. 217—226.

[172] McNameeK, *From wild places to endangered spaces: A history of Canada's national park*, In: Dearden, P. (eds) . *Parks and Protected Areas in Canada: Planning and Management*, Toronto: Oxford University Press, 1993, p. 17—44.

[173] MieczkoskiZ, *World Trends in Tourism and Recreation*, New York: Peter Lang. 1990.

[174] Mike Cappo, Peter Speare and Glenn De'ath, *Comparison of baited remote underwater video stations (BRUVS) and prawn (shrimp) trawls for assessments of fish biodiversity in inter-reefal areas of the Great Barrier Reef Marine Park*, Journal of Experimental Marine Biology and Ecology. 2004, No. 2, p. 123—152.

[175] Obua J, *The potential, development and ecological impact of ecotourism in Kibale National Park, Uganda*, Journal of Environmental Management, 1997, Vol. 50, No. 1, p. 27—38.

[176] Papageorgiou K and Brotherton I, *A management planning framework based on ecological, perceptual and economic carrying capacity: The case study of Vikos—Aoos National Park, Greece*, Journal of Environmental Management, 1999, No. 56,

p. 271—284.

[177] Patmore J. A, *Recreation and Resources*, Oxford: Basil Blackwell, 1983, p. 3.

[178] Stredes and Treue T, *Beyond buffer zone protection: A comparative study of park and buffer zone products' importance to villagers living inside Royal Chitwan National Park and to villagers living in its buffer zone*, Journal of Environmental Management, 2006, Vol. 78, No. 3, p. 251—267.

[179] Suhornlinova O, *Toward a model of organizational co-evolution in transition economies*, Journal of Management Studies, 2006, Vol. 43, No. 7, p. 1537—1558.

[180] Trakolis D, *Local people's perceptions of planning an d management issues in Prespes Lakes National Park, Greece*, Journal of Environmental Management, 2001, Vol. 61, No. 3, p. 227—241.

[181] UNESCO, *World Heritage Centre. Operational Guidelines for the Implementation of the World Heritage Convention*, 2008.

[182] Volberda H W and Lewin A Y, *Co -evolutionary dynamics within and between firms: from evolution to co-evolution*, Journal of Management Studies, 2003, Vol. 40, No. 8, p. 2331, p. 2105—2130.

[183] WCED, *Our Common Future*, New York: Oxford University Press, 1987.

后　记

　　本课题的研究工作始于 2009 年在福建师范大学攻读博士学位之时。2013 年 11 月 12 日党的十八届三中全会公报《中共中央关于全面深化改革若干重大问题的决定》中明确提出建立国家公园体制，令我为课题所具有的前瞻性欣喜不已。但是，考虑到这是一个现实意义重大、具有挑战性的课题，我坚守住了一份冷静，多角度地对本研究的成果进行了为时一年多的审视，终于今年借在京学习之机，得到中国社会科学出版社支持付梓出版。此时，最想说的，就是真诚地表达我对在研究过程中给予无私帮助的老师、领导、朋友和家人的谢意。

　　本书的完成，首先得益于导师袁书琪教授的悉心指导，导师的睿智和他对所研究问题的敏锐而准确的判断，令我由衷地敬佩。导师从课题选题、调查研究、研究大纲制定到文章修改、定稿等每个环节都倾注了大量的心血，在此叩首致谢。其次，要感谢福建师大的郑达贤教授、朱宇教授、陈友飞教授、韦素琼教授、钟全林教授、伍世代教授、黄民生教授和林芳老师，他们在我研究的过程中，给予了多方面的宝贵指导。感谢赵明博士、李熙波博士、林李月博士、林明水博士和尹攀登、石玉等同学，感谢他们与我一起走过的岁月，他们在各种场合以各种方式给予了最热忱的帮助，付出最真诚的辛劳！

　　感谢中国社会科学院张晓研究员为书稿的修改所给予的宝贵意见和悉心指导，以及徐嵩龄研究员给予我在京学习期间的热忱帮助与指导。

　　感谢三明学院各级领导和同事们以及泰宁县旅游管委会的领导、专家，他们给予了我无私的关怀、鼓励和支持，为我提供了研究条件和时间保证。特别要感谢李应春教授、谢松明教授、滕剑仑博士、卢亮博士和蔡芳娜、孔泽老师，他们的鼓励和帮助让我在学术研究之路上忘却艰辛而充满了喜悦。

最后，感谢我的家人给予我不断进取的动力！我将以此为新的起点，继续在自然遗产管理课题上努力探索。敬请方家批评指正，不吝赐教。

罗金华

2015 年 3 月于北京